物联网技术

——智能家居工程应用与实践

安 康 徐 玮 等编著

机 械 工 业 出 版 社

本书以当下最为流行的物联网技术——智能家居为知识主体，通过对智能家居工程设计与布局入手，依托智能家居控制主机对智能家居设备进行开发。全书分为四篇：智能家居基础理论，智能家居工程应用，智能家居综合案例的开发和走进智能家居生产企业。全书以工程案例驱动的方式，理论与实践相结合，引导读者循序渐进地完成智能家居知识的学习和智能家居案例的二次开发，通过视频+音频+二维码免费观看相关项目的微课视频，完成智能家居的搭建。本书案例丰富，图文并茂，通俗易懂，一书在手便可搭建您想要的智能家居。

本书可作为高、中职业院校、应用型本科院校等的教学用书，也可以作为智能家居爱好者的自学书籍。

图书在版编目（CIP）数据

物联网技术：智能家居工程应用与实践/安康等编著. —北京：机械工业出版社，2021.4（2025.1重印）

ISBN 978-7-111-68381-0

Ⅰ.①物… Ⅱ.①安… Ⅲ.①物联网-应用-住宅-智能化建筑-教材 Ⅳ.①TU241-39

中国版本图书馆CIP数据核字（2021）第106915号

机械工业出版社（北京市百万庄大街22号 邮政编码100037）
策划编辑：林春泉 责任编辑：林春泉
责任校对：樊钟英 封面设计：王 旭
责任印制：常天培
北京机工印刷厂有限公司印刷
2025年1月第1版第3次印刷
184mm×260mm · 17.75印张 · 434千字
标准书号：ISBN 978-7-111-68381-0
定价：89.00元

电话服务 网络服务
客服电话：010-88361066 机 工 官 网：www.cmpbook.com
010-88379833 机 工 官 博：weibo.com/cmp1952
010-68326294 金 书 网：www.golden-book.com
封底无防伪标均为盗版 机工教育服务网：www.cmpedu.com

Preface 前言

智能家居是一种在互联网影响下的物联化的体现，近几年随着物联网技术的快速发展，智能家居逐渐进入人们的视野，注重提升家居的安全性、便利性、舒适性和艺术性，实现环保节能的居住环境已成为人们追求美好生活的目标。

本书的编写着眼于“工程应用”“案例开发”“企业生产”的指导思想。全书以理论与实践相结合为主线，通过设计案例和工程应用的讲解，使读者通过动手实践环节加深了理论知识的学习，能够在学习和实践过程中不断加深理解和操作，最后独立地完成智能家居的搭建。本书内容清晰易懂，案例丰富，图文并茂。相关章节涉及的代码（demo）可以登录 https://www.hificat.com 下载获得，便于读者自学。

全书分为四篇：智能家居基础理论，智能家居工程应用，智能家居综合案例的开发和走进智能家居生产企业。

智能家居基础理论篇：主要为读者介绍了智能家居的发展前景、基本概念和市场应用，以及智能家居涉及的相关技术［(ZigBee、RF、Wi-Fi、GPRS、蓝牙)、人工智能（AI）、大数据分析、云计算］等内容；重点介绍了智能家居的主机设计，包括全宅智能一体化 KC868-S 智能家居主机、普通公寓智能化 KC868-G 智能家居主机、KC868-COL 可编程序控制器、KC868-H8/H32L 智能家居主机，以方便读者对智能家居的二次开发。读者通过这篇内容的学习可具备一定的智能家居知识基础，为后续智能家居的二次开发和工程实施做好准备。

智能家居工程应用篇：为读者介绍了一些工程设计样例，例如灯光控制、窗帘控制、窗户控制、门锁控制、家电控制、环境监测、安防控制和情景控制等；解析两室一厅、三室两厅、两层别墅和三层别墅相关的智能家居布局的实施案例；介绍了智能家居产品 APP 软件设计和硬件配置，包括 ZigBee 智能情景面板、ZigBee 红外转发器、智能插座、ZigBee 智能调光面板、ZigBee 零相无线开关面板、安防报警传感器、ZigBee 无线人体红外探测器等；同时，为了进一步提高读者的动手实践能力，通过讲解 KC868-H8 智能家居主机以及客户端 APP 进行二次开发案例的设计，帮助读者进一步独立、高效地设计复杂的智能家居。

智能家居综合案例的开发篇：通过智能家居基础知识的学习和工程案例的实践，相信读者已经对智能家居一些实用产品的研发有了想法，非常希望根据自己的需求独立地设计智能家居系统。在智能家居综合案例的开发篇，将为读者介绍一些智能家居综合性案例，让读者从学习阶段提升到智能家居产品的开发阶段。在本篇中，重点突出“应用”和“实用”两个特点，包括基于 ZigBee 技术的 LED 调色温调光灯，室内智能空气质量检测系统，基于窄带物联网的家用远程抄表系统设计，居家宠物多功能自动喂食器设计，基于语音识别与蓝牙通信的智慧家居控制系统等。通过这些知识的学习，使读者具备基础产品的开发能力，甚至可以根据自己的需求独立、高效地设计一些智能家居控制系统。

走进智能家居生产企业篇：为了帮助读者进一步巩固和提升实践环节知识技能，引导读者走进智能家居生产企业，了解智能家居生产企业发展生态，并通过智能家居控制主机 KC868-H32 的生产案例，让读者更加真实地了解产品生产全过程，构建产学研完整的学习生态链。

本书可以作为高、中职业院校、应用型本科院校进行智能家居课程设计、毕业设计的指导教材；也可以作为智能家居爱好者的参考用书。本书第 5 章智能家居产品 APP 软件设计与硬件设置和第 7 章智能家居客户端 APP 的开发技术应用的内容为创新章节，首次尝试对每节知识点内嵌相关知识视频的二维码，读者通过微信、QQ 等扫码即可免费观看相关项目的微课视频，首次尝试通过视频＋音频 ＋二维码等互动模式多方位、立体式实现线上与线下混合式学习的新方式，尝试突破传统自学书籍的技术形态。通过本书的学习，读者能够真正地掌握智能家居控制技术，将理论知识与实践相结合，融会贯通、学以致用。

特别感谢各位同事和朋友的热心帮助，本书才能够顺利完成。衷心希望本书能够对从事智能家居设计与工程应用工作的朋友以及智能家居的爱好者有所帮助。

参与本书编写工作的主要人员有杭州师范大学钱江学院的安康、孙亚萍、张慧熙、方聪聪、李欣荣、屠志杰，杭州晶控电子有限公司徐玮以及浙江众合科技股份有限公司安宁，全书由安康统稿并审校。本书的编写工作获得浙江省教育科学规划课题、浙江省精品在线课、浙江省自然科学基金项目和杭州师范大学钱江学院科研项目的大力支持。

由于作者水平有限，对书中存在的错误与不妥之处，诚邀广大读者提出意见并不吝赐教。

安 康

2020 年 12 月

Contents 目录

前言

第一篇 智能家居基础理论

第二篇 智能家居工程应用

第一篇　智能家居基础理论

智能家居基础理论篇主要向读者介绍了智能家居发展背景与基本概念，智能家居设计涉及的关键技术，并对智能家居主机进行了设计，包括全宅智能一体化 KC868-S 智能家居主机、普通公寓 KC868-G 智能家居主机、KC868-COL 可编程序控制器、有线 8 路/32 路 KC868-Hx 系列主机，同时对 220V 家庭电源和 380V 工业/农业电源智能控制也进行了介绍。对于初学者可以通过第一篇智能家居基础知识的学习，为后续对智能家居的二次开发打好基础。

第 1 章

智能家居系统

本章主要介绍了智能家居的发展背景、基本概念、智能家居所涉及的技术，包括无线通信技术［（ZigBee、RF、Wi-Fi、GPRS、蓝牙）、人工智能（AI）、大数据分析以及云计算］在智能家居领域中的应用，体现了智能家居未来的发展前景与市场应用推广的价值。

1.1 智能家居的发展背景与概念

智能家居，听着就能想象到自己家里的物品像是有了生命、有了智慧一样，它能自主地完成您想完成的事情，如开关灯，开关门，拉窗帘等，给予便捷的生活环境。

1.1.1 智能家居的发展背景

当您下班回到家中，通过智能手机开启家中的门锁，家中的安防系统将自动地解除对室内的监控，大厅的灯缓缓地点亮，空调、新风系统自动地开启，您最喜欢的音乐便会轻轻地响起。在家里，您只需要一个手机就可以控制家中所有的电器，每当夜幕降临，家中所有的窗帘将会定时、自动地关闭；入睡前，在床头边的面板上，您只需要触摸“晚安”模式，就可以控制室内所有需要关闭的灯光及电气设备；同时安防系统将自动开启并处于警戒状态；您还可以设定窗帘定时开启。清晨醒来时，您就可以享受温暖的阳光。

在炎热的夏天，下班前可以通过手机打开家中的空调，回到家便能享受清凉的室温；在寒冷的冬天，可以享受融融的温暖。回家前可以启动电饭煲，一到家就可以吃到香喷喷的米饭。在办公室或者出差时，打开智能手机联网，家中的安全设备和家用电器可以立即呈现在您眼前，您可以了解家中电器的一切状况，而这一切只是智能家居能为您做的一小部分内容。

随着物联网技术的飞速发展，在生活中，您的床可以根据环境温度调节温度，即使不盖被子也不会着凉生病。将食品放在冰箱里预订好程序就可以自定义美食，用完后自动洗刷干净。衣服脏了可以自动帮您洗好、晾好、熨好。外出时，衣橱还会根据天气给出搭配衣服样式。

智能家居（Smart Home，Home Automation）是以住宅为平台，利用综合布线技术、网络通信技术、安全防范技术、自动控制技术、音视频技术将家居生活有关的设施集成，构建高效的住宅设施与家庭日程事务的管理系统，提升家居安全性、便利性、舒适性、艺术性，并实现环保节能的居住环境，如图 1-1 所示。

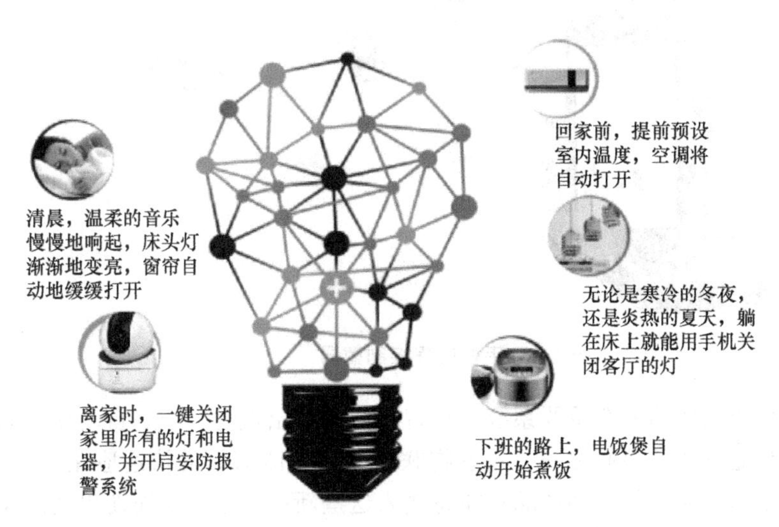

图1-1 智能家居的解决方案

智能家居的概念起源很早，但一直未有具体的建筑案例出现，直到1984年美国联合科技公司（United Technologies Building System）将建筑设备信息化、整合化概念应用于美国康涅狄格州哈特佛市的City Place Building时，才出现了首栋的“智能型建筑”，从此揭开了全世界争相建造智能家居的序幕。

智能家居通过物联网技术将家中的各种设备（如音视频设备、照明系统、窗帘控制、空调控制、安防系统、数字影院系统、影音服务器、网络家电等）连接到一起，提供家电控制、照明控制、电话远程控制、室内外遥控、防盗报警、环境监测、暖通控制、红外转发以及可编程定时控制等多种功能和手段。与普通家居相比，智能家居不仅具有传统的居住功能，兼备建筑、网络通信、信息家电、设备自动化，提供全方位的信息交互功能。手机远程控制家居如图1-2所示。

早期的智能家居被称为家庭自动化、家庭网络、网络家电和信息家电，随着时代的发展，逐渐被人们称为智能家居，智能家居系统是众多智能产品中规模较大、功能齐全的家居服务系统，目前许多别墅和一些高品质楼盘都在不断地升级和改善智能家居的配套产品，提升居住品质。

1. 家庭自动化

家庭自动化是指利用微处理电子技术集成或控制家中的电子电器产品或系统。例如：照明灯、咖啡炉、计算机设备、保安系统、暖气及冷气系统等。家庭自动化系统主要是以一个中央微处理器（Central Processor Unit，CPU）接收来自相关电子电器产品（外界环境因素的变化，如太阳初升或西落等所造成的光线变化等）信息后，再以既定的程序发送适当的信息给其他电子电器产品。中央微处理器通过用户界面控制家中的电器产品，这些界面可以是键盘，也可以是触摸式荧幕、按钮、计算机、遥控器等；消费者可发送信号至中央微处理器或接收来自中央微处理器的信号。

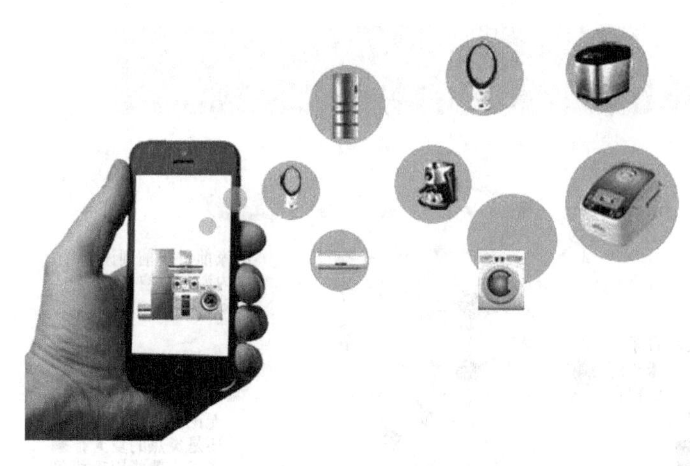

图 1-2 手机远程控制家居

家庭自动化是智能家居的一个重要系统，在智能家居刚出现时，家庭自动化等效于智能家居，今天它仍是智能家居的核心之一，随着物联网技术智能家居的快速应用，网络家电/信息家电的成熟，家庭自动化的许多产品功能将融入这些新产品中，从而使单纯的家庭自动化产品在系统设计中越来越少，其核心地位也将被家庭网络/家庭信息系统所代替，它将作为家庭网络中的控制网络部分在智能家居中发挥作用，最有名的是应用 X10 协议（电力载波技术）的智能家居产品，目前在美国已有 1300 多万用户。家庭自动化联网设备如图 1-3 所示。

图 1-3 家庭自动化联网设备

2. 家庭网络

首先，应将这个家庭网络（见图 1-4）和纯粹的“家庭局域网”分开，“家庭局域网/家庭内部网络”这一名称是指连接家庭里的计算机、各种外设及与因特网互联的网络系统，它只是家庭网络的一个组成部分。家庭网络是在家庭范围内（可扩展至邻居，小区）融合家庭控制网络和多媒体信息网络于一体的家庭信息化平台，是在家庭范围内实现信息设备、通信设备、娱乐设备、家用电器、自动化设备、照明设备、保安（监控）装置及水电气热表设备、家庭求助报警等设备的互联和管理，以及数据和多媒体信息共享的系统，如图 1-4 所示。当前家庭网络所采用的连接技术可以分为有线和无线两大类。有线方案主要包括：双绞线或同轴电缆连接、电话线连接、电力线连接等；无线方案主要包括：红外线连接、Wi-Fi、ZigBee、无线连接、基于 RF 技术的连接和基于计算机的无线连接等。

3. 网络家电

网络家电是将普通家用电器利用数字技术、网络技术及智能控制技术设计改进的新型家电产品。网络家电可以实现互联组成一个家庭内部网络，同时这个家庭网络又可以与外部互

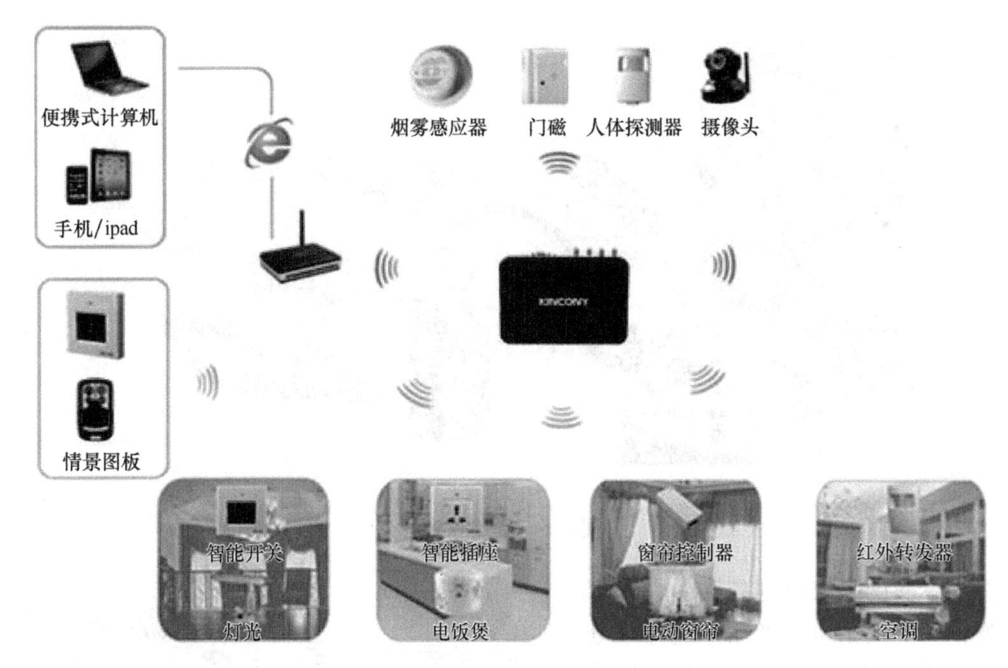

图1-4 家庭网络

联网相连接。可见，网络家电技术包括两个层面：首先就是家电之间的互联问题，也就是使不同家电之间能够互相识别，协同工作。第二个层面是解决家电网络与外部网络的通信，使家庭中的家电网络真正成为外部网络的延伸。

要实现家电间的互联和信息交换，就需要解决：1）描述家电的工作特性的产品模型，使得数据的交换具有特定含义；2）信息传输的网络媒介。在解决网络媒介这一难点中，可选择的方案有电力线、无线射频、双绞线、同轴电缆、红外线、光纤。认为比较可行的网络家电，包括网络冰箱、网络空调、网络洗衣机、网络热水器、网络微波炉和网络炊具等。网络家电未来的方向也是充分融合到家庭网络中，如图1-5所示。

4. 信息家电

信息家电是一种价格低廉、操作简便、实用性强、带有计算机主要功能的家电产品，如图1-6所示。利用计算机、电信和电子技术与传统家电相结合的创新产品，是为数字化与网络技术更广泛地深入家庭生活而设计的新型家用电器，信息家电包括计算机、机顶盒、HPC、超级VCD、无线数据通信设备、视频游戏设备、WebTV、Internet电话等，所有能够通过网络系统交互信息的家电产品，都可以称之为信息家电。音频、视频和通信设备是信息家电的主要组成部分。另一方面，在传统家电的基础上，将信息技术融入传统的家电当中，使其功能更加强大，使用更加简单、方便和实用，为家庭生活创造更高品质的生活环境。比如模拟电视发展成数字电视，电冰箱、洗衣机、微波炉变成数字化、网络化、智能化的信息家电。

从广义的分类来看，信息家电产品实际包含了网络家电产品，但如果从狭义的定义来界定，可以这样做一简单分类：信息家电更多地是指带有嵌入式处理器的小型家用（个人用）信息设备，它的基本特征是与网络相连而有一些具体功能，可以是成套产品，也可以是一个

图 1-5 网络家电

辅助配件。而网络家电则是指一个具有网络操作功能的家电类产品，这种家电可以理解为我们原来普通家电产品的升级。

图 1-6 信息家电

信息家电由嵌入式处理器、相关支撑硬件（如显示卡、存储介质、IC 卡或信用卡等读取设备）、嵌入式操作系统以及应用层的软件包组成。信息家电将 PC 的某些功能分解出来，设计成应用性更强、更家电化的产品，使普通居民步入信息时代的步伐更为快速，是具备高性能、低价格、易操作特点的 Internet 工具。信息家电的出现将推动家庭网络市场的兴起，同时家庭网络市场的发展又反过来推动信息家电的普及和深入应用。

1.1.2 智能家居的基本概念

智能家居是人们一种比较理想的居住环境，它集视频监控、智能防盗报警、智能照明、智能电器控制、智能门窗控制、智能影音控制于一体，与配套的软件相合，人们通过智能手机和便携式计算机，不仅可以远程观看家里监控画面，还可以实时控制家里的灯光、窗帘、电器等，如果 1-7 所示。

智能家居通常是以住宅为平台，利用综合布线技术、网络通信技术、安全防范技术、音视频技术将家居生活有关的设施集成，构建高效的住宅设施与家庭日程事务的管理系统。智能家居，拆分出来就是智能和家居。家居就是人们家庭中的各类设备；智能是智能家居所应该突出的重点，应该做到自动化控制管理，不需要人为地去操作控制，并能学习当前用户的使用习惯，做到满足人们的需求。

通常来说，一个完整的智能家居系统都应该具备以下功能：智能灯光控制、智能电器控

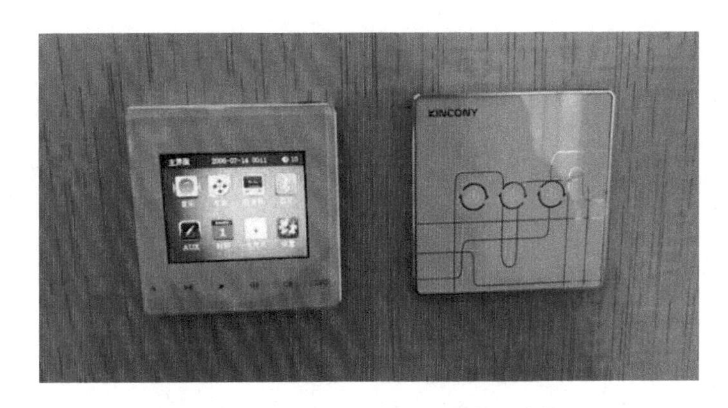

图1-7　背景音乐主机与ZigBee开关

制、安防监控系统、智能背景音乐等。根据不同的使用者，会选择不同的功能。

1. 智能灯光控制

实现对全住宅灯光的智能管理，可以用遥控等多种智能控制方式实现对全住宅灯光的遥控开关，调光，全开全关及“会客、影院”等多种一键式灯光场景效果的实现；并可用定时控制、手机远程控制、计算机本地及互联网远程控制等多种控制方式实现该功能，从而达到智能照明的节能、环保、舒适和方便的功能，如图1-8所示。

优点：

1）控制：就地控制、多点控制、遥控控制、区域控制等。

2）安全：通过弱电控制强电的方式，控制回路与负载回路分离。

3）简单：智能灯光控制系统采用模块化结构设计，简单灵活、安装方便。

4）灵活：根据环境及用户需求的变化，只需做软件修改设置就可以实现灯光布局的改变和功能扩充。

图1-8　智能灯光控制

2. 智能电器控制

电器控制采用弱电控制强电的方式，既安全又智能，可以用遥控、定时等多种智能控制方式实现对家里的饮水机、插座、空调、地暖、投影仪、新风系统等进行智能控制，在外出时断开插排通电，避免电器发热引发安全隐患；以及对空调、地暖进行定时或者远程控制，让您到家后享受舒适的温度和新鲜的空气，如图1-9所示。

优点：

1）方便：就地控制、场景控制、遥控控制、计算机远程控制、手机控制等。

2）控制：通过红外或者协议信号控制方式，安全方便且不干扰。

3）健康：通过智能检测器，可以对家里的温度、湿度、亮度进行检测，并驱动电器设备自动工作。

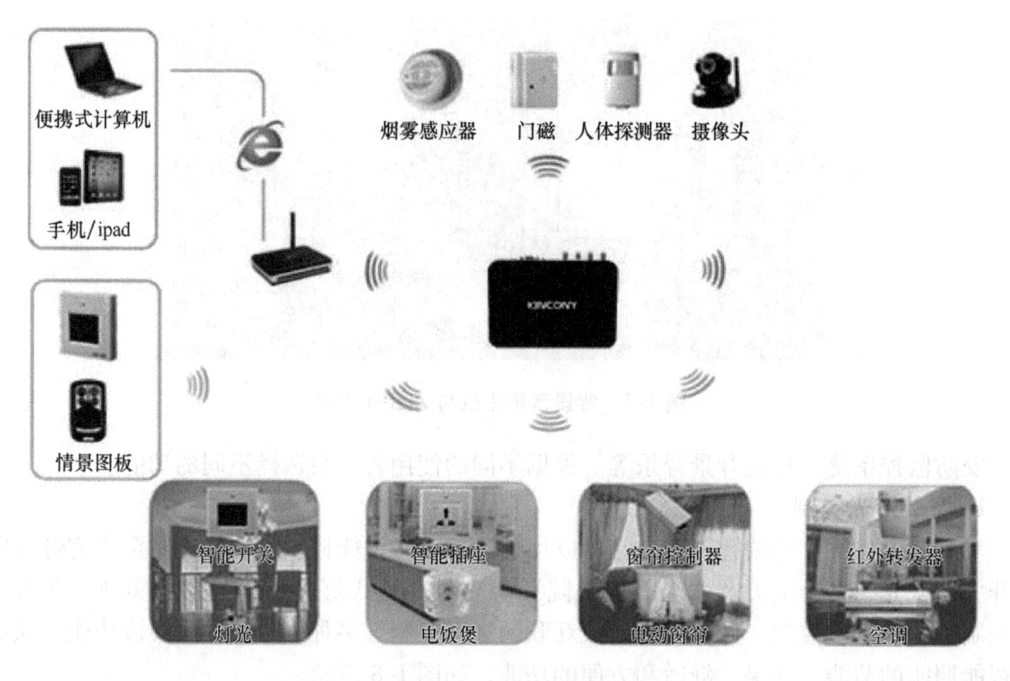

图 1-9 智能电器控制

4）安全：系统可以根据生活节奏自动地开启或关闭电路，避免不必要的浪费和电气老化引起的火灾。

3. 安防监控系统

随着人们居住环境的升级，人们越来越重视自己的个人安全和财产安全，对人、家庭以及住宅小区的安全方面提出了更高的要求；同时，经济的飞速发展伴随着城市流动人口的急剧增加，给城市的社会治安增加了新的难题，要保障小区的安全，防止偷抢事件的发生，就必须有自己的安全防范系统（见图 1-10），人防的保安方式难以适应人们的要求，智能安防已成为当前的发展趋势。

安防监控系统已经广泛地用于银行、商场、车站和交通路口等公共场所，但实际的监控任务仍需要较多的人工完成，而且现有的安防监控系统通常只是录制视频图像，提供的信息是没有经过处理的视频图像，只能用作事后取证，没有充分发挥监控的实时性和主动性。为了能实时地分析、跟踪、判别监控对象，并在异常事件发生时提示、上报，为政府部门、安全领域及时决策、正确行动提供支持，视频监控的“智能化”就显得尤为重要。

图 1-10 安防监控系统

优点：

1）安全：安防监控系统可以对陌生人入侵、煤气泄漏、火灾等情况及时发现并通知主人；

2）简单：操作非常简单，可以通过遥控器或者门口控制器进行布防或者撤防。

3）实用：安防监控系统可以依靠安装在室外的摄像机有效地阻止小偷进一步行动，并且也可以在事后取证给警方提供有利的证据。

4. 智能背景音乐

家庭背景音乐是在公共背景音乐的基本原理的基础上结合家庭生活的特点发展而来的新型背景音乐系统。简单地说，就是在家庭中任何一间房子里，比如客厅、卧室、餐厅、厨房或卫生间，可以将MP3、FM、计算机等多种音源进行系统组合，让每个房间都能听到美妙的背景音乐，音乐系统既可以美化空间，又可以很好地起到装饰作用。

优点：

1）独特：与传统音乐不同的是对家庭进行专业设计。

2）效果：采用高保真双声道立体声扬声器，音质效果非常好。

3）简单：控制器人性化的设计，操作简单，无论老人小孩都能操作。

4）方便：人性化、主机隐蔽安装，只需通过每个房间的控制器或者遥控器就可以控制。

5. 其他功能

（1）遥控控制

您可以使用遥控器控制家中的灯光、热水器、电动窗帘、饮水机和空调等设备的开启和关闭；使用遥控器显示屏可以在一楼（或客厅）查询并显示二楼（或卧室）灯光电器的开启和关闭状态；同时遥控器还可以控制家中的电视、空调、音响等红外电器设备，堪称万能遥控器，如图1-11所示。

图1-11 遥控控制

（2）手机远程控制

高加密（手机识别）多功能语音电话远程控制功能，当您出差或在外边办事，您可以通过手机控制家中的空调、窗帘、灯光等电器，使之提前为用户进行制冷或制热以及开启和关闭；通过手机了解家中电路是否正常，各种家用电器（例如冰箱里的食物等）的状态，还可以得知室内的空气质量（屋内外可以安装类似烟雾报警器的电器）从而控制窗户和紫外线杀菌装置进行换气或杀菌，以及根据外部天气的优劣，适当地调节屋内空气的湿度和利用空调等设施对屋内进行升、降温度。当主人不在家时，可以通过手机或固定电话自动地给花草浇水、宠物喂食等。

（3）定时控制

您可以提前设定某些产品的自动开启、关闭时间，如：电热水器每天 20:00 自动地开启加热，23:30 自动地断电关闭，保证您在洗热水浴的同时，既舒适又节电还享受时尚。

（4）集中控制

当您进门在玄关处时就可以打开客厅、餐厅和厨房的电灯以及厨宝等电器。特别是在夜晚时，您可以在卧室控制客厅和卫生间的灯光电器，既方便又安全，如图 1-12 所示。

图 1-12　集中控制

（5）场景控制

当您轻轻地触动一个个按键时，数种灯光、电器在您的“意念”中自动执行，使您感受和领略了科技时尚生活的完美、简捷和高效。

（6）网络远程控制

不论在办公室、还是在外地出差，只要有网络的地方，您都可以通过 Internet 看到您的家里。在网络世界中，通过一个固定的智能家居控制界面来控制您家中的电器，提供一个免费动态域名。主要用于远程网络控制和电器工作状态的信息查询，例如您出差在外地，通过外地网络的计算机，登录相关的 IP 地址，您就可以控制远在千里之外自家的灯光、电器；在返回住地上飞机之前，可以将您家中的空调或是热水器打开……

（7）全宅手机控制

全宅的灯光、电器都能通过手机对其进行远程控制。只要手机能够连接网络，就能使用随身的手机通过网络进行远程控制家里的灯光、电器以及其他用电设备，如图 1-13 所示。

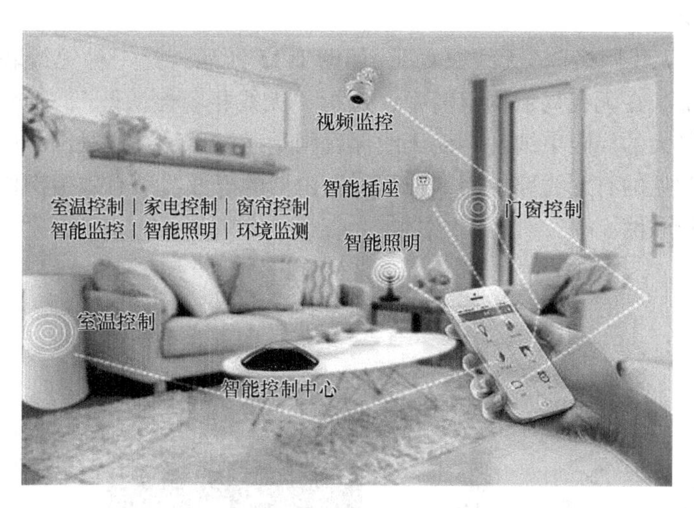

图1-13 全宅手机控制

1.2 智能家居技术

智能家居依赖于物联网、无线通信、人工智能、大数据分析、云计算构建全宅智能化家居控制系统。

1.2.1 物联网技术——无线通信（ZigBee、Wi-Fi、GPRS、蓝牙）

比尔·盖茨曾经对未来描述时，有过这样一段话：“你不会忘记带走遗留在办公室或教室里连接网络的用品，它不仅仅是你随身携带的一个小物件或是购买的一个用具，而是你进入一个新的媒介生活方式的通行证。”虽然在那个年代没有强大的计算机与互联网技术支持他实现对未来的憧憬与描述，但毫无疑问，对现在的人来看那是一个跨时代的想法，一个超前的想法，是对互联网时代的高度肯定，奠定了互联网的发展。

1998年，美国麻省理工学院的研究人员提出用一些技术手段将物品打上电子标签实现物品与互联网的连接，实现在任何时间、任何地点，对任何物品的识别与管理，这种技术就是网络与射频标识（Radio Frequency Identification，RFID）技术的结合。通俗地说就是用新一代的信息通信技术（Information Communication Technology，ICT）将完全没有任何联系的且在不同地点的不同物体彼此联系起来，使他们彼此间互相通信，就像人与人之间的互相交流一样，让物体间的交流更快捷，更智能。

1. ZigBee技术

ZigBee是一种便宜的、低功耗的近距离无线组网通信技术，是一种基于IEEE 802.15.4标准的低功耗局域网协议，是一种短距离、低功耗的无线通信技术，就像蜜蜂依靠飞翔与翅膀的振动向同伴传递信息一样，构成了群体间的短距离通信。ZigBee的起源就是来自于蜜蜂的短距离群体通信，其特点是近距离、低复杂度、自组织、低功耗、低数据速率和低成本，主要适合用于自动控制和远程控制领域，可以嵌入各种设备，如图1-14所示。

2. Wi-Fi 技术

Wi-Fi 又名“无线网络”“无线保真”，如图 1-15 所示，是一种无线联网技术，但实质上是一种商业认证。在无线局域网范畴中，是指“无线相容性认证”，以前计算机只能靠网线连接网络，有极大的局限束缚性，而无线保真则是通过无线电波联网，脱离了网络线缆的约束，更自由；常见的有无线路由器，在无线路由器的电波覆盖有效范围内都可以采用无线保真连接方式进行联网。

图 1-14 ZigBee 无线数据传送终端

图 1-15 Wi-Fi 组网

3. GPRS 技术

通用分组无线服务（General Packet Radio Service，GPRS）。也是移动通信技术的代表，如图 1-16 所示。由于其介于第二代（2G）和第三代（3G）移动通信技术之间，通常被称为 2.5G。它利用 GSM（Global System for Mobile communication，全球移动通信系统）网络中未使用的 TDMA（Time Division Multiple Access，时分多址）信道，提供中速数据传递。相对于 GSM 网而言，增加了相应的功能实体并且改造了现有的基站实现分组交换，这种改造的投入相对不大，但得到了相对而言超高的用户数据速率。而且，因为不再需要现行无线应用所需要的中介转换器，所以连接及传输都更方便容易，适用于远程数据的传输。

图 1-16 GPRS 传输

4. 蓝牙技术

蓝牙（Bluetooth®）是一种无线技术标准，可实现固定设备、移动设备和楼宇个人域网之间的短距离数据交换（使用2.4～2.485GHz的ISM波段的UHF无线电波）。蓝牙的波段为2400～2483.5MHz（包括防护频带）。这是全球范围内无需取得执照（但并非无管制）的工业、科学和医疗用（ISM）波段的2.4GHz短距离无线电频段。蓝牙使用跳频技术，将传输的数据分割成数据包，通过79个指定的蓝牙频道分别传输数据包。每个频道的频宽为1MHz。蓝牙4.0使用2MHz间距，可容纳40个频道。第一个频道始于2402MHz，每1MHz一个频道，至2480MHz。有了适配跳频（Adaptive Frequency-Hopping，AFH）功能，通常每秒跳1600次，蓝牙标志如图1-17所示。

图1-17 蓝牙标志

1.2.2 人工智能

人工智能（Artificial Intelligence，AI），这一词最初是在1956年Dartmouth学会上提出的。从那以后，研究者们发展了众多理论和原理，人工智能的概念也随之扩展。它是研究、开发用于模拟、延伸和扩展人的智能理论、方法、技术及应用系统的一门新技术科学。人工智能是计算机科学的一个分支，它企图了解智能的实质，并生产出一种新的能以人类智能相似的方式做出反应的智能机器，该领域的研究包括机器人、语言识别、图像识别、自然语言处理和专家系统等。从人工智能诞生以来，理论和技术日益成熟，应用领域也不断地扩大。人工智能不是人的智能，但能像人那样思考，也可能超过人的智能。

美国麻省理工学院的温斯顿教授认为“人工智能就是研究如何使计算机去做过去只有人才能做的智能工作。”显而易见，现在的人工智能是研究怎样让机器去像人一样的思考和处理问题，以及超越人类现有的智慧去完成一些超前的研究。最近几年火爆的人机大战就是人工智能与人脑之间的一场较量，2016年3月9～15日，李世石1比4负于AlphaGo，AlphaGo完胜。

1.2.3 大数据分析

大数据分析是指对规模巨大的数据进行分析。大数据分析有五个显著特点：数据量大、速度快、类型多、价值高、真实性。“大数据”是当前时代最火热的谈论话题，这是一个大数据时代，谁掌握了大数据谁就有了资本。当前时代比拼的不是财力、商业，而是谁掌握更多的数据。围绕大数据产生的数据仓库、数据安全、数据分析、数据挖掘等产生了巨大的商业价值，随着大数据时代的来临，大数据分析也应运而生。

大数据分析的六个基本方面如下：

1）可视化分析：是数据分析最基本的要求，能够直观地展示数据，让人能够直观地看到结果。

2）数据挖掘算法：让机器能够看懂数据，并按照要求快速地处理大量数据。利用集群、分割、孤立点分析等算法深入数据内部，挖掘价值。

3）预测性分析能力：预测性分析可以让分析员根据可视化分析和数据挖掘的结果做出一些预测性的判断。

4）语义引擎：我们需要能够解析，提取，分析数据的工具，因此需要能够从数据中提取信息的语义引擎来帮助智能地提取信息。

5）数据质量和数据管理：当大数据应运而生时，就需要很好地把控数据的质量以及更好地去管理这些数据信息，才能保证得到很好的数据分析结果，这是解决问题的关键。

6）数据存储，数据仓库：当数据量增大，对数据仓库和存储的要求越来越高，就需要一个能够方便分析、展示和存储的数据库，这是实现数据分析的基础。

1.2.4 云计算

云计算的定义有多达上百种，现阶段广为接受的是美国国家标准与技术研究院（NIST）的定义：云计算是一种按使用量付费的模式，这种模式提供可用的、便捷的、按需的网络访问，进入可配置的计算资源共享池（资源包括网络、服务器、存储、应用软件、服务），这些资源能够被快速提供，只需投入很少的管理工作或与服务供应商进行很少的交互。

云计算是通过将计算分布在大量的分布式计算机上，而非本地计算机或远程服务器，企业数据中心的运行将与互联网更相似。这使得企业能够将资源切换到需要的应用上，根据需求访问计算机和存储系统，使企业资源分布更合理、快捷。云计算特点如下：

1. 超大规模

具有超大规模，像 Google 云计算已经拥有 100 多万台服务器，其他的例如 Amazon、IBM、微软、Yahoo 等云计算均拥有几十万台服务器。一些企业也多多少少拥有数百、上千台服务器提高自己的计算能力。

2. 虚拟化

没有一定的实体、地点、时间限制，不需要知道具体的运行方式，用户就可以随时随地通过终端获取想要得到的资源。

3. 高可靠性

使用了数据多副本容错、计算节点同构可互换等措施保障服务的高可靠性，使用云计算比使用本地计算机可靠。

4. 通用性

没有太强的针对性，可以包容许多的应用，同时支持不同应用的响应。

5. 高可扩展性

规模可大可小，满足应用和用户规模增长的需要。

6. 按需服务

云是一个庞大的资源池，按需购买；云可以像自来水、电、煤气那样计费。

7. 极其廉价

由于特殊容错措施可以采用极其廉价的节点构成，而且自动化集中式管理使大量企业无需负担日益高昂的数据中心管理成本，它的通用性使资源的利用率较之传统系统大幅度提升，因此用户可以充分享受云计算低成本的优势。

8. 潜在危险性

云计算服务除了提供计算服务外，还必然提供了存储服务。服务器存储了大量的用户信息以及各种数据，虽然说信息只对信息拥有者开放，但是一旦遭到侵略挟持，将具有极大的危险性。

1.3　智能家居发展前景与市场应用

智能家居是物联网重点发展的方向之一，是智能化科技领域的一个重要市场。随着人们生活水平的不断提高，对品质生活的需求越来越大，智能家居的发展前途无限。

1.3.1　智能家居的应用前景

智能家居的前景是毋庸置疑的，从最早的总线技术到现在的315/433MHz、电力线载波、Wi-Fi 以及蓝牙，到最热的 ZigBee 技术，技术变得日趋成熟，有技术实力的企业产品基本可以落地。智能控制如图 1-18 所示。

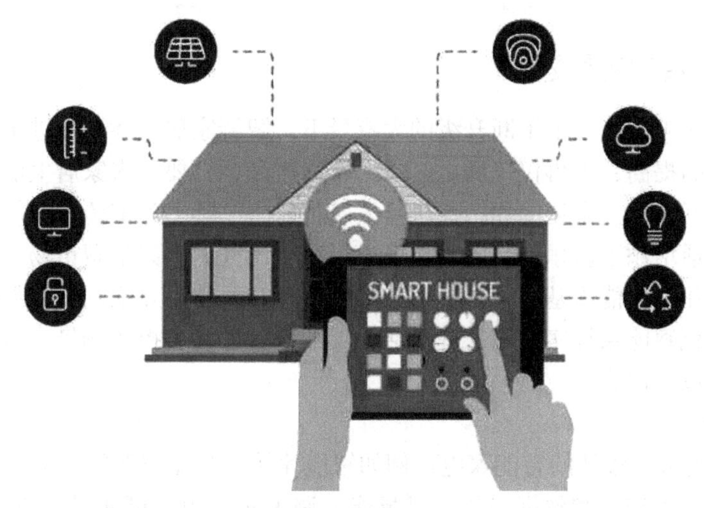

图 1-18　智能控制

中国人口众多，城市住宅也多选择密集型的住宅小区方式，因此很多房地产商会站在整个小区智能化的角度来看待家居的智能化。欧美由于人口总量少，流行独体别墅的居住模式，因此住宅多散布在城镇周边，没有一个很集中的规模，当然也就没有类似国内的小区这一层级，住宅多与市镇相关系统直接相连。这一点也解释了为什么美国仍盛行 ADSL、Cable Modem 等宽带接入方式，而国内光纤以太网发展如此迅猛。欧美的智能家居多独立安装，自成体系，而国内习惯将它当作智能小区的一个子系统考虑，这种做法在前一阶段是可行而且实用，因为以前设计、选用的智能家居功能系统多是小区配套系统。但智能家居最终独立出来成为一个自成体系的系统，作为住宅的主人完全可以自由地选择智能家居系统，即使是小区配套统一安装，也应该可以根据需要自由地选择相应的产品和功能，可以要求升级，甚至可以独立地安装一套智能家居系统。智能家居实施其实是一种“智能化装修”，智能小区只不过搭建了大环境，完成了粗装修，后续的智能化“精装修”可以由业主自主完成。智能厨房案例如图 1-19 所示。

今后，我国的智能家居应走品质与服务并重的路线，智能家居最终的目的是让业主有更多的选择，让智能家居系统更好地按照业主的生活方式来服务，创造一个更舒适、更健康、更环保、更节能和更智慧的科技居住环境，未来智能家居发展前景广阔。

图 1-19 智能厨房案例

1.3.2 智能家居的应用领域

近年来，在人工智能技术不断升级的大背景下，智能家居也逐步走进了人们的生活。随着人们生活水平的提高，不再仅仅满足必需的家居产品，更要追求家居生活的安全性、科技性、时尚性和交互性等。常见的如扫地机器人、智能指纹锁、门窗传感器等，智能化家居产品不仅为居家生活增添了新乐趣，同时也催生了一个巨大的新兴消费市场。

智能家居以住宅功能为基础，基于物联网、云计算、移动互联网和大数据等新一代信息技术，通过自动化智能系统实现与家庭生活相关的各种感知和控制场景。目前，智能家居应用领域主要包括以下内容。

1. 智能家电

应用于数据传输量较低的智能家电，例如智能冰箱、智能空调等，可通过 NB-IoT/eMTC 网络实现设备的远程控制和数据采集。以智能空调为例，用户可通过手机 APP 远程开启家中空调，并实时地查看空调运行情况，以便回家后能够直接享受舒适的环境。智能家电如图 1-20所示。

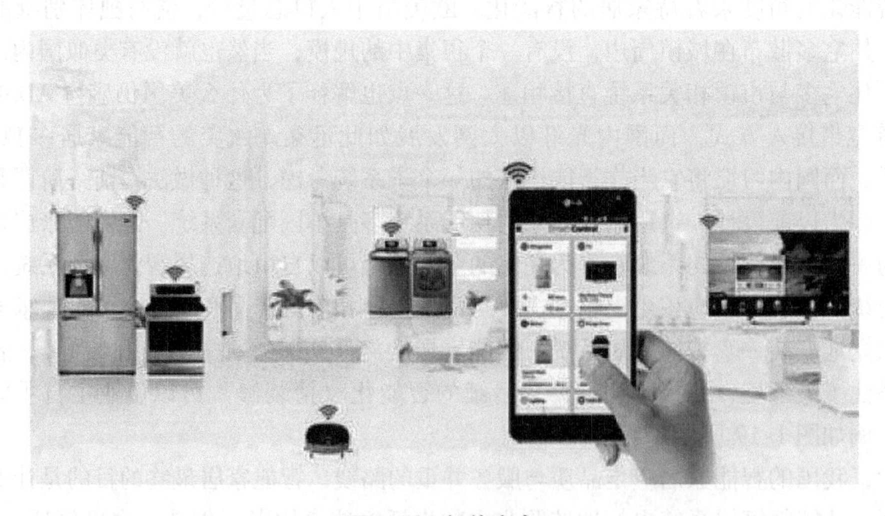

图 1-20 智能家电

2. 智能安防

在门窗等位置安装的智能安防设备，可通过 NB-IoT/e MTC 网络联网，当有外人入室时，立即向用户发送报警信息。类似的，可扩展至可燃气体泄漏、厨卫漏水等故障，例如一旦发现明火烟雾，可立即向用户发出警报，并同时启动家中灭火装置。智能安防设施如图 1-21 所示。

图 1-21　智能安防设施

3. 自动化控制

家庭自动化控制是指利用微处理电子技术集成和控制家里的电子产品。家庭自动化系统就是一个中央处理器，让这个处理器来接收家电的信息。对于中央处理器的应用，主要依靠智能家居的智能系统才得以应用。一些家庭自动化控制内容如下：

1）工厂及酒店等自动门禁系统。

2）窗帘或窗户开关控制。

3）空调控制。

4）电灯控制。

5）景观设备的控制等。

家居控制如图 1-22 所示。

多点互控
无线接收智能开关配场景开关或随意贴无线遥控器，还可以实现免布线双控、三控等多点互控

图 1-22　家居控制

1.4 本章小结

本章主要介绍了智能家居背景与概念、智能家居控制技术和智能家居发展前景与市场应用，通过无线通信技术（ZigBee、RF、Wi-Fi、GPRS、蓝牙）、人工智能（AI）、大数据分析技术、云计算技术的引入，让读者了解智能家居涉及的技术领域，并通过智能家居应用前景和应用领域的分析让读者了解智能家居发展前景。

智能家居有哪些内容，哪些家庭环境适合安装智能家居系统，可扫描下面二维码看视频。

1. 人工智能技术的定义是什么？有哪些应用场景？
2. ZigBee 技术的定义是什么？该技术有哪些特点？
3. 智能家居应用领域包括哪些方面？
4. 智能家居的基本概念是什么？一个完整的智能家居系统应该具备哪些功能？

第 2 章

智能家居的主机设计

本章主要介绍 KC868 系列智能家居主机的性能指标与实现功能，方便用户对智能家居主机在后续章节中进行二次开发，同时介绍 220V 家庭电源和 380V 工业/农业电源的智能控制，帮助用户对智能远程控制配电箱的设计做好知识铺垫。

2.1　KC868-S 智能家居主机（全宅智能一体化控制）

KC868-S 是杭州晶控电子有限公司研发的一款实现全宅智能一体化控制的智能家居控制主机，在以往主机的基础上增强了通信距离，适用于豪宅、别墅等大型建筑。

2.1.1　KC868-S 性能指标

产品尺寸：205mm × 150mm × 30mm；

工作电压：DC 9V；

工作温度：−20 ~ 70℃；

工作湿度：20% ~ 90% RH；

通信方式：RF（射频），ZigBee；

GSM 网络：850/900/1800/1900MHz 4 频率网络，全球通用；

SIM 卡：内置 SIM 卡槽，支持 GSM/SIM 卡；

射频协议：2262 编码和 1527 编码；

内置传感器：内置温度传感器，用于实时监控主机工作温度，保证主机稳定可靠；

通信距离：RF（射频）315/433MHz，在空旷环境下通信距离 >4000m；2.4GHz 通信，ZigBee 自组网的方式进行通信；

静态功耗：<0.5W。

KC868-S 智能家居主机的外观如图 2-1 所示。

2.1.2　KC868-S 功能

KC868-S 是实现全宅智能一体化控制的智能家居主机，通过 RF（射频）信号和 ZigBee 自组网的通信方式，使住户家中的各种家用设备、KC868-S 智能家居主机、服务器以及用户的智能手机之间进行通信，实现用户远程控制住宅的功能。用户只需要用智能手机就可以控制家中的灯、空调、电视等家用设备，不再需要各种遥控器或者是手动按开关。

同时 KC868-S 选用 RF315/433MHz 频段的无线高频射频信号。RF 无线高频射频信号超强的穿透力使信号在室内可以覆盖3层楼高度，保证在大型建筑当中信号的传输通畅，防止用户在家中因为信号不好而无法正常使用的问题。

家用设备上的不同传感器，将收集到的数据发送到KC868-S主机上进行分析，可以获得家用设备的工作状况以及住宅环境等信息。便于主机控制各种家用设备的工作，达到保持住宅舒适的居住环境效果。同时，用户也可以通过智能手机即时获取家中设备的工作状况，能够及时发现家中设备的故障，进行修理或者更换。

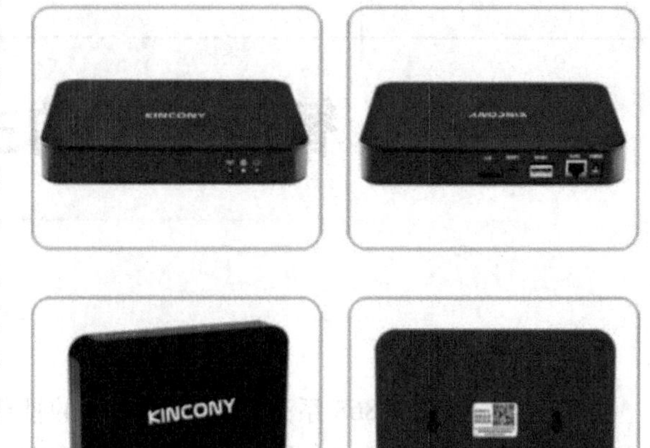

图2-1 KC868-S智能家居主机的外观

在住宅安防方面，KC868-S可以结合无线网络摄像头、安防传感器，对住宅进行实时地监控。一旦家中发生燃气泄漏，或者门窗、保险柜等被意外打开，将会在第一时间向用户的智能手机发送报警信息，并进行相应的险情处理。通过添加各种外设，KC868-S的功能可以得到扩展，比如可以和智能门锁进行结合，实现用户远程开门的功能和智能窗帘结合，可以实现远程控制窗帘的功能等；其兼容性强，可以与市场上大部分电器品牌兼容使用，方便用户添加各种外设进行功能扩展。

为了方便用户的使用，KC868-S无需对码学习，ZigBee设备可以自动检索入网，无需用户进行繁琐的配置，只需将电源插上即可工作。KC868-S可以自行上网，在家里没有网的情况下也可以正常工作。同时，主机会自动地将数据保存到晶控服务器内，用户不用担心设备数据的丢失。

2.2 KC868-G智能家居主机（普通公寓智能化控制）

KC868-G智能家居主机是中控系统主机的一种，中控主机是中央控制系统的核心部分，是一台连接多项控制系统的机器。中控主机的主体即中央控制系统，是指对声、光、电等各种设备进行集中管理和控制的设备。它广泛应用于智能化家庭，通过计算机和中央控制系统软件控制电动屏幕、电动窗帘和灯光等设备。

KC868-G智能家居主机采用创新式APP，通过网络和手机APP的结合，实现手机控制家用设备。

2.2.1 KC868-G性能指标

产品尺寸：100mm×100mm×30mm；
产品颜色：黑色；
工作电压：DC 5V；
工作功率：<0.2W；

产品重量：200g；

工作温度：-20～70℃；

工作湿度：20%～90%RH；

通信距离：RF（射频）空旷环境距离>50m；

通信方式：2.4GHz通信，ZigBee自组网的通信方式；

无线载波频率：ASK：315MHz+/-150kHz或433.92MHz+/-150kHz/拥有800路发射通道。

KC868-G智能家居主机如图2-2所示。

2.2.2　KC868-G功能

图2-2　KC868-G智能家居主机

1. 超强控制功能

KC868-G主机同时兼容多种无线功能，如315MHz或433MHz无线收发功能，无线输入报警功能，无线发射控制功能，智能学习各类常见的315/433MHz的无线设备和遥控开关，完全智能学习码功能，无需手动配对，并可兼容多种编码，让客户拥有更多的选择。

2. 情景控制功能

可支持和切换多种场景模式，每种场景支持多路输出组合操作。可依据客户的需求自定义，如回家、离家、会客、就餐、影院、休息、起夜和起床等场景模式。预先设置各种场景的灯光，可通过移动或遥控设备自由地管理和切换情景的模式。

3. 自动控制功能

自带实时时钟，可按计划自动地实现定时控制功能，按客户规定的时间自动打开或关闭窗帘、窗户、音响、电灯、浇花喷头和空调等。自动定时控制支持多种控制方式。

4. 安防报警功能

可以实现报警信息推送、无线发射、红外线发射多种报警模式，可自定义组装成所需的报警系统。如漏水报警、煤气泄漏报警、烟雾报警、红外报警等并对相应的情况进行信息记录与发送及处理。

5. 远程网络的控制

通过互联网即可随时随地地控制家中电器的开关，实现对家中情况的自由掌控，采用全球唯一的MAC网络物理层地址，在任何时间和地点使用都不会有网络冲突或者故障，极有效地保证了网络安全。

智能家居控制系统提供了一整套的控制产品与解决方案，采用先进的连接和控制方式，使工作人员对系统安装调试速度加快，并且用户可以根据需求自定制整套智能系统、模块化、堆叠化的产品组合方式，方便扩展。

2.3　KC868-COL可编程序控制器（IFTTT自动化控制）

KC868-COL可以在本地执行，无需互联网的IFTTT控制器，实现数据采集及类似PLC可编程功能的自动化控制方式。

2.3.1 KC868-COL 性能指标

产品尺寸：215mm×117mm×40mm；

工作电压：DC 12V；

材质：金属；

通信方式：以太网/RS232/RS485；

工作温度：-20~70℃；

工作湿度：20%~80%RH；

模拟量输入：16 路；

开关量输入：16 路；

温度传感器：5 路。

KS868-COL 硬件接口如图 2-3 所示。

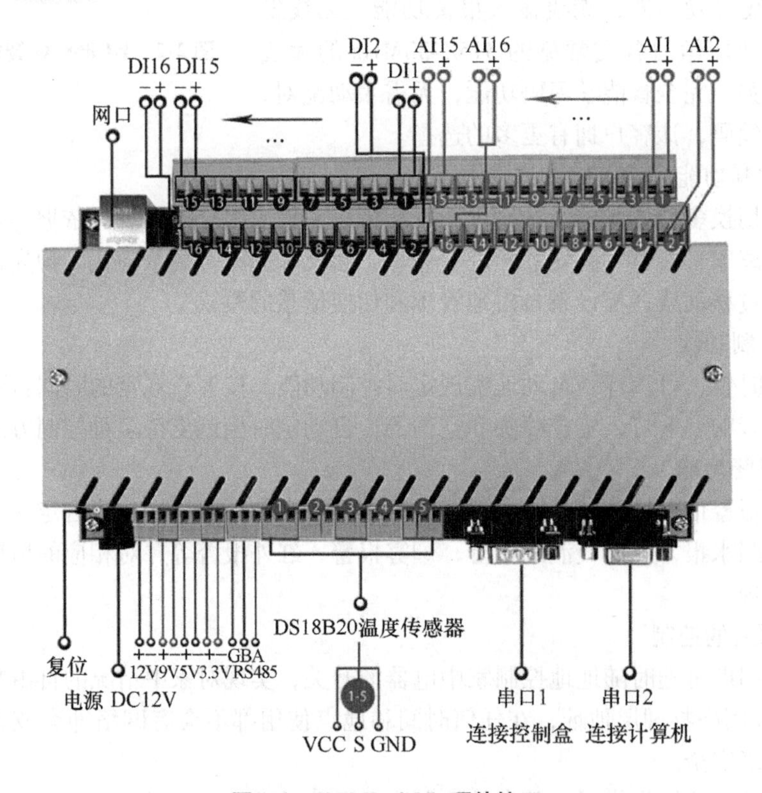

图 2-3 KS868-COL 硬件接口

2.3.2 KC868-COL 功能

1）KC868-COL 可编程序控制器可以看作是大脑，KC868-Hx 继电器控制器是四肢。KC868-COL 是一台可以在本地执行且无需互联网的 IFTTT 控制器。

2）与 KC868-Hx 系列控制器配合工作，可以实时地在计算机上观看各传感器数据，以实现自动化控制。

3）KC868-COL 可以实现类似 PLC 控制器的功能，无需专业人员进行编程。

4）KC868-COL 可以最多同时连接16个数字量传感器，16个模拟量传感器和5个温度传感器。

5）KC868-COL 支持多种控制方式的输出：①继电器开关的打开、关闭、状态翻转。②RS232自定义命令输出，实现和第三方设备的联动控制。

6）自动化的控制全部本地运行，无需互联网、云服务器。

7）支持传感器类型广泛，例如：温度、湿度、压力、光照、pH 值、液位、土壤温湿度、氨气、噪声、空气质量、人体红外、烟雾、煤气和门磁传感器等。

8）用户可以自行输入逻辑条件实现自动化的控制，总共可以创建50条自动化控制命令。

实际应用场景举例：

1）比如：您想每天上午10点定时浇水10min，您可以创建命令：

IF Timer = 10:00AM THEN relay1 = ON delay 600 seconds relay1 = OFF。

2）如果您想当你家里的水箱没水时实现自动抽水，您可以创建命令：

IF Water Level = 0 THEN relay1 = ON。

3）如果您的农田里，土壤湿度 <40%，则需要控制32个电磁阀自动打开，您可以创建命令：

IF soil humidity <40 THEN relay1 = ON，relay2 = ON，.......... relay32 = ON。

4）如果您创建多条件实现自动控制，您可以创建命令类似如下：

IF（A >x）and（B <y）and（C > = z）THEN action。

以上命令行，均由 KC868-COL 计算机软件进行选择设定。

2.4　家用智能配电箱（220V 家庭电源智能控制）

家用智能配电箱可以使用移动终端等终端设备对电源电箱进行远程控制，是一款针对家庭设计用电的智能配电箱。

2.4.1　家用智能配电箱的性能指标

产品尺寸：50cm×40cm×20cm；

工作电压：220～250V；

电流共计：25A×8（大电箱）；

主要配置：DELIXII 开关 + 智能网络控制器；

箱体材质 + 厚度：优质冷轧钢板国标1.2mm；

颜色：象牙白（防静电喷塑处理）。

家用智能配电箱产品外观如图2-4所示。

① 金属锁芯：高品质通用锁，坚固耐用。

② 智能控制主机：采用可靠的通信协议，手机/墙壁开关都可以控制。

③ 可拆卸门栓：方便安装，接线和维修。

④ 无氧紫铜接地线：避免长时间使用以致腐蚀，彩色镀锌螺钉，箱门开关自由。

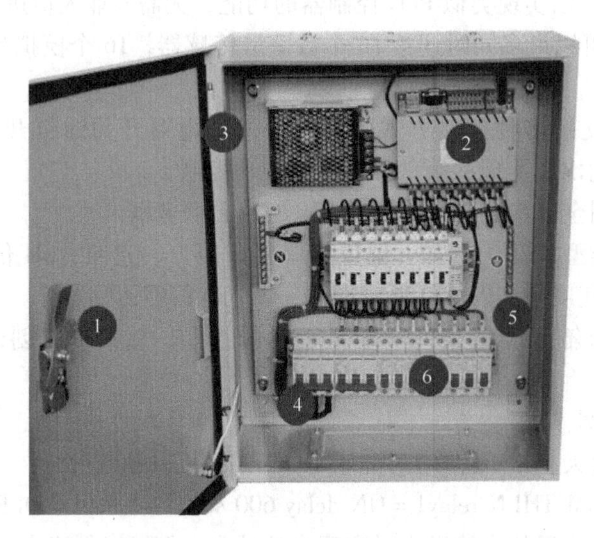

图 2-4 家用智能配电箱产品外观

⑤ 彩色镀锌固定地板元件：配电箱底部采用不锈钢螺钉固定，结实耐用。

⑥ 漏电开关：过载、短路和漏电保护。

2.4.2 家用智能配电箱的功能

家用智能配电箱的用户，可以通过智能手机操作控制。计算机的 APP 对家中的电源开关进行远程控制。可以随时开启，远程关闭家电，避免了多余的用电，也避免了出远门时没关家电的安全隐患。

家用智能配电箱同时具有手自一体四档位，如图 2-5 所示，可以在手动合闸通电、手动强制断开、手动永久合闸、自动操作 4 个档位中自由切换，方便用户调节。

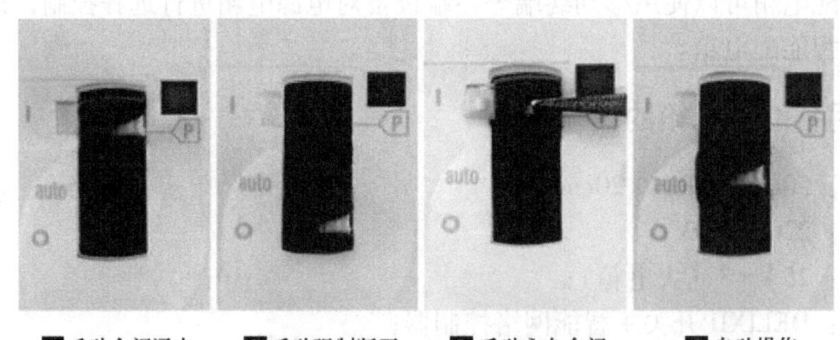

1 手动合闸通电　2 手动强制断开　3 手动永久合闸　4 自动操作

图 2-5 手自一体四档位

2.5 工业智能配电箱（380V 工业/农业电源的智能控制）

工业智能配电箱可以通过移动终端等终端设备对电源电箱进行远程控制。

2.5.1　工业智能配电箱的性能指标

产品名称：智能控制配电箱；

产品尺寸：40cm×30cm×20cm；

工作电压：200~250V；

电流共计：32A（小电箱）；

主要配置：DELIXI开关+智能网络控制器；

颜色：象牙白（防静电喷塑处理）；

箱体材质+厚度：优质冷轧钢板国标为1.2mm。

内部结构如图2-6所示。

图2-6中，①金属锁芯（见图2-7）：高品质通用锁，坚固耐用；②智能控制主机（见图2-8）：采用可靠的通信协议；③可拆卸门栓：方便安装、接线和维修；④无氧紫铜接地线（见图2-9）：避免长时间使用造成腐蚀，彩色镀锌螺钉且箱门开关自由；⑤彩色镀锌固定地板元件（见图2-10）：配电箱底部采用不锈钢螺钉固定，结实耐用；⑥漏电开关（见图2-11）：过载、短路和漏电保护。

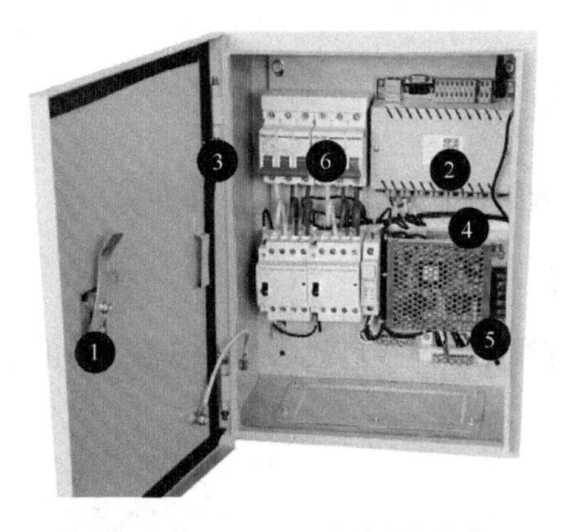

图2-6　工业智能配电箱内部结构

图2-7　金属锁芯实物图

图2-8　智能控制主机实物图

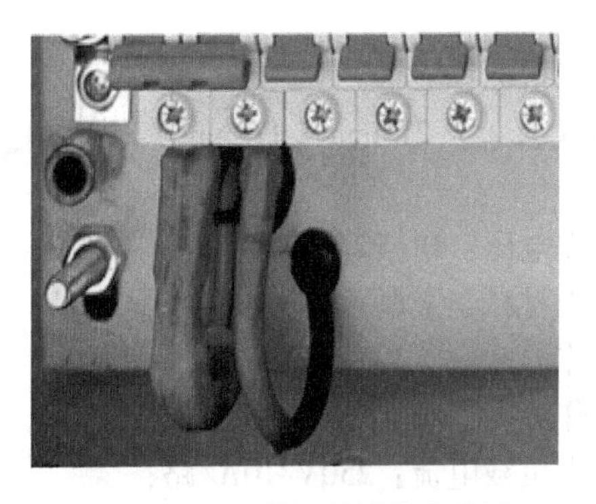

图2-9　无氧紫铜接地线实物图

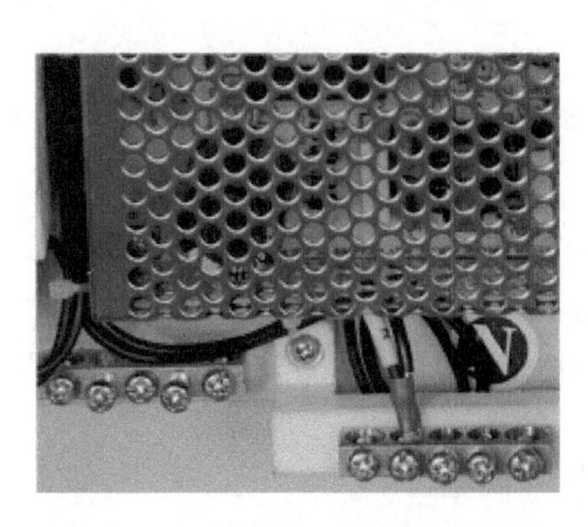

图 2-10 彩色镀锌固定地板元件实物图

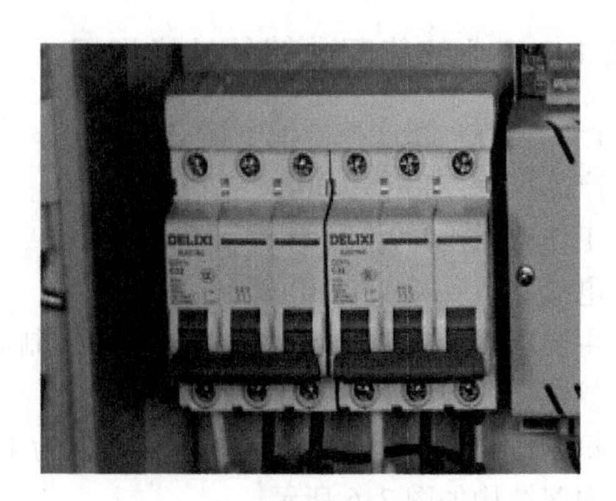

图 2-11 漏电开关实物图

2.5.2 工业智能配电箱的功能

工业智能配电箱主要实现在移动终端等终端设备上对电源电箱进行远程控制，以达到物物相连和所需的场景功能。如：家里电器忘记关闭，可通过对手机上 APP 的操作进行关闭，同时也可以监测电源情况，遇到紧急情况时采取相应的处理。

2.6 KC868-H32L 智能家居主机

KC868-H32L 工业级智能家居主机可以实现网络智能控制 32 路继电器开关。

2.6.1 KC868-H32L 性能指标

KC868-H32L 主机（见图 2-12）主要使用有线方式连接负载以及传感器，突出了稳定性。KC868-H32L 对核心硬件构架进行了改善，使用 ARM 嵌入式处理器，性能更优越，更稳定可靠，适合工业应用场合。在任何地方，只要通过网络即可实现对继电器的控制。

性能指标：

外观尺寸：215mm × 117mm × 40mm；

工作电压：DC 12V；

外壳材料：金属；

工作温度：-20 ~ 70℃；

工作湿度：20% ~ 90% RH；

最大负载电流：250V/10A/路；

最大负载功率：1000W/路；

通信方式：以太网/RS232 标准

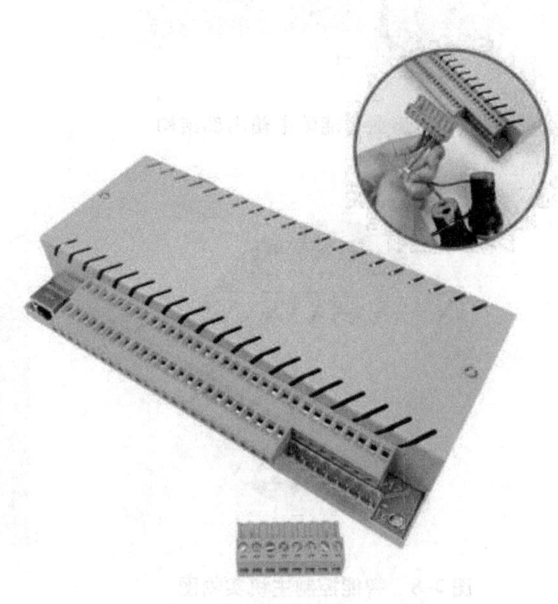

图 2-12 KC868-H32L 主机

串口；

输入路数：6 路；

输出路数：32 路。

2.6.2 KC868-H32L 功能

1）在任何有网络的地方，均可远程控制“开”和“关”。

2）免费的手机 APP 软件和计算机软件的支持。

3）各路继电器可独立控制。

4）工业标准轨道安装适配。

5）开关状态可以反馈到手机 APP。

6）通过账号分享，可以将自己的配置信息分享给他人，同时控制设备。

7）按预设的时间规律进行定时自动控制。

8）支持情景模式，一键控制指定设备全开或全关。

9）可以通过传感器输入端进行智能联动触发及 APP 报警消息推送。

10）开放通信协议接口，支持二次开发。

11）控制器支持的网络控制方式模式多样化：

① 手机 APP 远程控制：计算机远程控制。

② 本地局域网控制模式：计算机软件，开发人员二次开发控制。

③ 因特网远程控制模式：计算机软件，手机 APP，开发人员二次开发控制（支持 http 的 Web 端控制或使用账号、密码登录控制）。

2.7 KC868-H8 智能家居主机（有线 8 路智能控制）

KC868-H8 为有线控制主机，有 8 路继电器输出，8 路传感器输入。主机采用工控专用铁质外壳。提供以太网/RS232 二次开发编程接口，方便与第三方设备进行连接，或集成到第三方的控制软件平台，本书第 6 章中智能家居二次开发相关工程案例设计基于 KC868-H8 主机为主控制器进行设计开发，2.7.3 节增加了 KC868-H8 的硬件接口知识内容，为后续的案例设计做好基础。

2.7.1 KC868-H8 性能指标

外观尺寸：145mm × 117mm × 40mm；

工作电压：DC 12V；

外壳材料：金属；

工作温度：-20 ~ 70℃；

工作湿度：20% ~ 90% RH；

最大负载电流：250V/10A/路；

最大负载功率：2200W/路；

通信方式：以太网/RS232 标准串口；

输入路数：8 路；

输出路数：8 路。

KC868-H8 主机如图 2-13 所示。

2.7.2 KC868-H8 功能

1）在任何有网络的地方，均可远程控制“开”和“关”。

2）免费的手机 APP 软件和计算机软件的支持。

3）各路继电器可独立控制。

4）工业标准轨道安装适配。

5）开关状态可以反馈到手机 APP。

6）通过账号分享，可以将自己的配置信息分享给他人，同时控制设备。

图 2-13 KC868-H8 主机

7）按预设的时间规律进行定时自动控制。

8）支持情景模式，一键控制指定设备全开或全关。

9）可以通过传感器输入端进行智能联动触发及 APP 报警消息推送。

10）开放通信协议接口，支持二次开发。

11）控制器支持的网络控制方式模式多样化：

① 手机 APP 远程控制：计算机远程控制。

② 本地局域网控制模式：计算机软件，开发人员二次开发控制。

③ 因特网远程控制模式：计算机软件，手机 APP 软件，开发人员二次开发控制（支持 http 的 Web 端控制或使用账号、密码登录控制）。

2.7.3 KC868-H8 硬件接口

KC868-H8 智能控制盒的主要接口有：直流 12V 电源口、外部供电输出口、网络口、RS232 串口、8 路继电器输出口、8 路信号输入口。8 路输出接口，每路最大可以接 250V/10A 的负载。对于普通应用来说，绰绰有余，每一路输出的是干触点信号。图 2-14 给出 KC868-H8 主机硬件

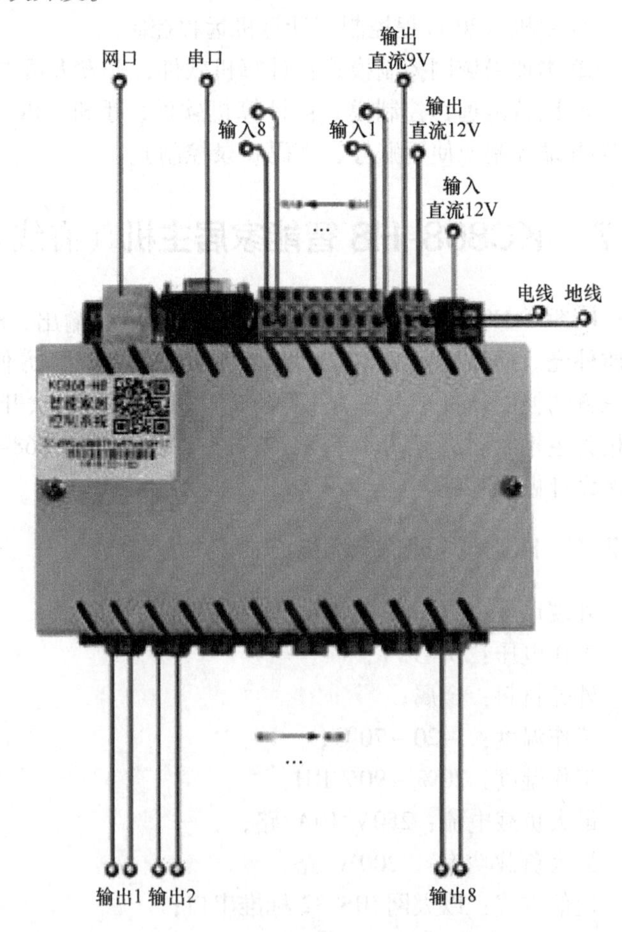

图 2-14 KC868-H8 主机硬件接口

接口，图 2-15 给出 KC868-H8 主机控制电路板。

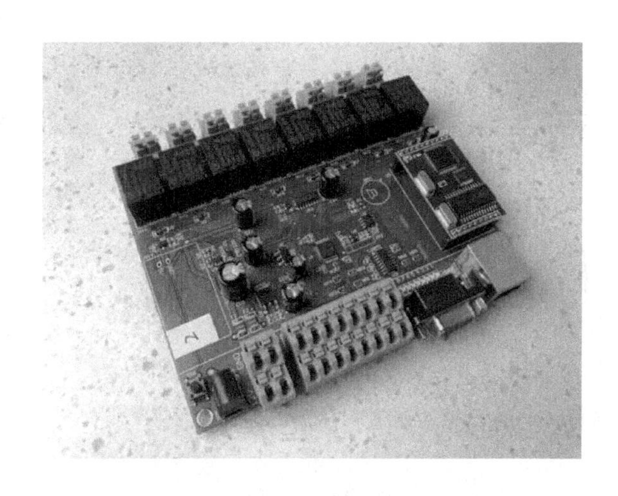

图 2-15　KC868-H8 主机控制电路板

控制系统基本框架主要由中心主控系统 KC868-H8 智能控制盒和带手动控制功能的交流接触器、断路器线路组成，具体结构图如图 2-16 所示。

从图 2-16 中看到，设备分成上下两部分，与 KC868-H8 智能控制盒相连的均为输入端信号，接入有线开关量信号的各种传感器，如风雨器、栅栏、烟雾、人体红外、门磁、漏水、断电、光线等不同类型的传感器。传感器需要外部电源供电，一般分为直流 9V 和直流 12V 两种，直流 9V 较为常见。同时，传感器的两条检测线分别和 KC868-H8 控制盒的“输入端”相连，不分正负极性。

KC868-H8 智能控制盒输出端，首先连接带手动控制功能的交流接触器，放置手动功能开关是为了安全考虑，在发生网络故障或其他电子故障时，可以通过手动打开或关闭该路电源，手动控制的优先级是最高的。其次，在交流接触器末端与后部的断路器相连，因为断路器可以起到电流过载跳闸的保护作用。如需使用安防功能，则需要预先通过手机 APP 进行个性化设定。首先，可以设定每一路传感器触发时，是否进行 APP 消息的推送。如果需要进行推送，可以设定推送内容，文字输入即可。其次，可以实现输入端触发时，和输出端的联动控制。如当 KC868-H8 智能控制盒“输入端 6”所接的漏水传感器触发时，自动执行关闭电磁阀的操作，同时推送消息给用户手机，提示“房屋内检测到漏水情况的发生，请您尽快回家进行检查，以免造成不必要的损失。”同样，也可以设置成 KC868-H8 智能控制盒“输入端 1”所接的风雨器检测到下雨的情况时，自动执行关窗的操作，以免雨水进入屋中。

断路器输出端的设备可以是各种不同类型的电器设备，甚至某一个房间的总电源或几路电器设备的总电源，所接负载的功率切勿超过所配断路器的额定功率大小。KC868-H8 智能控制盒的 8 路“输入端”可以与 8 路“输出端”进行用户自定义的联动操作，触发执行的动作既支持单个动作的执行，也支持一系列顺序执行的动作（如情景模式的执行）。

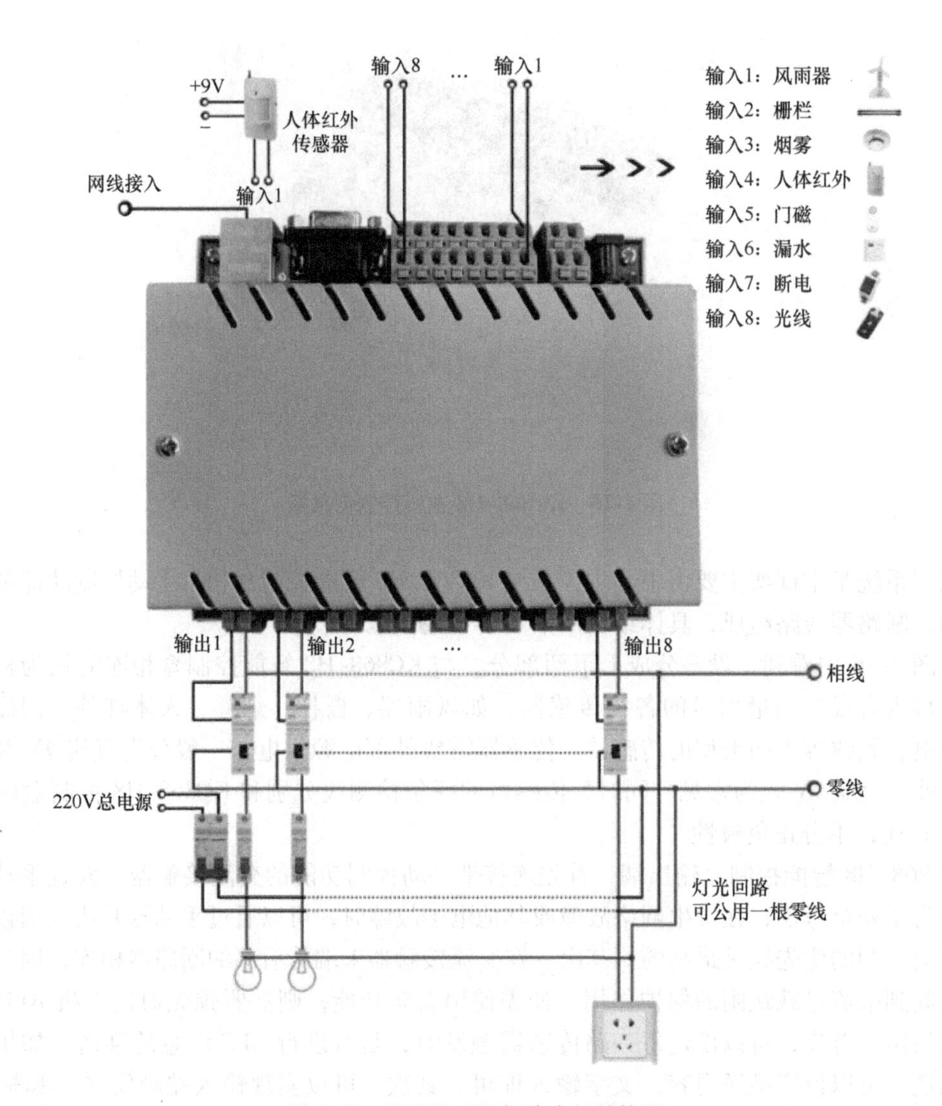

图 2-16 KC868-H8 智能主机结构图

2.8 本章小结

本章对 4 种智能家居主机设计进行了介绍，包括全宅智能一体化智能家居控制主机、普通公寓智能化家居控制主机、有线 8 路智能家居控制主机和有线 32 路工业级智能家居控制主机，后续章节中智能家居项目的二次开发基于有线 8 路智能家居控制主机为设计主体；同时从智能化配电箱的设计需求入手着重介绍了 220V 家用智能电源控制配电箱和 380V 工业/农业智能电源控制配电箱，为智能化远程控制项目的设计做好知识的铺垫。

本章习题

1. KC868-H8 主机控制电路板硬件接口包括哪些?
2. KC868-H8 智能控制盒为什么在交流接触器末端设置与后部的断路器相连?
3. KC868-H32L 与 KC868-H8 两种控制盒的区别是什么?
4. 220V 家庭家用智能配电箱结构包括哪些? 请具体说明。

第二篇　智能家居工程应用

智能家居是在互联网影响之下物联化的体现，智能家居通过物联网技术将家中的各种设备（如照明系统、窗帘控制、空调控制、安防系统、网络家电等）连接到一起，提供家电控制、照明控制、室内外遥控、防盗报警、环境监测等多种功能和手段。本书第二篇属于智能家居工程应用知识内容，与第一篇智能家居基础理论相结合，帮助初学者快速掌握智能家居工程的布局与设计，对智能家居产品 APP 软件设计和硬件进行设置，并能够利用智能家居 KC868-H8 主机进行相关案例与客户端 APP 的二次开发。

第 3 章

智能家居工程的设计

智能家居工程的设计包括设计因素和工程技术，设计因素是为用户提供更好的生活氛围，让用户可以更舒适和安全地享受生活，同时也可让一些家里有老人或者行动不便的人方便生活。工程技术如灯光控制、家电控制、环境监测和安防控制等。本章主要介绍智能家居工程设计技术的实现以及产品的装配。

3.1 灯光控制

智能灯光是指用智能灯光面板直接替换传统电源开关，用遥控等多种智能控制方式实现对住宅内所有灯具的开启和关闭，调节亮度。同时用户可以自行组合搭配，形成会客、出门、影院等多种情景下的灯光组合控制。

智能灯光的优点可以分为控制方式多样化，灯光情景自动化，弱电操作安全化，功能扩展个性化。

1. 控制方式多样化

控制方式多样化是指对住宅中的灯光控制方式多种多样，除了可以通过传统在室内墙上安装触摸面板之外，还可以通过智能手机，便携式计算机，遥控器等多种方式对住宅内的灯光进行控制，控制地点也可以是室内区域，室外区域或者是远程控制。

2. 灯光情景自动化

灯光情景自动化是指住宅内的照明效果可以根据用户的设定进行自动控制。如住宅的客厅一般配有吊灯、射灯、壁灯、筒灯等，智能灯光控制可以根据用户的配置实现不同灯光的组合搭配，从而产生休闲、会客、电视等情景模式。用户可以通过智能手机或者是触摸面板进行一键操作所有灯光，可以临时调节某盏灯的亮度，使当前灯光效果可以适应当前的环境。

3. 弱电操作安全化

弱电操作安全化是指智能面板通过弱电控制强电的方式，将控制回路和负载回路分离，使用户对电的操作更安全，智能控制面板实际上是一个无线电接收控制器。

4. 功能扩展个性化

功能扩展个性化是指根据用户的居住环境以及用户的需求，通过情景设置功能可以实现灯光布局的改变和功能扩充，实现灯光和用电器的组合控制。如用户回家时，通过触摸面板或者是智能手机，选择回家情景，如客厅的灯光会慢慢变亮，窗帘打开，空调开启并自动设置合适的温度，CD 机自动开始播放用户喜欢的音乐等。还可以自行设置就餐、影院等情景。

情景控制面板如图 3-1 所示。

图 3-1　情景控制面板

家庭照明设计的基本要求如下：

1）集中控制和多点操作。在任意一个地方的终端均可控制不同地方的灯，在不同地方的终端能够控制一个地方的灯。

2）软启动。开灯时，灯光由暗渐渐变亮。关灯时，灯光由亮渐渐变暗，避免亮度的突然变化刺激人眼，给人眼一个缓冲，以致保护眼睛。同时避免了大电流和高温的突变对灯丝的冲击，保护灯泡，延长灯泡的使用寿命。

3）灯光明暗能调节。无论在什么时候，都可以调节不同灯光的亮度，使当前亮度最符合当前的环境，创造舒适的生活环境。

4）全开、全关和记忆。整个照明系统的灯可以实现一键全关或者一键全开的功能，在离家时可以按一下全关按钮，将住宅内全部的照明设备关闭，也可以设置指定的某些灯进行一键全开或者一键全关。

5）定时控制。通过日程管理程序，可以对灯光实现定时开关，也可以在指定时间段设置指定的灯光亮度。比如在早上，七点自动开启卧室灯光到达一定的亮度；在深夜，自动关闭住宅内所有灯光等。

6）情景设置。通过软件编程，可以实现多路灯光情景的设置和转换，或者是实现灯光和住宅内用电器的组合情景。

7）本地开关。可以按照平常的使用习惯配置触摸面板，比如可以将门厅的按键开关设置为开关住宅内所有灯具，这样在离家时可以一键快速关闭住宅内全部的灯具。

8）红外，无线遥控。在任意一个房间，用红外遥控器可以控制住宅内任意位置灯具的开关状态和亮度。

9）远程控制。通过手机、便携式计算机等，无需在住宅内也可以实现对灯光或者情景的远程控制。

10）停电自锁。照明系统可以实现停电自锁，即家中停电再来电时，所有的灯将保持熄灭状态。

灯光控制面板安装步骤如下：

步骤一：安装前，使用一字螺钉旋具，撬开触摸开关面板。

步骤二：根据灯具类型，在断电情况下，将原灯具的控制线接入开关面板对应的接口处。

步骤三：使用开关面板配备螺钉，将后盒安装到暗盒内。

步骤四：断电情况下，合上触摸开关。

步骤五：上电，用手触摸开关面板上控制按钮，查看是否可以正常控制。

单路灯光开关面板接线示意图如图 3-2 所示。

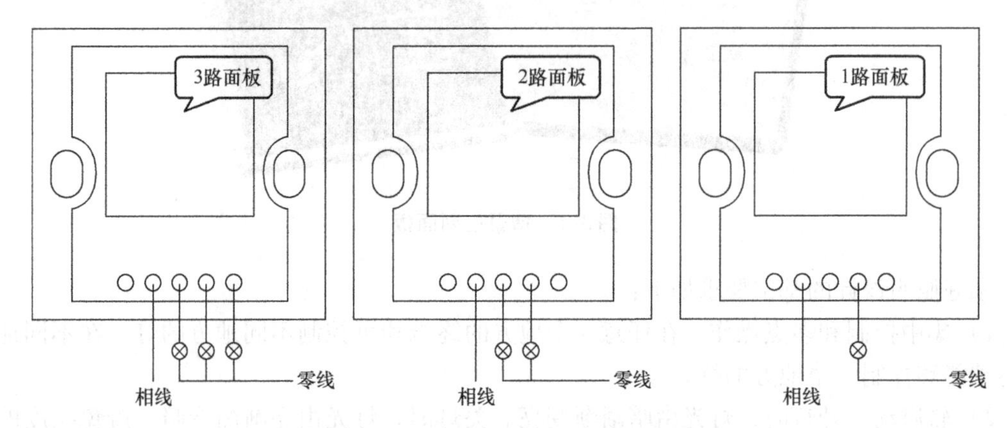

图 3-2 单路灯光开关面板接线示意图

安装双路智能调光面板步骤如图 3-3 所示。

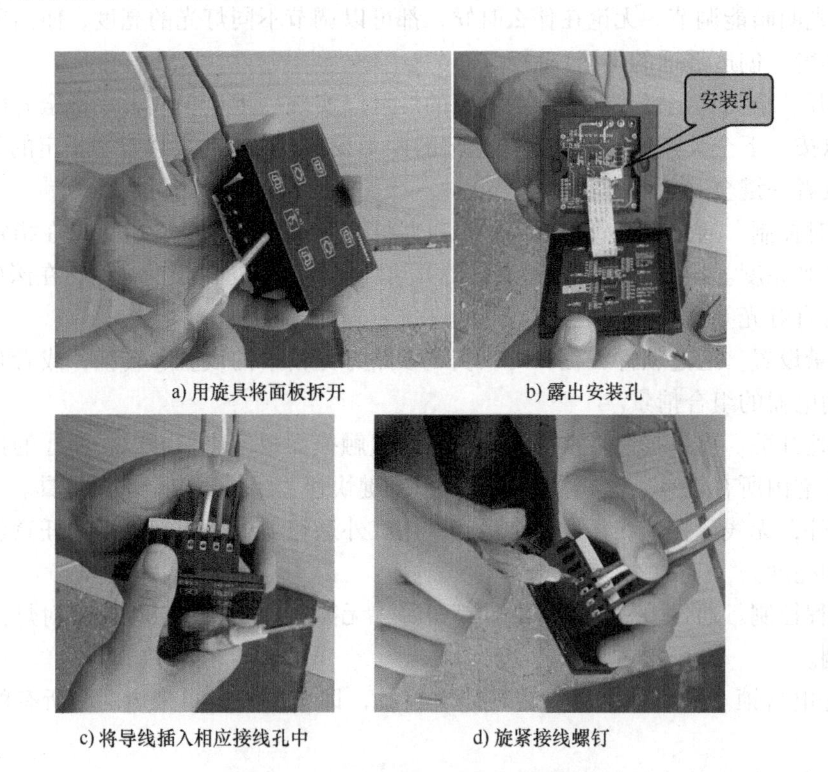

a) 用旋具将面板拆开 b) 露出安装孔

c) 将导线插入相应接线孔中 d) 旋紧接线螺钉

图 3-3 安装双路智能调光面板步骤

e) 用安装螺钉固定开关面板

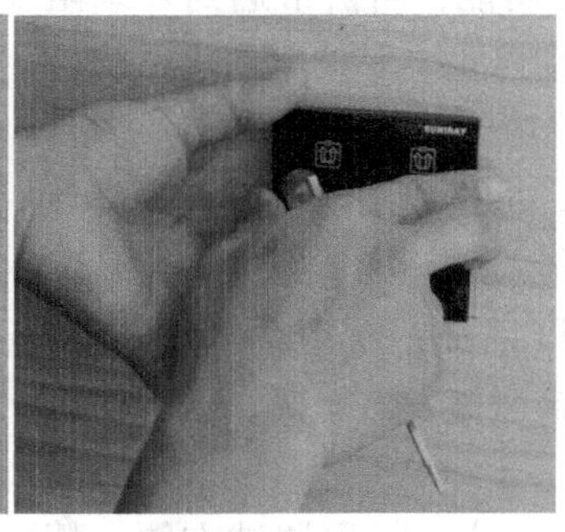

f) 将面板原样盖好

图 3-3　安装双路智能调光面板步骤（续）

3.2　窗帘控制

窗帘控制是指用智能面板（触摸面板）或者是手机，便携式计算机等方式对窗帘进行开启、关闭等操作。同时用户可以设置在特定情景下，或者是特定的时间使窗帘自动地进行开启或者关闭。

窗帘的控制主要是通过将窗帘的导轨更换为特制的带皮带的导轨，用带有网线的电动机带动皮带实现。由于不同窗帘在打开方式上的不同以及用户的需求不同，所以用到的电动机种类或者数量可能会有所不同，但是控制方式是大同小异的。这里仅介绍卷型窗帘和开合型窗帘两种类型。

1. 卷型窗帘

卷型窗帘是指卷帘、蜂巢帘、木百叶等上、下开合的窗帘，这种窗帘一般是通过绳子带动轴承进行开关，所以通过管状电动机可以对卷型窗帘的开合进行控制，如图 3-4 所示。

2. 开合型窗帘

开合型窗帘可以分为单向开合型和左右开合型。单向开合型就是窗帘布从左至右或者是从右至左进行打开，只有一块大的窗帘布。而左右开合型就是由中间往两边打开，是有两块窗帘布。在分类的基础上又有单轨和双轨两种，分别用于单层窗帘布和双层窗帘布的控制。开合型窗帘通过开合型窗帘电动机进行控制，如图 3-5 所示。

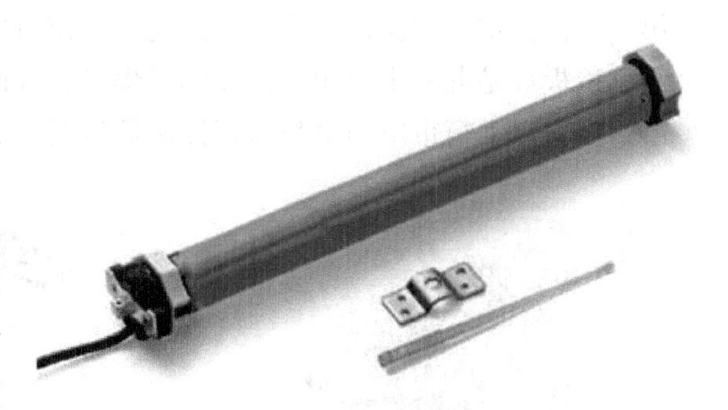

图 3-4　管状电动机

开合型窗帘电动机具有以下优点：

1）宽电压供电：AC100 ~ 240V 输入，适合各国电压。

2）手拉启动功能：通电状态下用手往一个方向拉动 8 ~ 10cm，窗帘会自动打开或关闭。

3）停电手拉功能：使用机械离合在停电状态下可以通过手拉轻松地打开或关闭窗帘。

4）遇阻停电功能：当窗帘遇到外来阻力后电动机会自动停止，保护电动机系统。

5）多台联控功能：标准接口支持多台电动机联控使用，可连接手动机械开关或计算机实现中控功能。

6）自动行程记忆：断电后带记忆功能，保护部件不被碰撞发出噪声，延长使用寿命。

7）电动机噪声小，行程调试方便，精准可靠。

8）隐藏式电动机：电动机体积较小，隐藏在窗帘角落，不影响住宅美观，如图 3-6 所示。

图 3-5　开合型窗帘电动机

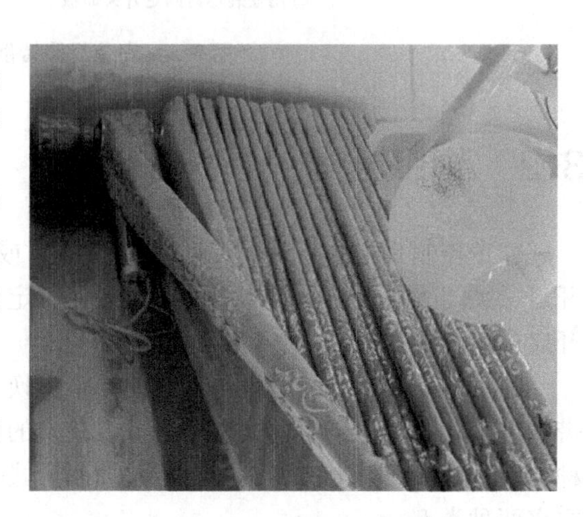

图 3-6　隐藏式电动机

和灯光控制类似，窗帘同样可以通过智能面板和移动设备进行打开、关闭和随意调整窗帘的位置，且可以通过情景模式和其他设备进行联动。

电动窗帘的安装步骤如下：

第一步：画线定位，量好轨道尺寸　画线定位的准确性是安装好窗帘轨道的关键，首先测量好固定孔距，与所需安装轨道的尺寸，如图 3-7 所示。

第二步：安装电动窗帘的轨道　安装电动窗帘轨道时应先将旧窗帘及轨道拆下，接着安装电动窗帘专用轨道，并根据窗帘的宽窄来调节挂钩的数量。

第三步：固定电动窗帘电动机　固定电动窗帘电动机时，用自攻螺钉将吊装卡子安装到顶板上，顶板如是混凝土结构，需加膨胀螺钉，如图 3-8 所示。

第四步：电动窗帘电动机与窗帘控制器接线。

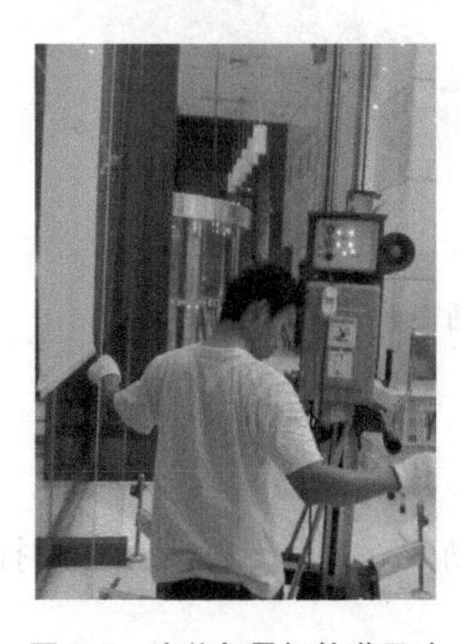

图 3-7　定位与量好轨道尺寸

图 3-8　固定电动窗帘电动机

单轨窗帘面板和窗帘电动机接线（见图 3-9）：

相线——外接相线和电动机红色线。

开——电动机棕色线。

关——电动机黑色线。

零线——外接零线和电动机紫色线。

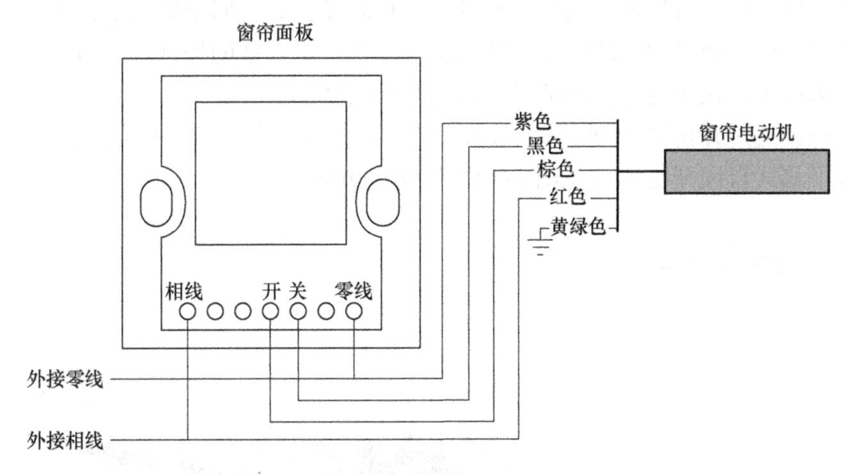

图 3-9　单轨窗帘面板和窗帘电动机接线示意图

双轨窗帘面板和电动机对接说明：

相线——外接相线、电动机 1 红色线、电动机 2 红色线。

纱开——电动机 2 棕色线。

纱关——电动机 2 黑色线。

布开——电动机 1 棕色线。

布关——电动机 1 黑色线。

零线——外接零线、电动机 1 蓝色线、电动机 2 蓝色线。

双轨窗帘面板和窗帘电动机接线示意图如图 3-10 所示。

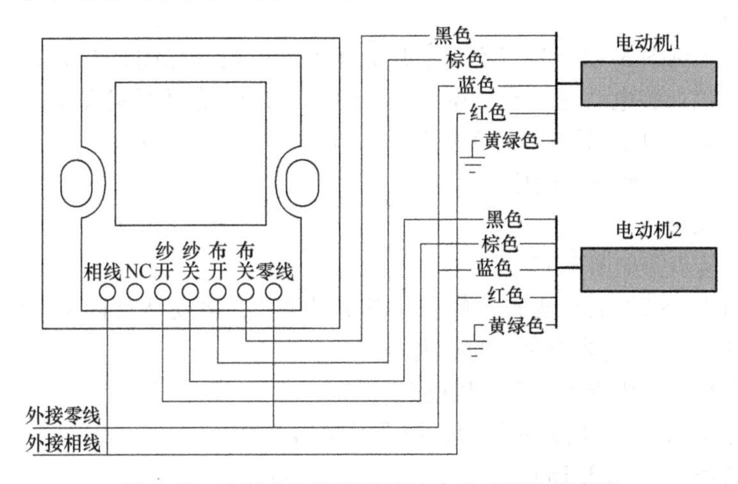

图 3-10　双轨窗帘面板和窗帘电动机接线示意图

3.3　窗户控制

窗户控制是指用智能面板（触摸面板）或者移动设备（如手机、便携式计算机）等方式对窗户进行开启、关闭等操作。同时用户可以设置在特定的时间使窗户自动地进行开启或者关闭，还可以在特定情景下，和其他的设备进行联动，如在回家情景下，窗帘和窗户会同时打开，进行通风。通过和安防传感器结合，可以实现对险情的处理。如通过燃气泄漏传感器的监测，可以实现在燃气泄漏的情况下自动开窗的功能。

窗户的控制通过开窗器实现。对常用的水平推拉窗（见图3-11）和平开上（下）旋窗，分别有平移式自锁开窗器（见图3-12）和电动开窗器。

图3-11　水平推拉窗

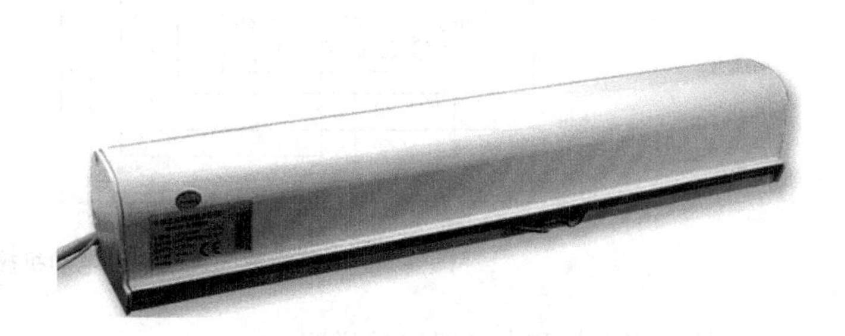

图3-12　平移式自锁开窗器

1. 平移式自锁开窗器

平移式自锁开窗器用于实现水平推拉窗的智能控制。通过在水平推拉窗内侧加装平移式自锁开窗器，在不破坏原有窗户的情况下实现水平推拉窗的智能控制。使窗户在实现原有功能的同时，增加了用户的远程控制和情景模式等功能。同时，为了保证住宅的安全，开窗器拥有自锁功能，在开窗器工作且窗户关闭的情况下无法通过人手动打开窗户。考虑到用户使用的安全，开窗器具有防夹手功能，保证了用户的安全。

2. 电动开窗器

电动开窗器（见图3-13）用于实现平开上（下）旋窗（见图3-14）的智能控制。通过在窗户上（下）侧加装电动开窗器，在不破坏原有窗户的情况下实现窗户的智能控制。上（下）旋窗通常用于高层建筑或者是天窗等地，在住户不方便开关的地方，可以通过远程控制对窗户进行开关，方便住户使用。

3. 开窗器的安装

开窗器的安装步骤如图3-15所示。

第一步：用M4×20的平头自攻螺钉（客户自配），将安装板固定在窗台上，然后将M4×10内六角螺栓装入安装板对应的孔内。

第二步：将开窗器从侧边卡入安装板上。

第三步：拧动M4×10内六角螺栓，固定开窗器不松动。

4. 开窗器接线（见图3-16）

1）开窗器棕色线，窗帘面板“开”接口。

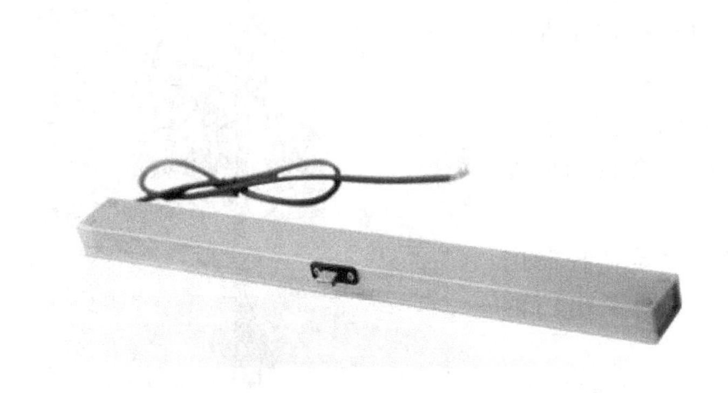

图3-13 电动开窗器

图3-14 上旋窗

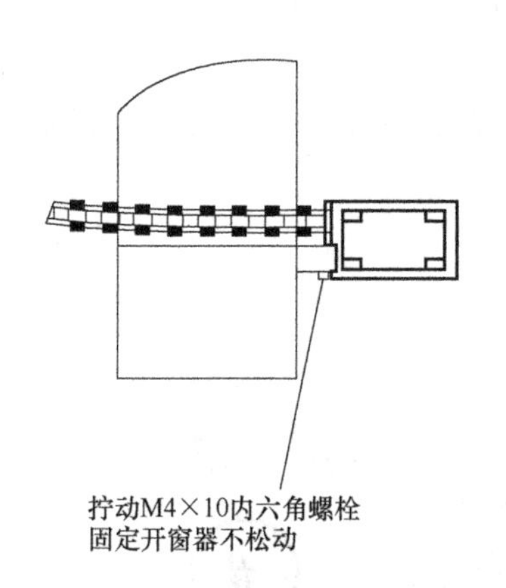

图3-15 开窗器安装步骤

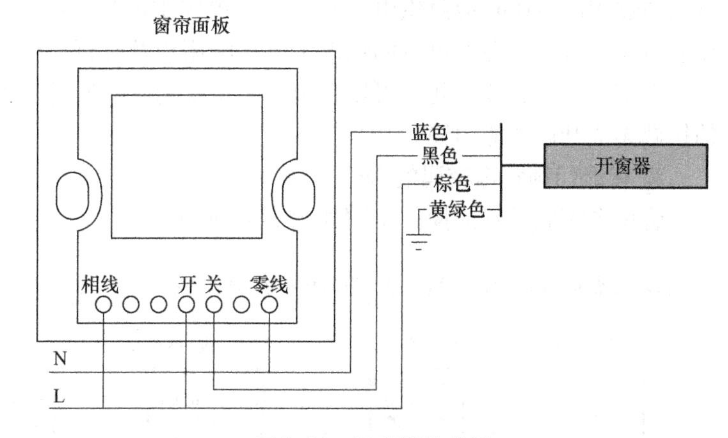

图3-16 开窗器接线图

2）开窗器黑色线，窗帘面板“关”接口。

3）开窗器蓝色线，窗帘面板“零线”接口。

4）开窗器黄绿色，保护地接线。

3.4 门锁控制

门锁控制是将传统机械门锁用智能门锁替换实现，智能门锁区别于传统机械门锁，在用户识别性、安全性和管理方面更加智能化。随着大规模集成电路技术的发展，特别是单片机的问世，市场上出现了带微处理器的智能密码锁，它除了具有电子密码锁的功能外，还引入了智能化管理，专家分析系统等功能，使密码锁具有很高的安全性和可靠性，应用日益广泛。

智能门锁在具有传统机械门锁的开锁方式下，扩展了指纹、密码、身份证、开门卡、手机感应卡（NFC）、APP网络、遥控器等开锁方式。针对办公室、商铺、住宅、酒店等不同场所，设计了具有不同开锁方式的智能门锁，智能门锁如图3-17所示。

1. 功能特点

自动锁门：忘记锁门，门锁5s后会自动地上锁。

开门卡：发卡方式为用户自主发卡授权，不需要发卡机。

开锁钥匙方式及数量：开锁方式多样，钥匙数量大，可以供多人使用。同时在用户忘记带钥匙的情况下，可以用其他方式开门。

防撬自动锁定报警：在连续输入 5 次无效指纹、错误密码或遭暴力开启门锁时，智能锁会自动地发出刺耳尖锐的警报声，并锁死 120s。

室内开关按钮：室内人员可以通过旋钮控制门锁，可以给临时访客开门，同时也方便了出门的操作。

图 3-17 智能门锁

Micro-USB 应急供电：由于智能门锁需要供电，自然会出现电池用完的情况。在电池没电的情况下，可以通过 Micro-USB 应急供电（可以用充电宝供电），对门锁进行操作。同时门锁拥有超长续航时间的特点。在低电量的情况下会提醒用户及时更换电池。

自定义钥匙有效时间：可以自由设定指纹钥匙的通行权限时间，在设定时间之外，指定的钥匙无法开启智能门锁。

2. 智能门锁管理密码的操作

管理者密码设置的操作步骤如图 3-18 所示。

管理者密码设置（出厂后第一次设置的密码为管理者密码）

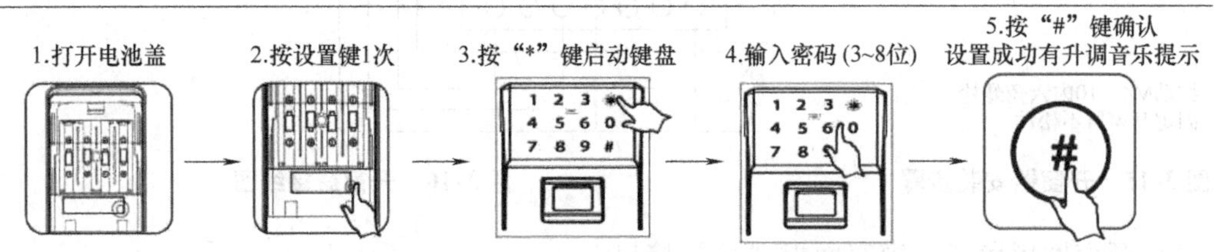

1.打开电池盖
2.按设置键1次
3.按“*”键启动键盘
4.输入密码 (3~8位)
5.按“#”键确认
设置成功有升调音乐提示

图 3-18 管理者密码设置的操作步骤

设置开门卡、密码、指纹和无线遥控的操作步骤如图 3-19 所示。

开门卡、密码、指纹、遥控设置(总数量为70，有管理者密码时方可设置，遥控器为选配)

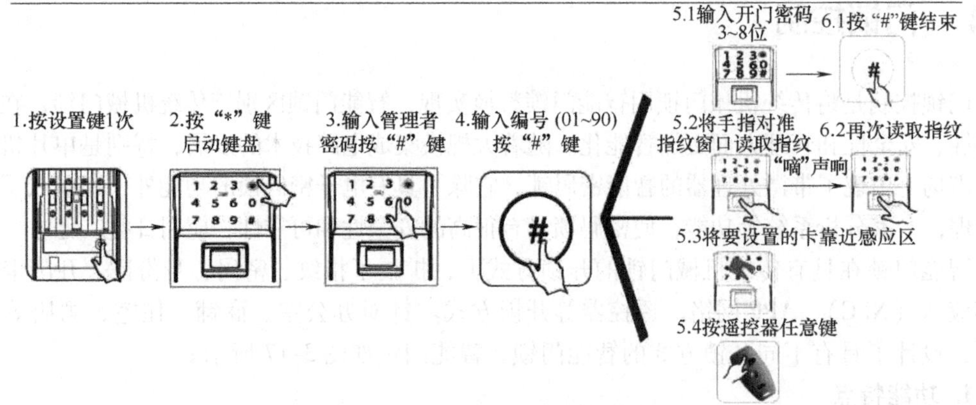

3.输入管理者

4.输入编号 (01~90)

5.1输入开门密码

6.1按“#”键结束
5.2将手指对准
指纹窗口读取指纹

6.2再次读取指纹
5.3将要设置的卡靠近感应区
5.4按遥控器任意键

图 3-19 设置开门卡、密码、指纹和无线遥控的操作步骤

删除单个开门卡、密码、指纹和遥控器的操作步骤如图 3-20 所示。

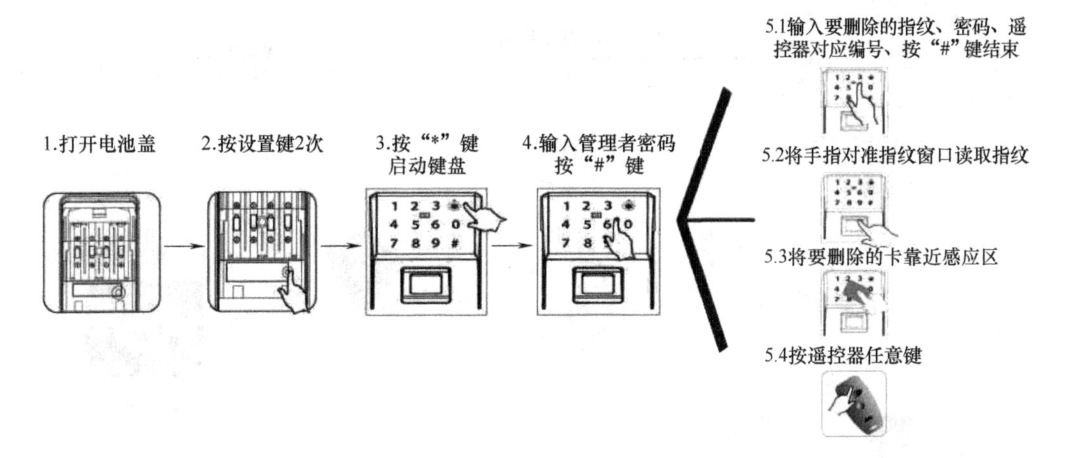

图 3-20　删除单个开门卡、密码、指纹和遥控器的操作步骤

一次性删除所有卡、指纹、遥控器和密码的操作步骤如图 3-21 所示。

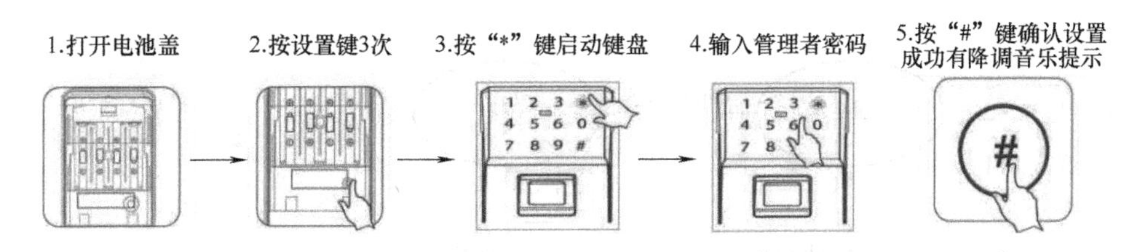

图 3-21　一次性删除所有卡、指纹、遥控器和密码的操作步骤

3.5　家电控制

目前，家电分为智能家电、信息家电和网络家电，它们都是一种新型的家用电器，将微处理器和计算机技术、电信技术、电子技术和数字技术、网络技术等应用于家用电器设备中，使家用电器的功能更完善，操作更简便。

智能电器控制是采用弱电控制强电的方式，受控对象是各种家用电器，如对电视机、功放、空调、热水器、电饭锅、饮水机和投影机等家用电器进行智能控制，可避免饮水机在夜晚反复加热以致影响水质；在外出时，可关断插座电源，避免电器发热引发安全隐患，智能电器控制如图 3-22 所示。以及对空调、地暖进行定时或者远程控制，让用户回家后马上享受舒适的温度和新鲜的空气。

智能电器控制一般分为两大类，一类是原来可用红外遥控器控制家用电器，如控制电视机，用户将对电视机进行的操作指令发送给控制主机，控制主机将遥控器对应的功能进行学习并发送到红外转发器，再由转发器对电视机进行相应的操作，同时也可用此方法对空调等进行相应的操作；另一类是直接用无线电信号去控制家用电器的电源插座，如热水器、电饭锅、饮水机等，图 3-23 展示了采用 ZigBee 技术的红外转发器的设计结构。

ZigBee 红外转发器的主要技术参数如下：

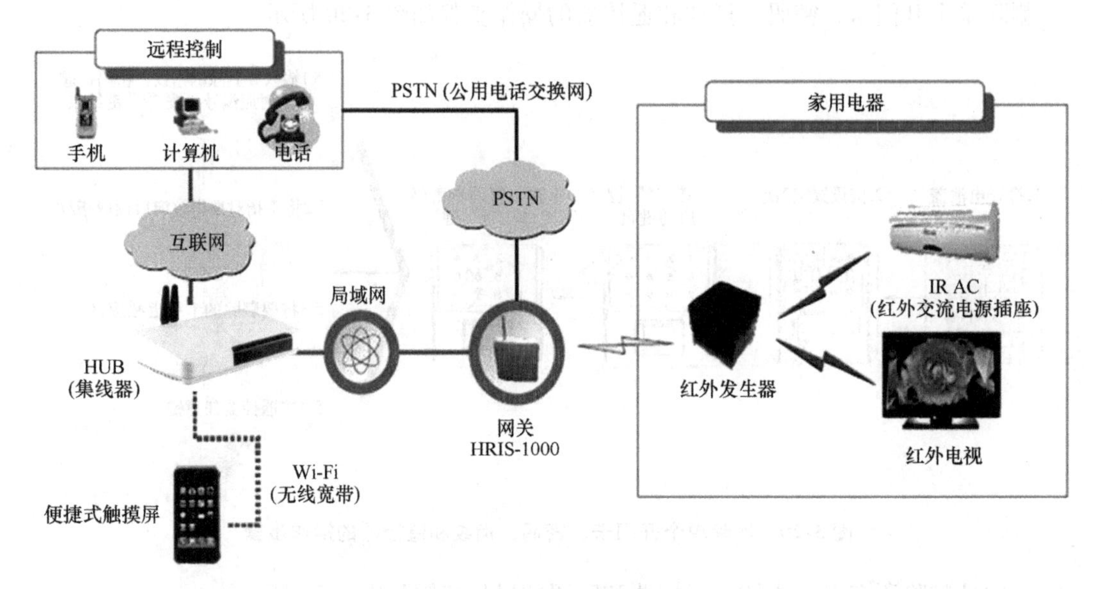

图 3-22 智能电器控制

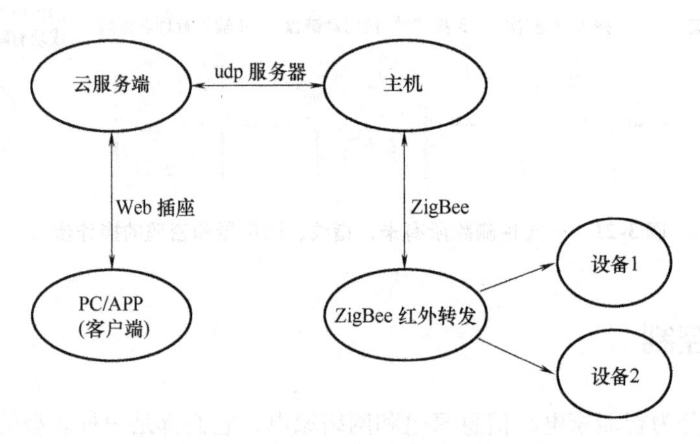

图 3-23 ZigBee 技术的红外转发器的设计结构

1）尺寸：110mm×36mm；

2）颜色：白色；

3）功率：0.2W；

4）工作电压：DC 5V/1A；

5）工作环境：温度 -10～80℃/湿度 10%～95% RH；

6）通信方式：2.4GHz；

7）内置红外发射头数量：7 个；

8）最大可控按键数：1000 个；

9）安装方式：悬挂式/摆放式；

10）解码长度：2048。

ZigBee 红外转发器外观如图 3-24 所示。

ZigBee 红外转发器的安装说明：

1）ZigBee 红外转发器和受控设备之间，不可有遮挡物。

2）ZigBee 红外转发器需预留 AC220V 电源插座。

3）ZigBee 红外转发器必须安装在受控设备附近，并且需要先在手机端学习受控设备的遥控器功能，方可通过主机控制受控设备。红外转发器的学习画面如图 3-25 所示。

图 3-24　ZigBee 红外转发器外观

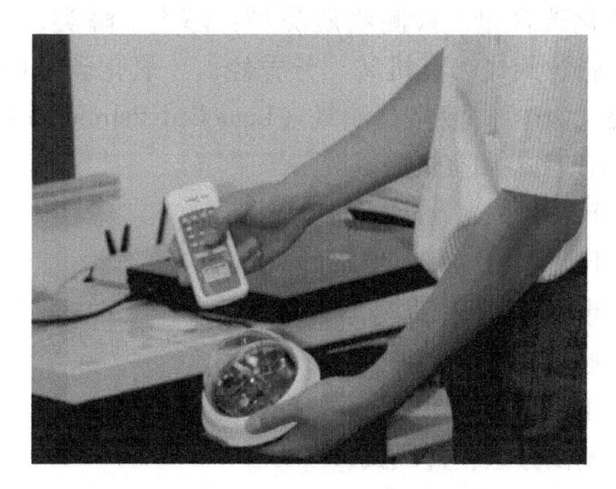

图 3-25　红外转发器的学习画面

3.6　环境监测

什么是环境监测?

监测室内、外环境中的相关数据，实现用户对室内、室外环境的感知和了解以及危险情况的快速应对，避免发生人身财产不必要的损失。为用户提供一个舒适、安全、高效的生活环境，优化人们的生活质量。

一套完备的环境监测系统包括：环境信息采集，环境信息分析，控制和执行机构三个部分，其系统组成包括：空气质量传感器，温湿度传感器，太阳辐射传感器，室外风速探测器，无线噪声传感器和雨滴传感器等。

环境监测系统从目前的智能家居的发展和未来趋势看，应该主要包括以下几个方面：

1）室内温湿度监测：通过一体化温湿度传感器采集室内温湿度，为空调、地暖等改变室内环境温湿度的设备提供控制依据。

2）室内空气质量监测：通过空气质量传感器、无线 $PM_{2.5}$ 探测器等采集室内空气的污染信息，为空气净化器、电动开窗器等提供依据，进行自动换气或去污染控制。

3）室外气候监测：通过太阳辐射传感器、室外风速探测器、雨滴传感器等采集室外气候信息，为电动窗帘、电动开窗器等提供依据。

4）室外噪声监测：通过无线噪声传感器等采集室外噪声信息，为电动开窗器或背景音乐控制提供依据。

环境监测所需产品性能如下：

1. 空气质量传感器

空气质量传感器的作用是监测室内有害气体的浓度，如：氨气、硫化物、甲醛等污染

气体的浓度以及 $PM_{2.5}$ 的含量。空气质量传感器的主要参数及相关的空气质量传感器外观如图 3-26 所示。

图 3-26 空气质量传感器外观

该模块采用微机械金属氧化物半导体技术探测一定范围内挥发性有机化合物，并且直接关联房间里的二氧化碳含量。检测物质类型：醇类、醛类、甲醛等、脂肪族烃、有机胺、芳香烃、一氧化碳（CO）、甲烷（CH_4）、液化石油气（Liguefied Petroleum Gas，LPG）、酮类和有机酸。

技术参数：

尺寸：118mm×70mm×70mm；

重量：139g；

通信方式：Wi-Fi；

工作电压：DC 5V；

测试方法：进风式；

温度范围：0～50℃；

湿度范围：20%～90%RH；

温度最小精度：1℃；

湿度最小精度：1%RH；

甲醛浓度测量范围：0～6.13mg/m^3；

甲醛分辨率：0.001mg/m^3 或 0.001ppm；

测定对象：大气环境各类浮游粉尘、工业粉尘、空气温湿度及甲醛浓度。

2. 温湿度传感器

温湿度一体传感器是指能将温度量和湿度量转换成容易被测量处理的电信号的设备或装置。

多功能温湿度变送器的主要参数及相关的温湿度传感器外观如图 3-27 所示。

图 3-27 温湿度传感器外观

技术参数：
输出信号：RS485 信号；
电源：DC 9 ~ 36V/USB：5V；
测量范围（湿度）：0 ~ 99.9% RH；
测量范围（温度）：-40 ~ 80℃；
湿度精度：±2% RH（30% ~ 90% RH）；
温度精度：±0.3℃（25℃）；
分辨率：温度为 0.1℃，湿度为 0.1% RH；
衰减值（温度）：<0.1℃/年；
衰减值（湿度）：<0.5% RH/年；
传感器：电容式湿度传感器；
响应时间：温度为 5s，湿度为 5s；
显示屏 LED：红光，蓝光；
外壳塑料：PC 塑料；
重量：596.7g。

3. 太阳辐射传感器

太阳辐射有两种方式到达地球表面：直射和散射或反射。大约 50% 的短波太阳辐射被地表面吸收并转变为热红外辐射，直接太阳辐射是用太阳辐射传感器来测量。

FSP10 太阳辐射表是一种应用于太阳辐射观测的短波总辐射传感器。

工作原理：FSP10 太阳辐射表利用热电偶传感器上的黑色涂层吸收太阳辐射，辐射转换成热能进入传感器内部，在热电偶两端产生温差，从而产生一个与太阳辐射成正比的电压输出信号。

太阳辐射传感器的主要参数及外观如图 3-28 所示。

图 3-28　太阳辐射传感器外观

技术参数：
光谱选择性：±5%（305 ~ 2000nm）；
温度响应（在 50℃的间隔内）：在 ±4% 内（-10 ~ 40℃）；
光谱范围：305 ~ 2800nm（50% 的透过点）；

达到95%响应的响应时间：5s；

建议校准周期：每两年一次；

传感器阻抗：在100~150Ω（无微调）；

包括5m电缆的重量：0.9kg；

预期电压输出：在自然太阳辐射下的应用：-0.1~50mV；

工作温度：-40~80℃。

4. 室外风速探测器

工作原理：风速传感器的感应元件是三杯风组件，由三个碳纤维风杯和杯架组成。转换器为多齿转杯和狭缝光电耦合器。当风杯受水平风力作用而旋转时，通过活轴转杯在狭缝光电耦合器中转动，输出频率信号。

风速传感器的主要参数及风速传感器外观如图3-29所示。

图3-29 风速传感器外观

技术参数：

测量范围：0~70m/s、0~45m/s可选；

准确度：±[(0.3+0.03)V] m/s（V表示风速示值）；

分辨率：0.1m/s；

起动风速：≤0.3m/s；

最大回转半径：90mm；

工作电压：5V、12V、24V可选；

输出信号：脉冲信号；

电流：4~20mA；

电压：0~5V；

网络通信接口：RS232/RS485、TTL信号；

负载能力：电流型输出阻抗≤600Ω；

电压型输出阻抗：≥1kΩ；

工作环境：温度为-40~50℃，湿度≤100%RH；

防护等级：IP45；

产品重量：≤0.5kg。

5. 无线噪声传感器

无线噪声传感器结合物联网技术、云技术、移动互联网技术、太阳能技术，每天24h实时监测环境的噪声数据，为用户改善居住环境提供参考。

无线噪声传感器的通信方式为ZigBee，通信距离为100m（可视距离），电源采用太阳能。其外观如图3-30所示。

6. 雨滴传感器

雨滴传感器（雨量传感器、降水传感器）用于检测是否下雨及雨量的大小。可通过雨滴传感器检测出雨量将转换后的信号发送给主机控制电动窗户的打开和关闭。雨滴传感器外观如图3-31所示。

图3-30　无线噪声传感器外观

图3-31　雨滴传感器外观

3.7　安防控制

什么是智能家居报警系统？

智能家居报警系统是智能家居系统中必不可少的功能，是指为家庭设备与成员安全而安装的防护保障与报警系统，包括户内可视对讲、家庭监控、家庭安防报警等。其主要功能是通过智能主机与各种探测设备配合，实现对各个防区报警信号的及时收集与处理，通过本地声光报警器，以及电话或短信报警，向用户预设的电话或短信号码循环语音或短信报警，直到用户接警系统撤防为止。用户可以根据报警情况，及时通过网络摄像头确认现场状况或者亲自处理，以确认防盗等紧急事情发生与否。一套完善的智能家居报警系统可以确保每一个用户的生命及财产的安全。

如可以设离家报警与在家报警，当离家报警时，所有设备都在工作，无论是室内还是室外，只要发生情况都可以让主机本地报警、电话或者手机报警。在家报警的情况下，主人是可以在室内活动的，终端设备带有方向识别功能，可以分辨出人体是进还是出，以防止小偷有可乘之机；当家里出现火灾或者煤气泄漏时，主机会自动联系主人，并且通过传感器自动将煤气总阀门关闭。

智能家居报警系统由家庭报警主机和各种前端探测器组成。前端探测器可分为门磁、窗磁、煤气探测器、烟雾探测器、红外探测器、红外探头和紧急按钮等。

智能家居报警系统有哪些组成？

智能家居报警系统组成示意图如图3-32所示。

智能家居报警系统设计包括以下内容。

1. 家庭视频监控功能和设计

1）家庭视频监控功能和远程实时监控功能：用户使用监控客户端软件，可通过互联网实时观看远程的监控视频，监控客户端软件可以安装在计算机和手机上。

2）远程报警与远程防设和撤防功能：家庭无线视频监控系统的无线摄像头能够监视15m之内的环境，当出现异常情况时，第一时间将报警信息发送到用户手机和客户端。用户

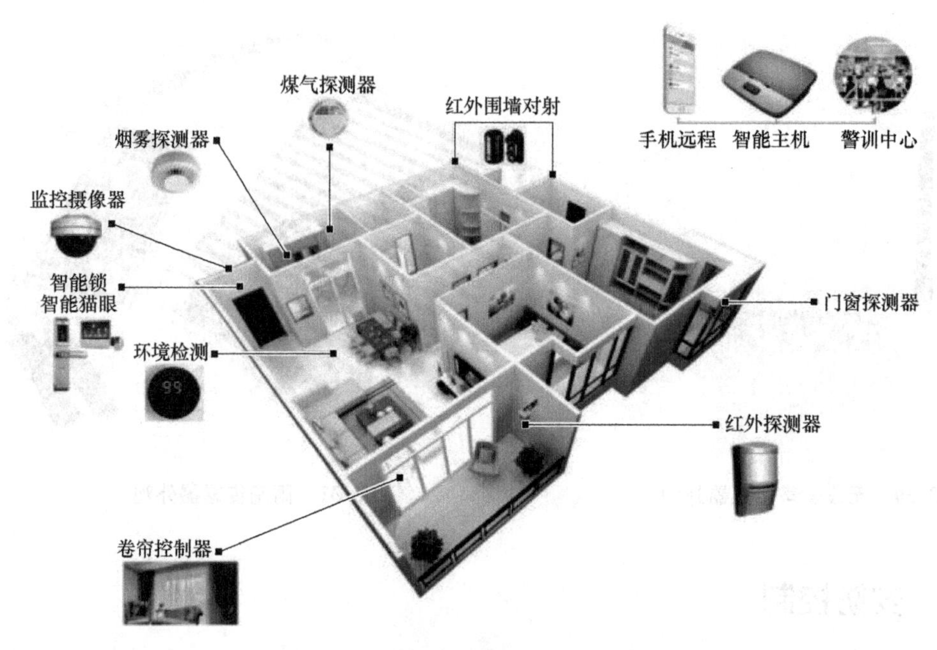

图 3-32　智能家居报警系统组成示意图

可以使用客户端软件远程对监控场所进行防设和撤防。

3）网络存储图像功能：家庭无线视频监控系统能够通过网络保存监控视频，可按设定的时间间隔定时在网络硬盘上保存监控场所的视频，用户随时可以通过客户端软件观看监控回放。在发生报警的情况下，能连续在网络硬盘上保存图像，直到解除警报为止。

4）具备夜视、云台等控制功能：带有红外夜视功能的无线摄像机，在黑暗环境下也能正常工作。如果使用360°旋转云台，还可以使监控范围扩大，避免监控死角。

5）手机移动监控功能：智能手机可以实时地查看住宅内安防情况。

6）网络摄像头的安装与家庭视频功能设计：家庭视频监控系统是在家庭内重要的区域安装网络摄像头，如在家庭主要路口、停车场出入口、停车场内以及家内视角死区等，进行密集式24h不间断监控，视频资料可以进行本地存储，也可以供用户通过网络实时观看。

另外，在家庭的四周也可安装几台200万像素的网络高速球，可以360°连续旋转，进行24h全天候监控。所有的网络摄像头均自带标准的RJ45网络接口，可以直接将采集到的视频信号转换为数字信号，通过网络传输到监控存储及控制设备。视频传输可利用现有的家庭局域网络，不需要另外布线，由于路数比较少，网络采用百兆的带宽即可。

如在客厅的某个墙角安装一个家用网络摄像头，就能监视客厅的大部分区域，如图3-33所示；在门口或在厨房的窗户上安装一台网络摄像头，就能监视到入侵室内的人员。

2. 家庭防盗报警系统的设计

家庭防盗报警系统按区域的不同一般分成两部分，即住宅周界防盗和住宅室内防盗。住宅周界防盗是指在住宅的门、窗上安装门磁开关；住宅室内防盗是指在主要通道、重要的房间内安装红外探测器。

当家中有人时，住宅周界的防盗报警设备（门磁开关）设防，住宅室内的防盗报警设

图3-33　在房间安装网络摄像头

备（红外探测器）撤防。当家人出门后，住宅周界的防盗报警设备（门磁开关）和住宅室内的防盗报警设备（红外探测器）均设防。当有非法侵入时，智能控制主机将通过手机、短信报警等方式通知家人及小区物业治安部门。

在进行家庭室内防盗设计时，要注意以下两点：

1）根据房间情况确定需要防范的范围。

2）确定防区和每个防区的防范方式及设备。在弄清楚容易受到入侵的位置和区域后，应该根据用户的周边环境、小区保安措施、家庭环境等因素以及用户的经济情况决定设防的点数（建议对所有容易入侵的区域应全部设防如图3-34所示）。

图3-35介绍了一种经济型的家庭室内防盗设计方案：

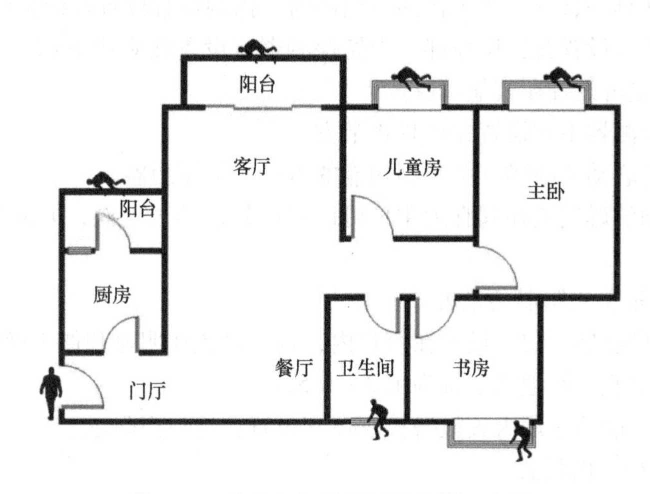

图3-34　容易入侵的区域及位置示意图

采用经济型家庭室内防盗设计方案可实现以下功能：

在大门、书房、厨房门和窗户被打开、撬开等使门扇或窗扇移位超过1cm的情况下，或者有人体在设防状态下从阳台进入卧室和客厅，相应的探测器会驱动报警，控制主机在接收到报警信号后，在打开高音警报的同时，向主人手机、邻居电话等事先设定的电话拨号报警。

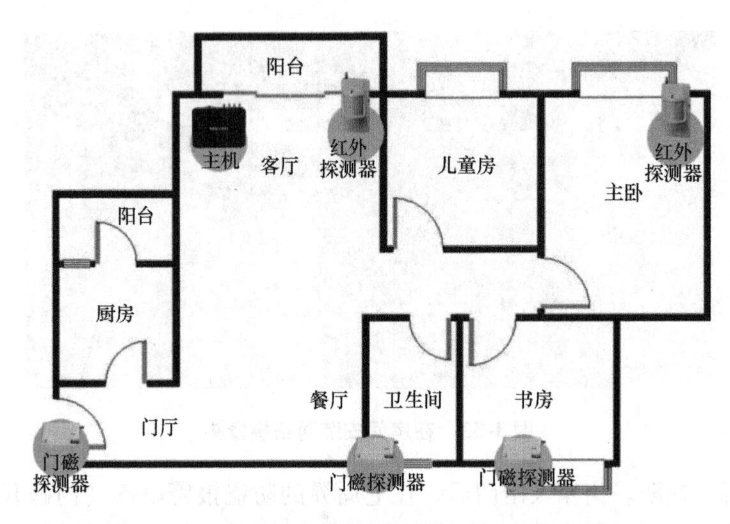

图3-35 经济型的家庭室内防盗设计方案示意图

3. 家庭室内防火的设计

（1）火灾探测器的设置

火灾探测器一般用可燃气体传感器与烟雾传感器，每间卧室、起居室内应至少设置一只感应火灾探测器，可燃气体探测器在厨房设置时，应符合下列规定：

1）使用天然气的用户应选择甲烷探测器，使用液化气的用户应选择丙烷探测器，使用煤制气的用户应选择一氧化碳探测器。

2）连接燃气灶具的软管及接头在橱柜内部时，探测器宜设置在橱柜内部。

3）甲烷探测器应设置在厨房顶部，丙烷探测器应设置在厨房下部，一氧化碳探测器可设置在厨房下部，也可设置在其他部位。

4）可燃气体探测器不宜设置在灶具正上方。

5）宜采用具有联动关断燃气关断阀功能的可燃气体探测器。

6）探测器联动的燃气关断阀宜为用户可以自己复位的关断阀，并应具有胶管脱落自动保护功能。

（2）家用火灾报警控制器的设置

家用火灾报警控制器应独立设置在每户内，且应设置在明显和便于操作的部位，当采用壁挂方式安装时，其底边距地高度宜为1.3～1.5m。

具有可视对讲功能的家用火灾报警控制器宜设置在进户门附近。

（3）火灾声警报器的设置

住宅建筑公共部位设置的火灾声警报器应具有语音功能，且应能接受联动控制或由手动火灾报警按钮信号直接控制发出警报。

每台警报器覆盖的楼层不应超过3层，且首层明显部位应设置用于自按启动火灾声警报器的手动火灾报警按钮。

4. 家庭紧急求助系统的设计

家庭紧急求助系统是指主人在家中遇到突发情况或紧急情况时，能简单、便捷地进行求助的终端设施，在各卧室和客厅处分别安装一个紧急按钮，有紧急情况时能很容易报警，家中的老人在急切需要帮助时也可以通过这个按钮寻求救助。

无线紧急按钮的安装：家居紧急按钮与控制主机可采用有线或无线方式连接，一般应安装在卧室和客厅较隐蔽且很容易触摸到的地方。

家庭安防设计所需产品的性能如下：

1. 网络摄像头

网络摄像头的特点如下：

1）支持本地和远程观看；

2）图像分辨率支持640×480；

3）支持无线Wi-Fi，或支持802.11无线局域网；

4）支持SD（2~32GB）存储卡；

5）支持红外夜视；

6）支持手机观看；

7）双向语音，内置送话器，可外接扬声器；

8）自带云台电动机，可上下60°、左右350°转动。

某种网络摄像头的技术参数如下，其外观图如图3-36所示。

型号：YTD05；

感应器：CMOS传感器、彩色CMOS传感器；

镜头：玻璃镜头。

其他性能如下：

视场角度：65°；

音频输入：内置送话器；

输出：内置扬声器；

音频编解码格式：g.711alaw；

视频压缩方式：H.264；

视频分辨率：主码流720Pin（1280×720，25帧/s），次码流VGA（640×480，12帧/s）；

图3-36　网络摄像头外观图

Micro SD存储：支持（最大可达Micro SD CLASS 10 32GB）；

支持的协议：TCP/IP DHCP DDNS PPPOE UPNP RTSP ONVIF；

红外灯：11个红外灯LED，黑夜视距可达10m；

报警输出：扬声器报警，推送通知，报警录像，发送E-mail；

电源：DC 5V/1.5A（Micro-USB）；

功耗：≤7W；

Wi-Fi距离：50m（空旷区域）；

云台：水平350°，垂直120°。

2. 人体红外探测器

人体红外探测器能探测到人体发出的红外信号，在设防状态下如果有人闯入，探测器会与主机进行通信，可以实现远程报警等功能。

人体红外探测器技术参数如下，其外观图如图3-37所示。

发射频率：433MHz；

探测距离：4～6m；

发射距离：≤100m。

图 3-37　人体红外探测器外观图

3. 无线门磁探测器

无线门磁探测器是一种在智能家居中安全防范及智能门窗控制中经常使用的无线电子设备，用来探测门、窗、抽屉等是否被非法打开或移动，外观如图 3-38 所示。它由无线发射器和磁块两部分组成。它自身并不能发出报警声音，只能发送某种编码的报警信号给控制主机，控制主机接收到报警信号后，与控制主机相连的报警器才能发出报警声音。当门不管因何种原因被打开后，无线门磁传感器立即发射特定的无线电波，远距离向主机报警。无线门磁探测器工作很可靠、体积小巧，尤其是通过无线的方式工作，使得安装和使用非常方便和灵活。

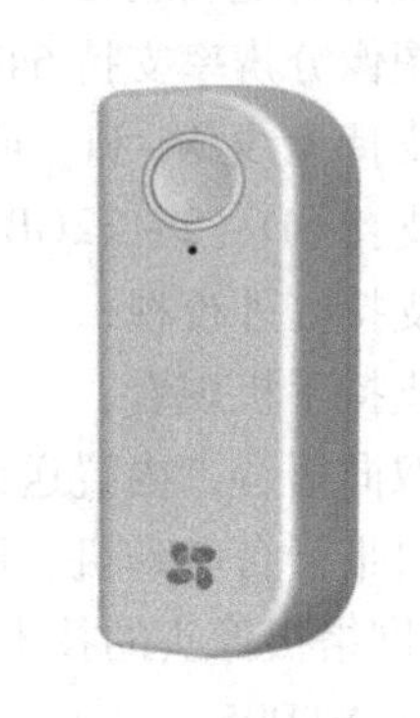

图 3-38　无线门磁探测器外观

1）无线门磁探测器的技术参数：

工作频率：433.92MHz；

发射功率：≤10dBm；

触发角度：＞3°；

充电电压：5V；

工作温度：－10～55℃；

工作湿度：10%～90%RH；

尺寸：83mm×30mm×12mm；

重量：30g。

2）无线门磁探测器的安装（见图 3-39）：无线门磁探测器一般由无线发射器和磁块两部分组成，如图 3-39a、b 所示，将无线发射器和磁块分别安装在门框和门上，但要注意无线发射器和磁块相互对准、相互平行，间距不大于 10mm，如图 3-39c、d 所示。

4. 烟雾传感器

烟雾传感器是一种检测燃烧产生的烟雾微粒的火灾探测器，烟雾传感器作为早期火灾报警是非常有效的。

光电式烟雾传感器的技术参数如下，其外观图如图 3-40 所示。

外形规格尺寸：105mm×38mm；

无线发射频率：315MHz±0.5MHz；

发射距离：150m；

工作电压：内置 9V 电池；

报警音量：110dB。

5. 可燃气体传感器

可燃气体传感器是一种用来检测空气中可燃气体浓度的探测器（家庭中最常见的可燃气体是天然气），采用气敏传感器，微处理器控制，具有稳定性高、寿命长、抗中毒能力强等特点，可以实现多种联网报警功能；可以避免火灾、爆炸等事故的发生。

a) 安装无线发射器

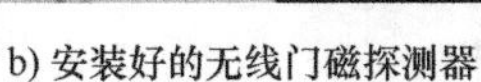

b) 安装好的无线门磁探测器

c) 左、右安装移开后报警

d) 上、下安装移开后报警

图3-39 无线门磁探测器的安装

可燃气体传感器技术参数如下，其外观图如图3-41所示。

图3-40 光电式烟雾传感器外观图

图3-41 可燃气体传感器外观图

测量气体：可燃氧气、一氧化碳、硫化氢；

响应时间：$T<30$s；

指示方式：LCD显示实时数据及系统状态，发光二极管、声音、振动指示报警、故障及欠电压；

工作环境：温度 -20 ~ 50℃，湿度 <95% RH，无结露；

工作电压：DC 3.7V；

充电时间：6 ~ 8h；

尺寸：130mm × 65mm × 45mm；

重量：约0.5kg。

6. 无线紧急按钮

遇到紧急情况按一下按钮就发送无线求助信号给主机，有些医院换输液呼叫就是按钮式的。

无线紧急按钮的技术参数如下，其外观图如图 3-42 所示。

工作电压：12V/23A；

工作频率：315MHz；

通信距离：>100m；

静态电流：≤1μA；

发射电流：≤8mA。

图 3-42　无线紧急按钮外观图

7. 燃气关断阀

燃气关断阀与家用燃气泄漏报警器或主机联动工作，可以实现家用燃气的检测、报警、与关闭。避免因为疏漏造成不必要的损失，提高家庭的安全性。

燃气关断阀的管径有几种，可用于不同的天然气管道，无需更改燃气管道原设计配置，用户可自行安装，带自动、手动转换离合器。

燃气关断阀的主要参数如下，其外观图如图 3-43所示。

工作环境：温度 -10℃，湿度 <95% RH；

工作电压：DC6 ~ 18V；

工作电流：20 ~ 1000mA；

工作功率：0.24 ~ 10W；

开阀时间：5 ~ 10s；

关阀时间：5 ~ 10s。

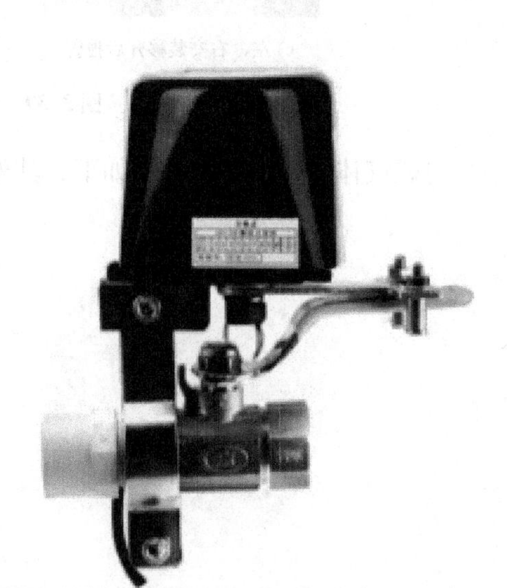

图 3-43　燃气关断阀外观图

8. 无线云智能锁

无线云智能锁是一款基于 ZigBee/Smart Room 技术构建的新型安防产品，可与全球标准产品无缝连接。如果要开门，只需拿出手机，输入密码，门会自动打开；另外，如果用户不在家，而有人需要进入，经用户同意后，可以在远程开锁让客人进去等，避免由于忘带钥匙或者用户不在家造成麻烦。

智能锁还具有完善的保护机制，任何人开锁、上锁、反锁都会将报警信息发送给用户手机。

无线云智能锁主要技术参数如下，其外观图如图 3-44 所示。

读卡类型：NXP Mafire 1 S50 或其兼容格式 IC 卡；

读卡频率：13.56MHz；

通信方式：ZigBee 无线通信；

是否允许中继：可添加中继延长通信距离；

开门钥匙：门锁内置钥匙孔，可通过钥匙开门，钥匙开门需生成数据保存；

单向读卡：门锁为单向入门刷卡，出门直接开门不刷卡；

蜂鸣器：非法卡蜂鸣器响三声，正常开门响一声；

反锁状态检测：门锁可检查反锁（方舌）状态；

紧急开门：支持紧急卡刷卡进行紧急开门功能；

联网远程开门：支持通过软件进行联网远程开门功能。

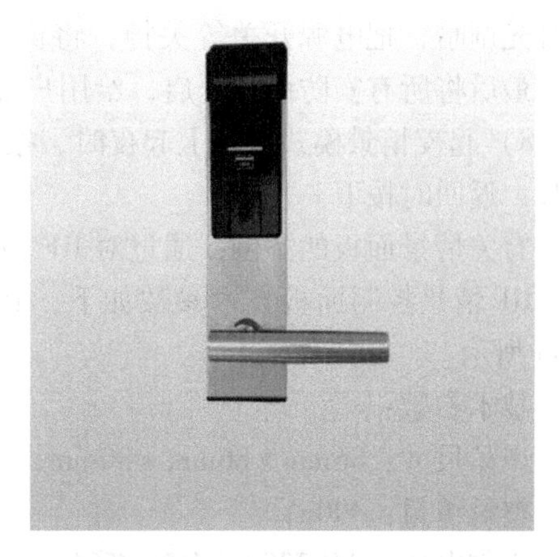

图 3-44　无线云智能锁外观图

3.8　情景控制

什么是情景模式，为什么制定情景控制？

情景模式，指根据不同情景而选择的一整套应答模式。

制定情景控制的原因是指在一些特定且经常发生的情况下进行相应固定模式的操作，为住户日常生活提供方便。一些常用模式，如起床情景模式、离家情景模式、回家情景模式、晚餐情景模式、会客情景模式、放松情景模式、入睡情景模式和起夜情景模式等。

1. 几种常用情景模式的设定

1）起床情景模式：当用户起床后，将用户所需要的房间或卫生间、厨房等电灯打开，把窗帘拉开的同时将窗户打开通风，根据用户的喜好将电视机打开调到相应频道或者打开背景音乐开关，跳转到用户喜爱的音乐。同时也可以向用户播放今天的天气情况或用户离家后的路况信息，让用户提前了解并安排今天的行程。

2）离家情景模式：当用户离家后，将电源及阀门关掉，并检查门、窗是否关好。同时安防部分不断进行监测，以便及早对危险情况进行处理。

3）回家情景模式：在用户回家前的一段时间内，根据回家时间段的不同（如天黑后回家）可将用户常用房间的灯光开启，将窗帘拉好并对空调及地暖进行相应舒适温度的设置，开始烧洗澡水，还可以像起床模式一样打开电视或者背景音乐，以一个温馨的环境等待用户回家。

4）晚餐情景模式：启动晚餐情景组合，其他区域主灯关闭，餐厅灯调到合适的亮度，营造出温馨浪漫的气氛，同时响起可以增进食欲的背景音乐，有利于提高用餐心情。

5）会客情景模式：当有客人来到住户家，将灯光调到适宜的气氛，窗帘打到预定位置，空调调至合适温度，背景音乐响起，为用户提供一个舒适的聊天、谈话环境。

6）放松情景模式：当用户进入放松情景模式可以为用户将灯光调暗，将窗户窗帘等拉好，为用户提供一个安静惬意的环境，用户也可以根据自己的喜好打游戏、观看电视或听喜欢的音乐。

7）入睡情景模式：当用户进入睡眠模式之前，将电视机、空调或背景音乐进行定时，将灯光调暗，把电源开关等关掉，将窗户和窗帘拉好，并根据用户的需求设置第二天的闹钟，最后将所有安防设备开启，给用户提供一个安心的睡眠环境。

8）起夜情景模式：晚上起夜时，按下起夜情景模式键，地灯亮起，过道和卫生间的灯亮起，返回时按下。

有关情景面板的举例：通过对 RF 情景控制面板和 ZigBee 情景面板介绍了解。

RF 情景控制面板技术参数如下，其外观图如图 3-45 所示。

图 3-45　RF 情景控制面板外观图

技术参数：

产品尺寸：86mm×86mm×30mm，标准 86 型；

整机重量：490g；

工作电压：AC 220V±10%/50Hz；

工作温度：-10～40℃；

工作湿度：30%～80%RH；

接收频率：315MHz；

供电方式：零相线供电；

传输距离：50m；

静态功耗：<0.3W；

使用寿命：100000 次操作；

产品颜色：黑色/白色；

产品材质：优质钢化玻璃。

ZigBee 情景控制面板技术参数如下，其外观图如图 3-46所示。

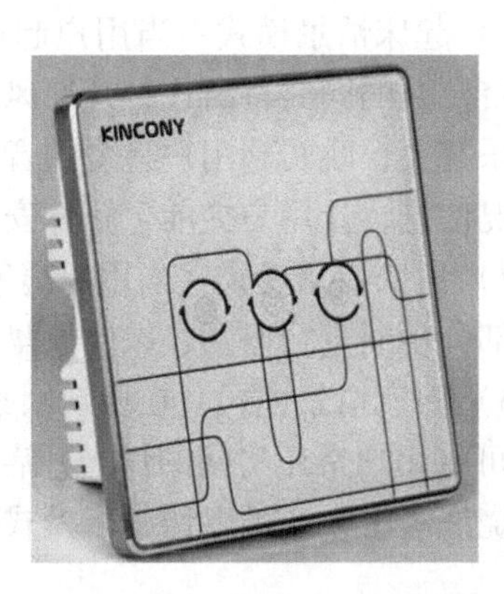

图 3-46　ZigBee 情景控制面板外观图

技术参数：

产品尺寸：86mm×86mm×30mm，标准 86 型；

整机重量：490g；

工作电压：AC220V±10%/50Hz；

工作温度：-10～40℃；

工作湿度：30%～80%RH；

接收频率：2.4GHz，ZigBee 通信；

供电方式：零相线供电；

使用寿命：100000 次操作；

产品颜色：白色。

2. 情景板面的安装

普通情景面板的种类有两种，一种是采用单线（相线）控制方式，这种开关是兼容传统开关，无需重新布置零线，串联接入负载即可；另一种是采用双线（相线与零线）控制方式，新屋装修时在安装开关的地方需多布置一根零线。两种开关背面接线柱如图 3-47 所示。

安装双线控制开关面板的步骤如图 3-48 所示。

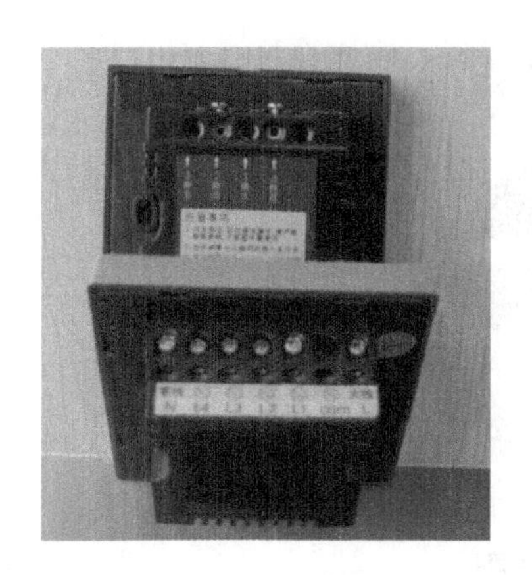
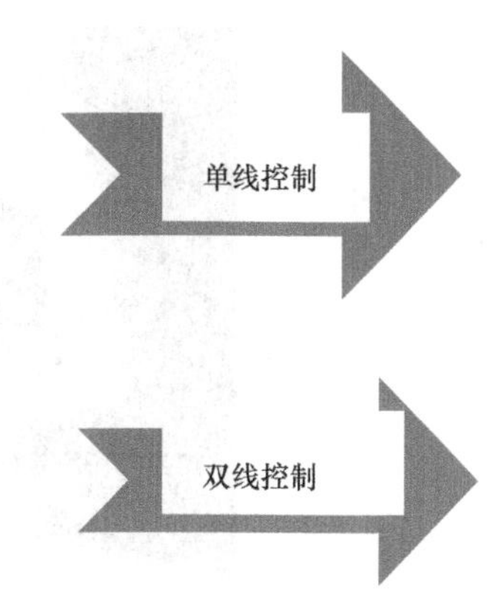

图 3-47　两种开关背面接线柱

a) 步骤1

b) 步骤2

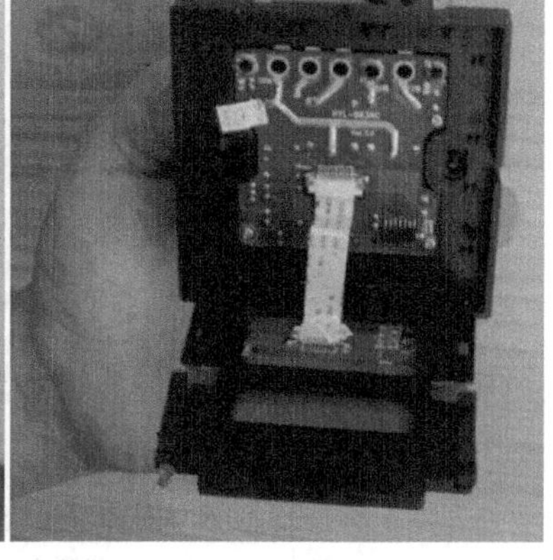

c) 步骤3

图 3-48　安装双线控制开关面板的步骤

步骤1：从预埋接线盒中拿出导线，用钢丝钳或剥线钳剥削导线的绝缘层，露出1cm左右的铜导体。步骤2：用旋具将板面拆开。步骤3：露出安装孔位。

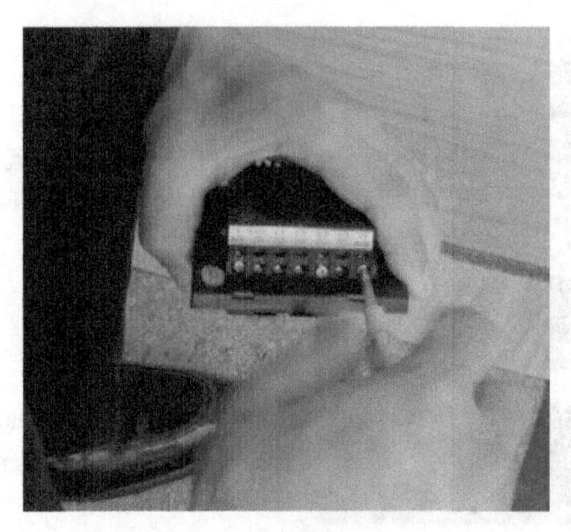

d) 步骤4

e) 步骤5

f) 步骤6

g) 步骤7

h) 步骤8

图 3-48 安装双线控制开关面板的步骤（续）

步骤 4：松开接线柱。

步骤 5：将导线插入相应接线孔中。步骤 6：旋紧接线螺钉。

步骤 7：用安装螺钉固定开关面板。步骤 8：将面板原样盖好。

单线控制开关面板的安装，详见 3. 1 节灯光控制的安装，这里不再赘述。

3.9　本章小结

本章重点介绍了智能家居工程设计，包括灯光控制设计、窗帘控制设计、窗户控制设计、门锁控制设计、家电控制设计、环境监测设计、安防控制设计以及情景控制设计，让读者了解到每种控制设计所需的产品相关性能与指标，以及相应的工程安装方法，帮助读者掌握智能家居控制设备在工程中的使用技能。

智能家居安装和调试前应做哪些工作？实施中遇到的问题及如何设计施工方案请扫下面二维码看视频。

1. 灯光控制面板安装步骤有哪些？
2. 双轨窗帘面板和电动机对接如何操作？
3. 智能门锁管理密码操作一般流程有哪些？
4. 什么是环境监测？智能家居中涉及的环境监测包括哪些方面？
5. 什么是情景模式？为什么制定情景控制？

第 4 章

智能家居布局典型方案的解析

由于住宅户型以及用户的需求不同，智能家居的设计方案也多种多样。本章节主要介绍各种户型的智能家居布局的典型方案设计。

4.1　两室一厅智能家居布局的实施案例

两室一厅智能家居实施案例过程：由于两室一厅户型的住宅面积较小，房间数量较少，所以所需功能也不多。为此设计了能满足灯光、窗帘、电器的智能控制，以及部分常用智能安防的功能。两室一厅户型结构如图 4-1 所示。

图 4-1　两室一厅户型结构

具体功能如下：

1）通用部分：KC868 智能家居系统主机用于智能控制，将各个房间的开关更换为触摸屏无线遥控开关以便控制各个房间的灯光开关。在各个房间加装开窗器，实现窗户的智能控制。

2）厨房部分：厨房需要对冰箱、电饭煲、消毒柜等进行智能控制，因此添加了遥控插座。同时加装了烟雾传感器，防止厨房煤气泄漏。同时和开窗器联动，实现煤气泄漏开窗等操作。

3）卧室部分：卧室主要设计了灯光控制、窗帘控制和遥控插座。因主卧是用户常住的房间，考虑到用户需要遥控空调，电视机等电器，因此在主卧安装了红外转发器，同时加装了无线调光面板和无线温度传感器结点，方便用户夜间调节灯光亮度以及控制空调的温度。

4）客厅部分：客厅部分由于电器较多，所以安装了红外转发器。同时安装了无线人体红外探头，以便防盗。

两室一厅智能家居布局的设备见表4-1。

表4-1　两室一厅智能家居布局的设备表

<table>
<tr><th>序号</th><th>设备名称</th><th>数量</th><th>单位</th><th>功　能</th><th>安装位置</th></tr>
<tr><td>1</td><td>86型1路触摸屏无线遥控开关</td><td>1</td><td>个</td><td>控制顶灯的开关</td><td>餐厅</td></tr>
<tr><td rowspan="3">2</td><td>86型2路触摸屏无线遥控开关</td><td>1</td><td>个</td><td>控制厨房的顶灯和切菜台灯</td><td rowspan="3">厨房</td></tr>
<tr><td>86遥控插座</td><td>2</td><td>个</td><td>控制厨房的电饭煲、电冰箱、消毒柜、排气扇等手动控制家电的开关</td></tr>
<tr><td>烟雾传感器</td><td>1</td><td>个</td><td>探测烟雾，当气体浓度达到一定标准时，探测器声光报警，同时向主人或报警中心传输报警信号</td></tr>
<tr><td rowspan="8">3</td><td>86型3路触摸屏无线遥控开关</td><td>1</td><td>个</td><td>控制卧室壁灯、顶灯和阳台等开关</td><td rowspan="8">卧室、阳台</td></tr>
<tr><td>电动窗帘轨道</td><td>2</td><td>m</td><td rowspan="4">控制盒可以实现电动机的正转、反转、停止、点动正转和点动反转等操作，以此实现电动窗帘的开、关和停止。配合红外线转发器可以设置不同的情境模式：早晨起床，音乐响起，窗帘打开；睡觉时，灯光关闭或家庭影院打开，顶灯关闭，壁灯开启等</td></tr>
<tr><td>电动窗帘电动机</td><td>1</td><td>个</td></tr>
<tr><td>通用型电动窗帘控制盒</td><td>1</td><td>个</td></tr>
<tr><td>全角度红外线转发器</td><td>1</td><td>个</td></tr>
<tr><td>无线温度传感器结点</td><td>1</td><td>个</td><td>可以检测室内温度，并在客户端软件中显示或当温度达到一定程度的时候让空调自动开启或关闭</td></tr>
<tr><td>86型1路无线调光面板</td><td>1</td><td>个</td><td>晚上，当主人起夜时，床头灯调到合适的亮度</td></tr>
<tr><td>86遥控插座</td><td>1</td><td>个</td><td>控制手动控制家电的开关，比如电风扇、热水器等电源的开关</td></tr>
<tr><td rowspan="4">4</td><td>全角度红外线转发器</td><td>1</td><td>个</td><td>统一控制红外家电，如电视、空调、背景音乐等，亦可设置一定的场景模式</td><td rowspan="4">客厅</td></tr>
<tr><td>86型3路触摸屏无线遥控开关</td><td>1</td><td>个</td><td>控制客厅顶灯和壁灯及吊灯的开关</td></tr>
<tr><td>无线人体红外探头</td><td>1</td><td>个</td><td>防止盗贼入侵，比如当主人不在家时窗户被打开或有人进入卧室，主机会自动发短信或打电话给主人</td></tr>
<tr><td>86遥控插座</td><td>1</td><td>个</td><td>控制手动控制家电的开关，比如一些充电器电源的开关</td></tr>
</table>

（续）

序号	设备名称	数量	单位	功能	安装位置
5	86型2路触摸屏无线遥控开关	1	个	控制房间顶灯和壁灯的开关	卧室
	电动窗帘轨道	2	m	可以设置不同的场景模式：起床时，背景音乐响起且灯光关闭，窗帘拉开；睡觉时，窗帘关闭且背景音乐关闭，灯光调暗等	
	电动窗帘电动机	1	个		
	通用型电动窗帘控制盒	1	个		
	86遥控插座	1	个	控制手动控制家电的开关，比如电风扇、热水器等	
6	86型2路触摸屏无线遥控开关	1	个	控制卫生间排气扇和暖灯的开关	卫生间
	86型2路触摸屏无线遥控开关	1	个	控制洗脸台灯光的开关和卫生间顶灯的开关	
	86遥控插座	1	个	控制手动控制家电的开关，比如热水器等电源的开关	
7	KC868智能家居系统主机	1	台	让所有的这些设备和家里的红外控制器联系到一起，实现场景、定时、网络、手机等多种控制功能	整体
	小白机器人	1	台	通过语音控制住宅家用电器	

4.2 三室两厅智能家居布局的实施案例

三室两厅智能家居实施案例过程：三室两厅由于房间较多，面积较大，住宅功能多样，所以在二室一厅的方案基础上，强化了安防功能以及情景功能。三室两厅户型结构如图4-2所示。

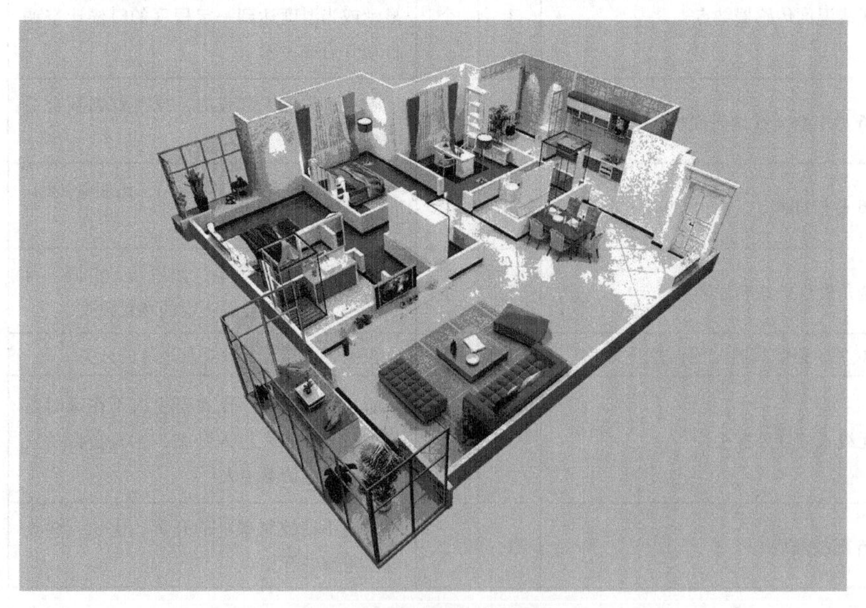

图4-2 三室两厅户型结构

具体功能如下：

1）客厅部分：在两室一厅案例的基础上将人体红外探头用 Wi-Fi 网络摄像头替代，能够实时地监控现场。

2）主卧部分：在两室一厅案例的基础上新增了无线人体红外探头，强化了卧室的防盗功能。

3）客房部分：功能与主卧部分类似。

4）其他部分：新增了门磁传感器和无线紧急按钮，强化了住宅的安全性。

三室两厅智能家居布局设备见表 4-2。

表 4-2　三室两厅智能家居布局设备表

序号	设备名称	数量	单位	备　注	安装位置
1	86 型 2 路触摸屏无线遥控开关（学习型）	1	个	分别控制客厅顶灯、射灯	客厅
	Wi-Fi 网络摄像头	1	个	实时监控现场	
	全角度红外线转发器	1	个	控制空调、家庭影院、背景音乐等	
	电动窗帘轨道	3	m	控制盒可以实现电动机的正转、反转、停止、点动正转和点动反转等操作，以此实现电动窗帘的开、关和停止	
	电动窗帘电动机	1	个		
	通用型电动窗帘控制盒	1	个		
	86 遥控插座	1	个	无线遥控墙壁开关插座，可用于手动控制家电的开关，如电风扇等	
2	86 型 2 路触摸屏无线遥控开关（学习型）	1	个	控制餐厅的顶灯、壁灯	餐厅
3	86 型 2 路触摸屏无线遥控开关（学习型）	1	个	控制厨房的顶灯和切菜台灯	厨房
	86 遥控插座	3	个	控制厨房的电饭煲、电冰箱、消毒柜等手动控制家电的开关	
	烟雾传感器	1	个	探测烟雾，当气体浓度达到一定标准时，探测器声光报警，同时向主人或报警中心传输报警信号	
4	86 型 3 路触摸屏无线遥控开关（学习型）	1	个	控制顶灯、排风扇	客卫
	86 遥控插座	1	个	控制热水器的开关	
5	86 型 3 路触摸屏无线遥控开关（学习型）	1	个	控制顶灯、卫生间、阳台灯的开关	主卧
	86 型 2 路触摸屏无线遥控开关（学习型）	1	个	控制床头灯的开关	
	电动窗帘轨道	3	m	控制盒可以实现电动机的正转、反转、停止、点动正转和点动反转等操作，以此实现电动窗帘的开、关和停止	
	电动窗帘电动机	1	个		

（续）

序号	设备名称	数量	单位	备注	安装位置
5	通用型电动窗帘控制盒	1	个		主卧
	全角度红外线转发器	1	个	控制主卧电视、空调等的开关	
	无线人体红外探头	1	个	防止盗贼入侵，比如当主人不在家时窗户被打开或有人进入卧室，主机会自动发短信或打电话给主人	
	无线温/湿度传感器结点	1	个	可以检测室内温度和湿度，并在客户端软件中显示或当温度达到一定程度时，空调自动地开启或关闭	
	86 遥控插座	3	个	控制卫生间的热水器或手动控制家电的开关	
6	86 型 1 路触摸屏无线遥控开关（学习型）	1	个	控制书房的顶灯开关	书房
	86 遥控插座	3	个	控制手动控制家电的开关	
7	86 型 1 路触摸屏无线遥控开关（学习型）	1	个	控制衣帽间灯光的开关	衣帽间
8	86 型 1 路触摸屏无线遥控开关（学习型）	1	个	控制房间顶灯的开关	小孩房
	电动窗帘轨道	2	m	控制盒可以实现电动机的正转、反转、停止、点动正转和点动反转等操作，以此实现电动窗帘的开、关和停止	
	电动窗帘电动机	1	个		
	通用型电动窗帘控制盒	1	个		
	全角度红外线转发器	1	个	远程控制房间空调的开关	
	86 遥控插座	1	个	手动控制家电的开关	
	无线温/湿度传感器结点	1	个	可以检测室内温度和湿度并在客户端软件中显示或当温度达到一定程度时，让空调自动开启或关闭	
9	86 型 2 路触摸屏无线遥控开关（学习型）	1	个	控制房间顶灯和床头灯的开关	客房
	电动窗帘轨道	2	m	控制盒可以实现电动机的正转、反转、停止、点动正转和点动反转等操作，以此实现电动窗帘的开、关和停止	
	电动窗帘电动机	1	个		
	通用型电动窗帘控制盒	1	个		
	全角度红外线转发器	1	个	远程控制房间里的空调开关	
	无线温/湿度传感器结点	1	个	可以检测室内温度和湿度并在客户端软件中显示或当温度达到一定程度时，让空调自动开启或关闭	
	86 遥控插座	1	个	控制手动控制家电的开关	

（续）

序号	设备名称	数量	单位	备　注	安装位置
10	无线紧急按钮	1	个	家里有紧急情况时发短信或电话通知主人或报警	其他
	12 键遥控器	1	个	控制家里的情景模式，主人在家时可以通过遥控器打开家庭影院等场景	
	86 型 1 路无线接收终端	1	个	与家里相应设备的连接实现控制，比如花园浇花等	
	220V 智能家居无线遥控排插座	1	个	统一控制部分电器的开关	
	无线门磁传感器	1	个	防止盗贼入侵，当主人不在家时门被打开，主机会自动发短信或打电话给主人；当主人回家开门时，屋内的灯光将打开	
11	KC868 智能家居系统主机	1	台	让所有的这些设备和家里的红外控制器联系到一起，实现场景、定时、网络、手机等多种控制功能	整体
	小白机器人	1	台	通过语音控制住宅的家用电器	

4.3　两层别墅智能家居布局的实施案例

别墅实施案例过程：别墅应用的智能家居与多层或高层住宅应用的智能家居有很大区别，别墅应用的智能家居属于系统齐全的智能家居，尤其是家庭环境控制系统将大量采用，如中央空调、热水集中管理、能源管理系统、花园浇灌系统、小型天气预报系统、周界防盗报警系统等，这些都是多层或高层住宅很少采用的。另外，由于面积大、房间多，别墅还应采用电话交换机系统。当然，大型小区中的多层或高层住宅往往安装有小区联网型的可视对讲系统，而别墅通常只有独户的可视对讲系统。

具体案例：根据户主的要求，该栋别墅能使用便携式计算机、手机等智能设备自由地实现对屋内的灯光控制、电动窗帘控制、中央空调及新风控制、视频监控、安防警报、门禁、对视可讲、背景音乐和家庭影院等功能。两层别墅楼房外观如图 4-3 所示。

房间主要设备的说明：

1）灯光控制：灯光控制主要有楼梯间、走廊、玄关、客厅、餐厅、厨房、起居室、主卧、儿童房、老人房和书房等。灯光控制主要具备场景、开关和调光功能，楼梯间实现双控，所谓双控，即所在层楼梯口，按墙壁控制面板可以控制其他楼梯口的灯光。起居室的灯光控制系统设计有 4 种灯光场景模式，分别是工作、会客、休息和全关模式。4 种灯光场景模式的开关面板如图 4-4 所示。

安装在墙上的智能开关及智能调光开关如图 4-5 所示。

2）视频监控：本栋别墅的视频监控以室外监控为主，庭院前后各配一台云台摄像机（见图 4-6）。室内一楼起居室和车库各装一台网络摄像机，用鼠标可以控制云台的不同角度，还可以查询录像记录。业主在便携式计算机上安装软件，通过 IP 输入用户名和密码可

图 4-3　两层别墅楼房外观

以访问监控主机，不仅能实时监控画面还能通过云台控制。

3）安防警报：本栋别墅采用红外人体探测器、门磁探测器、燃气探测器和烟雾传感器，当有煤气泄露或火灾等发生时会自动报警。可布防和撤防，用户在准备出门前，只需在一层门厅智能开关面板上按（离家模式）按钮或在移动终端上设置“离家模式”，离家模式生效时，安防模式会自动进入设防状态。除此之外，家里的灯光、窗帘和空调等设备都将自动关闭。

图 4-4　4 种灯光场景模式的开关面板

4）门禁：别墅一层有两扇铁门都要装了智能控制，一层大门口安装了进口的指纹锁，用户不仅能通过指纹开启大门，同时还能设置密码或用传统的钥匙开门，并且可以通过移动终端 iphone、ipad 智能手机开关门，非常方便，智能指纹锁如图 4-7 所示。

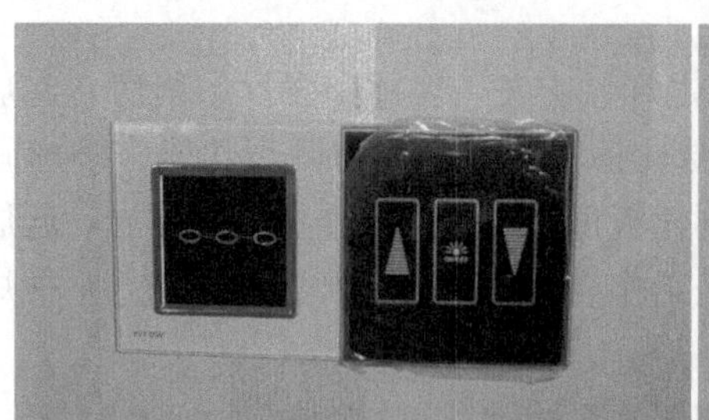

a) 3路智能开关与单路调光开关

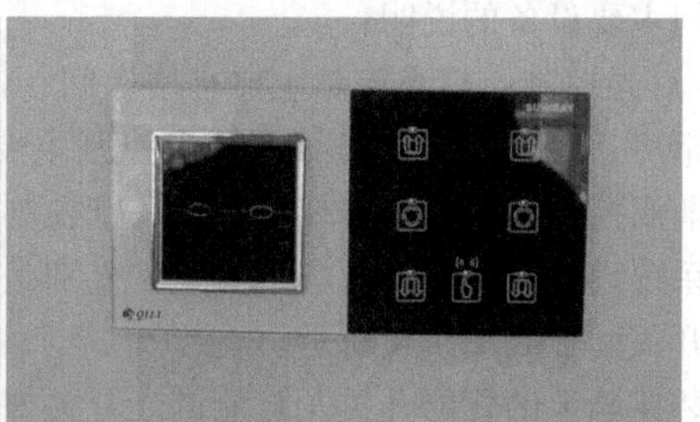

b) 2路智能开关与2路调光开关

图 4-5　安装在墙上的智能开关及智能调光开关

图 4-6　云台摄像机

5）背景音乐：音乐在生活中占的比重越来越大，不同的音乐营造的氛围也不同。可以实现独立区域的单独控制、集成控制，以及同时播放不同和相同的音源。安装背景音乐用的功率放大器如图 4-8 所示。

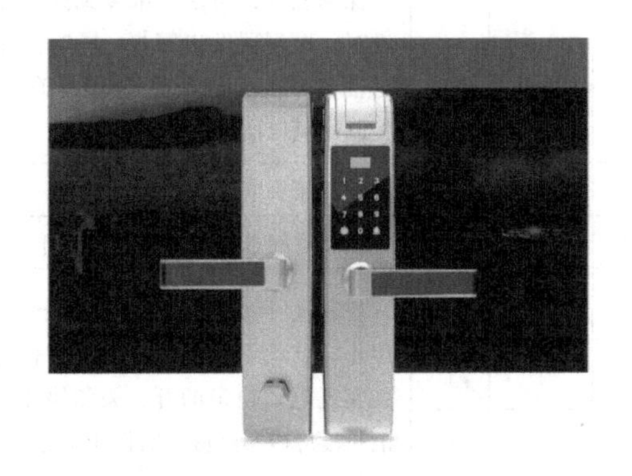

图 4-7　智能指纹锁

图 4-8　安装背景音乐用的功率放大器

两层别墅楼房智能家居布局设备见表 4-3。

表 4-3　两层别墅楼房智能家居布局设备表

楼层	安装位置	设备名称	单位	数量	作　用
1 层	客厅 1	86 型 2 路触摸屏无线遥控开关（学习型）	个	1	分别控制客厅的吊灯
		Wi-Fi 网络摄像头	个	1	实时监控现场，观看家里的情况
		全角度红外线转发器	个	1	控制客厅里的空调、家庭影院、背景音乐等
		电动窗帘轨道	m	2	控制盒可以实现电动机的正转、反转、停止、点动正转和点动反转等操作，以此实现电动窗帘的开、关和停止，具体的长度应以实际窗帘的长度而定
		电动窗帘电动机	个	1	
		通用型电动窗帘控制盒	个	1	
		一个调光面板	个	1	控制客厅里壁灯的明暗亮度
		86 遥控插座	个	1	无线遥控墙壁开关插座，可用于控制鱼缸电源的开关等

（续）

楼层	安装位置	设备名称	单位	数量	作用
1层	客厅2	86型2路触摸屏无线遥控开关（学习型）	个	1	控制客厅的顶灯和壁灯
		86遥控插座	个	1	无线遥控墙壁开关插座，可用于控制鱼缸电源的开关等
	客卫	86型3路触摸屏无线遥控开关（学习型）	个	1	控制顶灯、排风扇和暖灯的开关
		86遥控插座	个	1	控制热水器的开关
	厨房	86型2路触摸屏无线遥控开关（学习型）	个	1	控制顶灯和壁灯
		86遥控插座	个	2	控制厨房的排气扇、微波炉等手动控制家电的开关
		烟雾传感器	个	1	探测烟雾，当气体浓度达到一定标准时，探测器声光报警，同时向主人或报警中心传输报警信号
		燃气探测器	个	1	探测燃气，当燃气浓度到达一定的标准时，探测器发出警报，同时向主人发送报警信号，并控制智能阀门关闭燃气，控制通风口换气通风
	卧室1	86型1路触摸屏无线遥控开关（学习型）	个	1	控制床头壁灯的明暗
		86型2路触摸屏无线遥控开关（学习型）	个	2	控制房间里的吊灯和壁灯的开关
		电动窗帘轨道	m	2	控制盒可以实现电动机的正转、反转、停止、点动正转和点动反转等操作，以此实现电动窗帘的开、关和停止，具体的长度应以实际窗帘的长度而定
		电动窗帘电动机	个	1	
		通用型电动窗帘控制盒	个	1	
		全角度红外线转发器	个	1	控制主卧电视、空调等红外设备
		无线人体红外探头	个	1	防止盗贼入侵，比如当主人不在家时窗户被打开或有人进入卧室，主机会自动发短信或打电话给主人
		无线温/湿度传感器结点	个	1	可以检测室内温度和湿度，并在客户端软件中显示或当温度达到一定程度时，让空调自动开启或关闭
		86遥控插座	个	2	控制卫生间的热水器或手动控制家电的开启
	书房	86型1路触摸屏无线遥控开关（学习型）	个	1	控制书房的顶灯开关
		86遥控插座	个	1	控制手动控制家电的开关
		电动窗帘轨道	m	2	控制盒可以实现电动机的正转、反转、停止、点动正转和点动反转等操作，以此实现电动窗帘的开、关和停止，具体的长度应以实际窗帘的长度而定
		电动窗帘电动机	个	1	
		通用型电动窗帘控制盒	个	1	

（续）

楼层	安装位置	设备名称	单位	数量	作　用
1层	卧室2	86型1路触摸屏无线遥控开关（学习型）	个	1	控制房间顶灯的开关
		电动窗帘轨道	m	2	控制盒可以实现电动机的正转、反转、停止、点动正转和点动反转等操作，以此实现电动窗帘的开、关和停止，具体的长度应以实际窗帘的长度而定
		电动窗帘电动机	个	1	
		通用型电动窗帘控制盒	个	1	
		全角度红外线转发器	个	1	远程控制房间空调的开关
		86遥控插座	个	1	控制手动控制家电的开关
		无线温/湿度传感器结点	个	1	可以检测室内温度和湿度，并在客户端软件中显示或当温度达到一定程度时，让空调自动开启或关闭
	卧室3	86型2路触摸屏无线遥控开关（学习型）	个	1	控制房间顶灯和床头灯的开关
		电动窗帘轨道	m	2	控制盒可以实现电动机的正转、反转、停止、点动正转和点动反转等操作，以此实现电动窗帘的开、关和停止，具体的长度应以实际窗帘的长度而定
		电动窗帘电动机	个	1	
		通用型电动窗帘控制盒	个	1	
		全角度红外线转发器	个	1	远程控制房间空调的开关
		无线温/湿度传感器结点	个	1	可以检测室内温度和湿度，并在客户端软件中显示或当温度达到一定程度时，让空调自动开启或关闭
		86遥控插座	个	1	控制手动控制家电的开关
2层	主卧1	86型1路触摸屏无线遥控开关（学习型）	个	1	控制床头壁灯的明暗调节
		86型2路触摸屏无线遥控开关（学习型）	个	2	控制房间里吊灯、壁灯、床头灯的开关
		电动窗帘轨道	m	2	控制盒可以实现电动机的正转、反转、停止、点动正转和点动反转等操作，以此实现电动窗帘的开、关和停止，具体的长度应以实际窗帘的长度而定
		电动窗帘电动机	个	1	
		通用型电动窗帘控制盒	个	1	
		全角度红外线转发器	个	1	控制主卧电视、空调等红外设备
		无线人体红外探头	个	1	防止盗贼入侵，比如当主人不在家时窗户被打开或有人进入卧室时，主机会自动发短信或打电话给主人
		无线温/湿度传感器结点	个	1	可以检测室内温度和湿度，并在客户端软件中显示或当温度达到一定程度时，让空调自动开启或关闭
		86型2路触摸屏无线遥控开关（学习型）	个	1	控制卫生间的照明灯和暖灯的开关
		86遥控插座	个	2	控制卫生间的热水器或手动控制家电的开启

（续）

楼层	安装位置	设 备 名 称	单位	数量	作　　用
2层	主卧2	86型1路触摸屏无线遥控开关（学习型）	个	1	控制床头壁灯的明暗
		86型2路触摸屏无线遥控开关（学习型）	个	2	控制房间里吊灯和壁灯的开关
		电动窗帘轨道	m	2	控制盒可以实现电动机的正转、反转、停止、点动正转和点动反转等操作，以此实现电动窗帘的开、关和停止，具体的长度应以实际窗帘的长度而定
		电动窗帘电动机	个	1	
		通用型电动窗帘控制盒	个	1	
		全角度红外线转发器	个	1	控制主卧家庭影院、音乐背景等设备
		无线人体红外探头	个	1	防止盗贼入侵，比如当主人不在家时窗户被打开或有人进入卧室时，主机会自动发短信或打电话给主人
		无线温/湿度传感器结点	个	1	可以检测室内温度和湿度，并在客户端软件中显示或当温度达到一定程度时，让空调自动开启或关闭
		86型2路触摸屏无线遥控开关（学习型）	个	1	控制卫生间的照明灯和暖灯的开关
		86遥控插座	个	2	控制卫生间的热水器或手动控制家电的开启
	其他	无线紧急按钮	个	1	家里有紧急情况时发短信或电话通知主人或报警
		12键遥控器	个	1	控制家里的情景模式，主人在家的时候可以通过遥控器打开家庭影院等场景
		86型1路无线接收终端	个	1	与家里相应设备的链接实现控制，比如花园浇花等
		220V智能家居无线遥控排插座	个	1	统一控制部分电器的开关
		无线门磁传感器	个	1	防止盗贼的入侵，比如当主人不在家时门被打开，主机会自动发短信或打电话给主人，当主人回家开门时家里的灯光自动打开
整体		KC868智能家居系统主机	台	1	让所有的这些设备和家里的红外控制器联系到一起，实现场景、定时、网络、手机等多种控制功能

4.4　三层别墅智能家居布局的实施案例

该栋别墅外设车库和花园；别墅负一层有放映室、健身房、储藏室、棋牌室和吧台；1层有餐厅、厨房、公用卫生间、老人房、客卧、车库、门厅、客厅和内院等；2层为儿童房、次卧等；3层为书房、更衣室、卫生间、多功能浴室、主卧、储藏室和其他。三层别墅楼房外观如图 4-9 所示。

图 4-9　三层别墅楼房外观

房间主要设备作用说明：

1）智能照明：智能照明分为两种，第一种是公共区域的照明，如入口、走廊、楼梯、车库等，均设计为一定暗度下的人来亮灯，人走灯延时关闭。在车库和走廊，如果需要检查车辆或会客，也可以手动常亮这些区域的灯光。第二种是场景模式，灯光全部并入控制系统，使用手机、便携式计算机或触摸屏控制，实现时间编排的一键全关控制，实现分层和区域控制。

2）电动窗帘：1 层大厅的客厅挑空区域，均为可以升降的电动窗帘。其中正面窗户可以设计为升降开合双轨结构，每一轨可轻拉窗帘启动。卧室（包括老人房、儿童房）、客房、餐厅的电动窗帘设计为布帘、纱帘，均可群开群关，除了面板控制，窗帘系统全部纳入情景联动运行。

3）防盗报警和视频监控：本栋别墅防盗设计采用三层防范体系，在别墅的前后各安装一台云台摄像机，在大门附近、一楼窗户边设置红外对射，在室内也设置红外人体探测器和网络摄像机，对外来非法进入即可报警，并通过网络实时监控家庭内外的情况。

4）可视对讲：1 层铁门口装有一个别墅型门口机，2 层起居室、主卧室各装有一台室内机。有客人来访，可以在户外铁门口的可视对讲系统按“呼叫”键，与主人进行可视通话，主人通过客厅的室内机查看访客的图像，选择室内机上按“开锁”键，正铁门则会自动打开，也可以通过移动终端实现开铁门锁和大门指纹锁。

5）高清共享：高清共享共 5 路，分配在视听室、1、2 层起居室、主卧室和小孩房。共享的家庭影音来自蓝光机、高清播放机、机顶盒、计算机等 HDMI 信号，并共享和分配到 5 路高清显示器，在每一个显示器上面可以观看任意的视频源，且相互之间没有影响。在房间里面通过遥控来切换视频源，可以无缝地与中央控制主机连接，成为智能家居总体方案的一部分。三层别墅楼房智能家居布局设备见表 4-4。

表 4-4　三层别墅楼房智能家居布局设备表

楼层	安装位置	设备名称	单位	数量	作　用
地下1层	放映厅	86 型 2 路触摸屏无线遥控开关	个	1	控制放映厅灯光的开关
		86 型无线调光面板	个	1	控制放映厅灯光的明暗
		全角度红外线转发器	个	3	伴随音乐的响起，灯光变为熟悉的场景，投影幕徐徐落下，又回到了属于自己的娱乐空间空调的自动控制，使整个放映过程更加舒适惬意
		电动窗帘卷帘电动机	个	1	
		通用型电动窗帘控制盒	个	1	
		无线紧急按钮	个	1	突发事件的触发报警
	健身房	86 型 1 路触摸屏无线遥控开关	个	1	控制健身房灯光的开关
		全角度红外线转发器	个	1	随着灯光的开启，音乐响起伴随音乐的节奏轻松愉快地健身
	储藏室	86 型 1 路触摸屏无线遥控开关	个	2	控制储藏室灯光的开关
		无线温/湿度传感器结点	个	1	可以检测室内温度和湿度，并在客户端软件显示或当温度达到一定程度时让空调自动开启除湿或关闭
	棋牌室	86 型 1 路触摸屏无线遥控开关	个	1	控制棋牌室灯光的开关
	吧台	86 型 2 路触摸屏无线遥控开关	个	1	控制吧台灯光的开关
		86 型无线调光面板	个	1	控制吧台灯光的明暗
	楼梯走廊	86 型 2 路触摸屏无线遥控开关	个	1	控制楼梯走廊的灯光开关
		无线人体红外探头	个	1	在安防状态下有人经过时，人体红外探测器将会触发警报
1层	餐厅	12 键遥控器	个	1	控制餐厅灯的开关，通过两个开关的不同组合，可以得到多种灯光场景：备餐、用餐、烛光、调亮、调暗、全关，完美的灯光氛围瞬间变化，以满足你在用餐时的不同需求
		86 型 2 路触摸屏无线遥控开关	个	1	
		86 型无线调光面板	个	1	
	厨房	86 型 2 路触摸屏无线遥控开关	个	1	控制厨房的顶灯和切菜台灯
		86 遥控插座	个	3	控制厨房的电饭煲、电冰箱、消毒柜、排气扇等手动控制家电的开关
		烟雾传感器	个	1	探测烟雾，当气体浓度达到一定标准时，探测器声光报警，同时向主人或报警中心传输报警信号
		电动窗帘卷帘电动机	个	1	设置煮饭场景：窗帘和排气扇的联动，窗帘打开，排气扇打开
		通用型电动窗帘控制盒	个	1	
		燃气探测器	个	1	探测燃气，当燃气浓度到达一定的标准时，探测器发出警报，同时向主人发送报警信号，并控制智能阀门关闭燃气，控制通风口换气通风

（续）

楼层	安装位置	设 备 名 称	单位	数量	作　用
1 层	公用卫生间	86 型 2 路触摸屏无线遥控开关	个	1	控制卫生间灯光（暖灯、照明灯）的开关
		86 遥控插座	个	1	控制卫生间浴室热水器的开关
	老人房	86 型 3 路触摸屏无线遥控开关	个	1	控制卧室壁灯、顶灯和床头灯的开关
		86 型 2 路触摸屏无线遥控开关	个	1	控制卫生间灯光（暖灯、照明灯）的开关
		电动窗帘轨道	m	3	统一控制红外家电电视、空调、背景音乐等。亦可设置一定的场景模式，比如早上起床时音乐响起，窗帘打开，灯光关闭等
		电动窗帘电动机	个	1	
		通用型电动窗帘控制盒	个	1	
		全角度红外线转发器	个	1	
		无线人体红外探头	个	1	防止盗贼入侵，比如当主人不在家时窗户被打开或有人进入卧室，主机会自动发短信或打电话给主人
		无线温度传感器结点	个	1	可以检测室内温度和湿度，并在客户端软件显示或当温度达到一定程度时，让空调自动开启除湿或关闭
		无线紧急按钮	个	1	老人有紧急情况发生时，可以通过触发紧急按钮通知家人
		86 型无线调光面板	个	1	当主人起夜时，卫生间的主灯光自动给调整为 30%
		86 遥控插座	个	3	控制手动控制家电的开关，比如电风扇、热水器等
	客卧	86 型 3 路触摸屏无线遥控开关	个	1	控制卧室壁灯、顶灯和床头灯的开关
		86 型 2 路触摸屏无线遥控开关	个	1	控制卫生间灯光（暖灯、照明灯）的开关
		电动窗帘轨道	m	3	控制盒可以实现电动机的正转、反转、停止、点动正转和点动反转等操作，以此实现电动窗帘的开、关和停止。配合红外线转发器可以设置不同点情景模式：早晨起床，音乐响起，窗帘打开，灯光关闭或家庭影院打开，顶灯关闭，壁灯开启等
		电动窗帘电动机	个	1	
		通用型电动窗帘控制盒	个	1	
		全角度红外线转发器	个	1	
		无线人体红外探头	个	1	防止盗贼入侵，比如当主人不在家时窗户被打开或有人进入卧室，主机会自动发短信或打电话给主人
		无线温度传感器结点	个	1	可以检测室内温度，并在客户端软件显示或当温度达到一定程度时，让空调自动开启或关闭

（续）

楼层	安装位置	设备名称	单位	数量	作用
1层	客卧	86型无线调光面板	个	1	当主人起夜时，卫生间的主灯光自动调整为30%
		86遥控插座	个	3	控制手动控制家电的开关，比如电风扇、热水器等
	车库	86型1路触摸屏无线遥控开关	个	1	当车辆驶进别墅时，车库门自动开启，同时灯光会自动打开，响起轻柔的音乐
		通用型电动窗帘控制盒	个	1	
		全角度红外线转发器	个	1	
	门厅	86型2路触摸屏无线遥控开关	个	1	自动或手动开关大门，门磁传感器实时监控大门状态，当设防模式为夜间、离开、度假模式时通知大门的开关状态。亦可设置为门打开后灯光亮起，背景音乐响起，电动窗帘自动打开或关闭后家里所有的灯，背景音乐停止和窗帘关闭
		无线门磁传感器	个	1	
		86型3路触摸屏无线遥控开关	个	1	
		电动窗帘轨道	m	4.6	
		电动窗帘电动机	个	2	
		通用型电动窗帘控制盒	个	2	
	楼梯走廊	86型2路触摸屏无线遥控开关	个	1	控制楼梯走廊的灯光开关
		无线人体红外探头	个	1	在安防状态下有人经过时，人体红外探测器将会触发警报
	客厅	全角度红外线转发器	个	1	统一控制红外家电，如电视、空调、背景音乐等。亦可设置一定的场景模式，比如早上起床时音乐响起，窗帘打开，灯光关闭等
		86型3路触摸屏无线遥控开关	个	1	控制卧室壁灯、顶灯和床头灯的开关
		86遥控插座	个	1	控制手动控制家电的开关，比如一些充电器
		无线温/湿度传感器结点	个	1	温度值可以在门厅触摸屏上显示，在黄梅天，湿度较大，超过预定湿度值，系统会发出报警提示，同时自动启动空调的除湿功能，直到恢复正常值
	内院	86型2路触摸屏无线遥控开关	个	1	控制内院入口和车道灯光的开关
		无线人体红外探头	个	1	当主人离家或夜晚入睡时，设置为设防状态，内院有人走动时，自动报警同时开启灯光
		Wi-Fi无线网络摄像头	个	1	通过不同的控制终端，实时查看内院的场景

（续）

楼层	安装位置	设备名称	单位	数量	作　用
2 层	儿童房	86 型 3 路触摸屏无线遥控开关	个	1	在小孩临睡时，灯光调暗，具有催眠效果的背景音乐响起来，窗帘自动关闭；待小孩睡着后音乐停止，灯光关闭。在儿童房中，除了具有客卧中的智能功能外，当在主卧中将别墅设为夜间安防状态或灯光全关时，也将关闭此室内的灯光，保证小孩充足的睡眠。同时家长也可以通过儿童房里的摄像头监控儿童室内的情况，对年龄很小的儿童起到保护作用
		86 型 2 路触摸屏无线遥控开关	个	1	
		86 型 1 路触摸屏无线遥控开关	个	1	
		电动窗帘轨道	m	2.5	
		电动窗帘电动机	个	1	
		通用型电动窗帘控制盒	个	1	
		全角度红外线转发器	个	1	
		Wi-Fi 无线网络摄像头	个	1	
		86 型无线调光面板	个	1	
		86 遥控插座	个	2	
		86 型无线调光面板	个	1	
		无线温度传感器结点	个	1	
	次卧	86 型 3 路触摸屏无线遥控开关	个	9	控制卧室壁灯、顶灯和床头灯的开关
		86 型 2 路触摸屏无线遥控开关	个	3	控制卫生间灯光的开关
		86 型 1 路触摸屏无线遥控开关	个	3	控制阳台灯光的开关
		电动窗帘轨道	m	9	可以设置不同的场景模式：比如早上起床时音乐响起，窗帘打开，灯光关闭；睡觉时，窗帘关闭，背景音乐关闭，灯光调暗等
		电动窗帘电动机	个	3	
		通用型电动窗帘控制盒	个	3	
		全角度红外线转发器	个	3	
		86 型无线调光面板	个	3	
		无线温度传感器结点	个	3	可以检测室内温度，并在客户端软件显示或当温度达到一定程度时，让空调自动开启或关闭
		86 型无线调光面板	个	1	当主人起夜时，卫生间的主灯光自动调整为 30%
		86 遥控插座	个	6	控制手动控制家电的开关，比如电风扇、热水器等
	楼梯走廊	86 型 2 路触摸屏无线遥控开关	个	1	控制楼梯走廊的灯光开关
		无线人体红外探头	个	1	在安防状态下有人经过时，人体红外探测器将会触发警报
3 层	书房	86 型 2 路触摸屏无线遥控开关	个	1	控制卫生间灯光的开关
		86 型无线调光面板	个	1	根据不同的场景调整灯光的明暗度
		86 遥控插座	个	1	控制手动控制家电的开关，比如一些充电器
		电动窗帘轨道	m	2.5	控制盒可以实现电动机的正转、反转、停止、点动正转和点动反转等操作，以此实现电动窗帘的开、关和停
		电动窗帘电动机	个	1	
		通用型电动窗帘控制盒	个	1	
	更衣室	86 型 1 路触摸屏无线遥控开关	个	2	控制更衣室灯光的开关

（续）

楼层	安装位置	设备名称	单位	数量	作用
3层	卫生间	86型2路触摸屏无线遥控开关	个	1	控制卫生间灯光的开关
		86型1路触摸屏无线遥控开关	个	1	控制洗脸台灯光的开关
		86型无线调光面板	个	1	当主人起夜时，卫生间的主灯光自动调整为30%
		86遥控插座	个	1	控制手动控制家电的开关，比如热水器等
	多功能浴室	86型2路触摸屏无线遥控开关	个	1	控制浴室灯光的开关
		86遥控插座	个	1	控制手动控制家电的开关
		全角度红外线转发器	个	1	设置不同情景模式，背景音乐的调换等
		86型无线调光面板	个	1	控制浴室灯光的明暗
	主卧	86型3路触摸屏无线遥控开关	个	1	控制卧室壁灯、顶灯和床头灯的开关
		86型2路触摸屏无线遥控开关	个	2	控制卫生间灯光的开关
		86型1路触摸屏无线遥控开关	个	1	控制洗脸台灯光的开关
		电动窗帘轨道	m	4	控制盒可以实现电动机的正转、反转、停止、点动正转和点动反转等操作，以此来实现电动窗帘的开、关和停
		电动窗帘电动机	个	1	
		通用型电动窗帘控制盒	个	2	
		全角度红外线转发器	个	1	统一控制红外家电电视、空调、背景音乐等。亦可设置一定的场景模式
		无线温度传感器结点	个	1	可以检测室内温度，并在客户端软件显示或当温度达到一定程度时，让空调自动开启或关闭
	储藏室	86型1路触摸屏无线遥控开关	个	1	控制储藏室灯光的开关
		无线温/湿度传感器结点	个	1	可以检测室内温度，并在客户端软件显示或当温度达到一定程度时，让空调自动开启或关闭
	其他	86型1路无线接收终端	个	5	与家里相应设备的连接实现控制，比如花园浇花、自动喂鱼等
		220V智能家居无线遥控排插座	个	4	统一控制部分手动控制电器的开关
整体		KC868智能家居系统主机	台	1	让所有的这些设备和家里的红外控制器联系到一起，实现场景、定时、网络、手机等多种控制功能

4.5 本章小结

本章通过对智能家居布局实施典型方案的解析，对智能家居多层或高层住宅中经典的两室一厅和三室两厅智能家居布局实施案例进行了详细介绍；考虑到别墅应用的智能家居属于系统齐全的智能家居，重点对两层别墅智能家居和三层别墅智能家居布局实施案例进行了重点解析，让读者能够全面地了解智能家居在不同的生活功能区如何进行布局智能化设备，提升智能家居工程施工的工程技能。

1. 两室一厅智能家居实施案例过程中通用部分、厨房部分、卧室部分、客厅部分应如何进行布局设置?

2. 三室两厅客厅部分需要布局的智能化设备包括哪些? 请阐述。

3. 别墅应用智能家居与多层或高层住宅应用智能家居的区别有哪些?

第 5 章

智能家居产品APP软件设计与硬件设置

为了解决传统家电企业的设备智能化问题，我们针对智能硬件和智能家电领域，设计了以 Wi-Fi 和 ZigBee 模块为基础的一站式智能化升级服务，这一服务可以让智能硬件、家电等传统设备厂商，快速便捷地实现产品智能化升级。通过低成本高价值的智能硬件植入，专属软件 APP 的定制，建设数据存储云平台，提供智能化用户行为分析等设置，设备可快速地实现与云平台、手机端的连接，具备远程监控管理、高效数据存储与统计分析等物联网基础功能，可以提供专为物联网打造的大数据存储，轻松地实现海量硬件数据的存储和高效访问；同时，设备的使用状态和用户行为数据都能够自动地统计，并支持定制化分析，通过后台可以直接挖掘需要的数据，从而帮助众多硬件厂家快速地实现产品智能化升级，推动家电产业在智能领域的创新。

5.1 智能家居控制主机的软件设计和硬件配置

智能家居控制系统——兼容 315/433MHz 无线收发功能，无线输入报警功能，无线发射控制功能，智能学习各类常见的 315/433MHz 的无线设备和遥控开关，完全智能学习码功能，无须手动配对，让家装有更多的选择，设计的全宅智能一体化智能家居控制主机如图 5-1所示。

智能家居控制系统功能如下：

1. 无线控制

射频无线控制协议：2262、1527 编码，PT2262 编码的振荡电阻、地址码、数据码可任意配置。

无线控制距离：RF 射频空旷环境距离 >50m 2.4G 通信，ZigBee 自组网的通信方式。

无线输入通道：200 路无线输入传感器设备学习。

图 5-1 全宅智能一体化智能家居控制主机

无线红外控制：标准 38kHz 红外线编码发射，可以进行 360°全方位控制。

2. 组合控制

定时控制：可定时驱动所有输出和更换工作场景，掉电时钟保持。可自由配置星期规律，实现不同的定时方案。

无线传感器控制：40 路无线传感器触发信号，控制输出和更换工作场景。

情景模式控制：每种场景支持若干路输出组合操作，用户可根据自己的需求配置触发命令。

报警信息推送：绑定的传感器触发后，可以通过网络推送到手机 APP 端。

触发命令来源：定时、无线输入和语音控制。

情景模式控制输出对象：无线输出、红外线输出和有线控制输出。

3. 网络控制

带加密功能的网络控制功能，支持局域网、宽带网、GPRS、Wi-Fi 等网络系统。

支持移动手机平台客户端软件、支持安卓 Android、iPhone（iOS 版本 >8.0）等手机或 PAD 平板。

支持 P2P 穿透方式访问主机，杜绝了动态域名的不稳定性。

4. 安防报警功能

智能家居控制系统——可以联动报警信息推送、无线发射、红外线发射多种报警模式，组装成灵活、个性定制化的报警系统，1）水管爆裂、漏水报警：如厨房卫生间漏水时，报警并关闭总水阀。2）煤气泄漏报警：厨房有煤气泄漏时报警，并自动开启排气扇。3）厨房、主卧检测到烟雾、火情时报警：并自动推送报警信息，立即报告。4）在围墙、阳台等处安装红外对射护栏，检测非法闯入者。在主卧、客厅等窗户处安装红外幕帘。

可以保留住宅内所有灯及电器的原有手动开关、自带遥控等各种控制方式，对住宅内所有灯及电器，无须进行改造，保留原有的手动开关及自带遥控等各种控制方式，充分满足家庭内不同年龄、不同职业、不同习惯的家庭成员及访客的操作需求；不会因为局部智能设备的临时故障，导致不能实现控制的尴尬。

全宅智能一体化智能家居控制主机在软件设计过程中接通电源，配置连接 Wi-Fi，主机参数见表 5-1。

表 5-1　主机参数

内　容	参　数
产品尺寸	100mm×100mm×30mm
外形颜色	黑色
工作电压	DC　5V
材质	阻燃 ABS
通信方式	433MHz、315MHz、ZigBee
通信距离	射频 315MHz，空旷环境距离 >100m； 射频 433MHz，空旷环境距离 >100m； 2.4G 通信，ZigBee 自组网的方式通信，空旷环境距离 >15m；
工作温度	-20～70℃
工作湿度	20%～80% RH

主机 APP 软件设计流程如下：

（1）快捷上网配置

主机上电后，用 APP 配置 Wi-Fi，配置成功后，主机重新插电，等待约 40s 后即会成功连接服务器。

步骤1、安装“易家智联”客户端软件

• 安卓系统的手机扫描上面的二维码，下载安卓客户端软件登录 https://www.hificat.com/”网址，扫描二维码下载。

• 苹果手机可以在苹果商店搜索“易家智联”界面下载（iPad 用户下载时选择仅 iPhone）。

步骤2、注册易家智联登录账户

• 开启易家智联手机客户端，选择注册页面，按提示输入手机号码和邮箱以及登录密码。

成功登录设置界面如图5-2所示。登录界面情景模式设置如图5-3所示。

图5-2 成功登录设置界面

图5-3 登录界面情景模式设置

（2）主机管理

首次注册的用户，登录后向导会推荐添加楼层、房间以及添加主机，用户可以选择跳过，后续再添加（选择跳过的，在添加主机前，务必先添加楼层和房间）。

手机端添加主机，单击【我的】→【主机管理】，单击【添加】，单击【扫描二维码】图标，扫描设备底部的二维码，给设备设置一个昵称，单击【添加】即完成主机添加，如图5-4、图5-5所示。

（3）添加楼层、房间

单击【我的】→【我的房间】选项，设置自己的家庭环境，如图5-6、图5-7所示。

图 5-4　添加主机界面

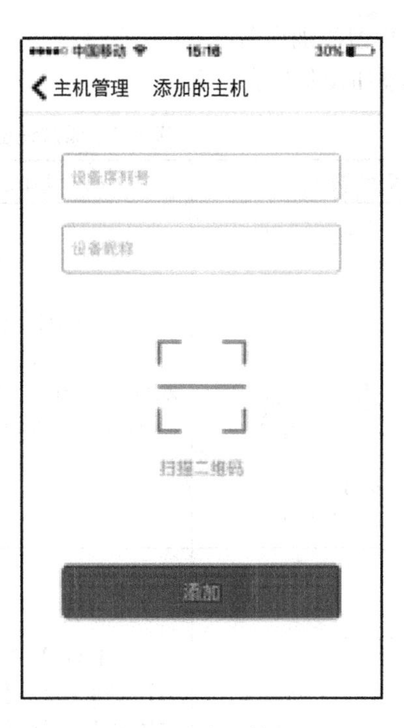

图 5-5　主机管理

图 5-6　主机配置界面

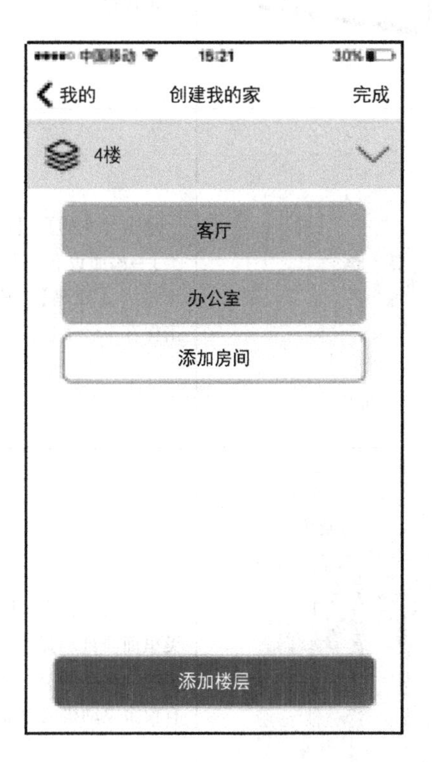

图 5-7　主机模式选择

(4) 添加设备

添加设备步骤见表 5-2。

（5）学习添加设备

学习添加设备见表5-2。

表5-2 添加设备步骤和学习添加设备表

设备类型	添加设备步骤	学习添加设备
双向灯 （ZigBee开关面板）	单击【我的】→【我的设备】，未分类里面会自动显示已经组网成功的ZigBee开关面板（设备名称叫双向灯，同时还有面板的地址码）	未分类里长按归类到房间后就可以控制 若不能控制，请到主机管理，侧滑→编辑，查询主机的网络号和信道（默认8192/25），若不是请改正后，写入
射频灯	单击【我的】→【我的设备】→【已分类】→添加设备→【射频设备】，种类选择为【普通灯】，其他参数默认，单击保存	开关面板上电后，按住需要对码的触摸按键，当开关面板左上角指示灯连续闪烁2次后松手，5秒内按软件上的【开】按键；长按按键，当面板左上角的指示灯连续闪烁3次后松手，5秒内按软件上的【关】按键；开或关学习成功时，面板上的指示灯会再闪烁一次
插座	单击【我的】→【我的设备】→【已分类】→添加设备→【射频设备】，种类选择为【插座】，其他参数默认，单击保存	插座上指示灯“熄灭”的情况下，长按手动按钮，当指示灯亮起，且更亮地闪烁1次后，松手，单击【开】按钮；若指示灯再次更亮地闪烁1次，说明对码成功； 插座上指示灯“亮起”的情况下，长按手动按钮，当指示灯熄灭，且闪亮1次后松手，单击【关】按钮；若指示灯再次闪烁1次，说明对码成功
窗帘电动机 （ZigBee）	单击【我的】→【我的设备】，未分类里面会自动显示已经组网成功的窗帘电动机（设备名称叫窗帘，同时还有窗帘电动机的地址码）	未分类里长按归类到房间后就可以控制。 若不能控制，请到主机管理，侧滑→编辑，查询主机的网络号和信道（默认8192/25），若不是请改正后，写入

（续）

设备类型	添加设备步骤	学习添加设备
 窗帘面板	单击【我的】→【我的设备】→【已分类】→添加设备→【射频设备】，种类选择为【窗帘】，其他参数默认，单击保存	按住窗帘面板 Open 或 Up 按键，当面板左上角指示灯闪烁 1 次后松手，5 秒内单击【开】按键，若对码指示灯继续闪烁 1 次，则表示信号学习成功，“关”和“停”采用相同的方式学习。 若面板没有学习界面，可以对面板做清码操作，步骤为按住需要清码的面板按键，当面板左上角指示灯连续闪烁 4 次后松手，2 秒内重新长按住需要清空的面板按键，若对码指示灯继续闪烁 4 次，则代表此按键之前学习的信号已清除
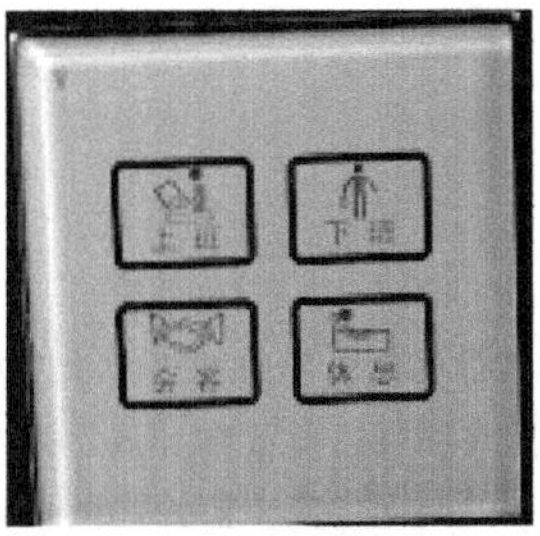 射频情景面板	单击【我的】→【我的设置】→【射频情景面板】→单击【+】，输入模式名称，选择需要关联的情景模式，单击保存	添加成功后，单击【学习】按键，主机会发出“滴”声，表示已经进入学习状态，此时按一下情景面板的某一按键 1 秒钟，主机学习成功后，会再次发出“滴”声，此时再按情景面板的按键就会触发联动绑定的情景模式。若不成功，请重复上述步骤
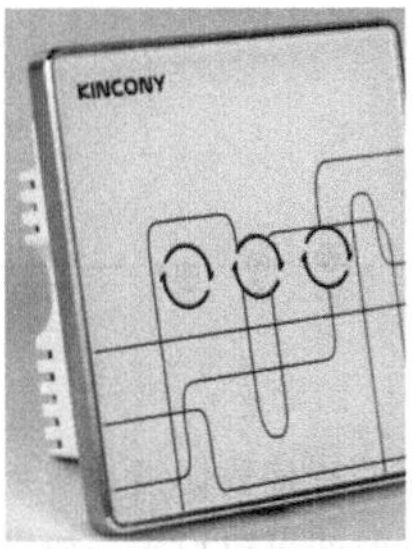 ZigBee 情景面板	单击【我的】→【我的设置】→【ZigBee 情景面板】，→单击【+】，输入设备名称，选择需要关联的情景模式，输入面板后面的地址码加按键位号，单击保存	添加时，如果绑定的是情景面板第一个按键，按键地址码就是源地址码后加上 1；第二个按键就是源地址码加上 2，依次类推，单击保存后，再次按下情景面板对应的按键时，即可执行绑定的情景模式
 电磁阀	单击【我的】→【我的设备】→【已分类】→【添加设备】→【射频设备】，种类选择【电磁阀】，其他参数默认，单击保存	点按终端控制盒的学习按键 3 下，软件上依次单击【开】，看到红灯常亮时，表示“开”学习成功；再单击【关】时，学习成功后，红灯会再次闪烁并熄灭，表示“开”和“关”已经学习成功

（续）

设 备 类 型	添加设备步骤	学习添加设备
 智能门锁	单击【我的】→【我的设备】→【已分类】→【添加设备】→【射频设备】，种类选择为【智能门锁】，其他参数默认，单击保存	门锁先设置一个密码（0000001234 5678）【此密码无法开门】，再次让门锁进入学习状态，进入后，单击软件上的【开】，提示学习成功时，连续多次按【＊】号键，退出学习状态，退出后即可控制门锁的“开”和“关”
 摄像头	单击【我的】→【我的设备】→【已分类】→【添加设备】→【摄像头】，种类选择为【普通摄像头】，将会自动地扫描局域网内的摄像头，单击【添加】，提示输入验证码时，就是输入摄像头的密码（初始密码是888888，建议修改掉）	添加好摄像头后，返回首页，单击左上角的摄像头图标，即可在首页界面中呈现摄像头的画面，多个监控之间可通过侧滑或单击摄像头画面的右下角来实现切换
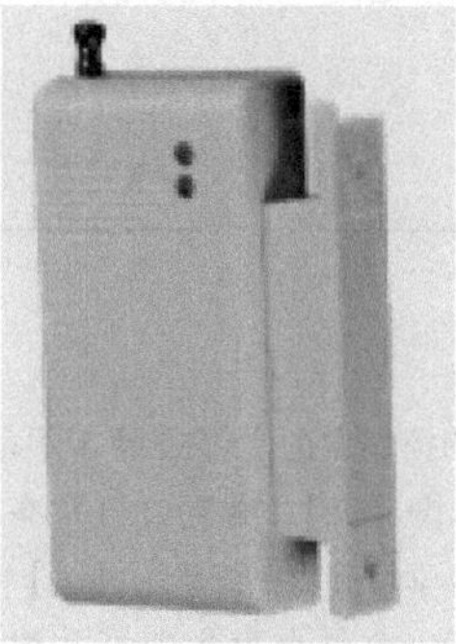 无线门磁（射频）（315MHz）	单击【我的】→【我的设置】→【安防设置】；单击右上角的【＋】，输入设备名称，关联情景模式（可选），输入推送内容（报警输出推送内容），选择主机，单击保存	添加完成后，返回安防设置界面，有三组撤布防的时间可以设置，如果用户想24小时布防，可以选择其中一组，设置成下图  门磁 开始 00 结束 23 布防 单击【学习】按键，主机上的蜂鸣器会发出“滴”声，此时触发一下门磁，学习成功，蜂鸣器会再发出“滴”声。再次触发门磁时，会收到设置的推送内容，若绑定了情景模式也会执行相应的情景模式

(续)

设备类型	添加设备步骤	学习添加设备
ZigBee 门磁传感器	单击【我的】→【我的设置】→【安防设置】→单击【+】，输入设备名称，先选择 ZigBee 传感器，然后再选择需要关联的情景模式，输入报警推送内容，最后输入传感器上的地址码，单击保存	单击保存完成后，正常情况下当门磁被分开超过 1.5cm 时，就会发出报警信号，联动情景模式，并推送报警内容。(第一次使用传感器，先做退网操作，再做重新入网操作，具体操作步骤如下： 1）使用传感器自带的顶针，长按机身边上的【设备组网键】8s，可以看到机身上有个红灯会微弱地闪烁一下，表示退网成功 2）退网后，将传感器拿至其他已经受控的 ZigBee 配件边上（比如开关面板），用顶针轻轻地按一下【设备组网键】，可以看到黄灯开始闪烁，表示设备开始重新组网，组网成功时，黄灯熄灭。此时，门磁每次被分开时，就会触发推送报警信号，联动对应的情景模式 3）如果触发时，没有联动情景模式也没有推送，请重复 1 和 2 的步骤（另外确保主机在线时才可以操作）
ZigBee 人体红外探测器	单击【我的】→【我的设置】→【安防设置】→单击【+】，输入设备名称，先选择 ZigBee 传感器，然后选择需要关联的情景模式，输入报警推送内容，最后输入传感器上的地址码，单击保存	单击保存完成后，当有人在传感器前晃动时，就会发出报警信号，联动情景模式，并推送报警内容。(第一次使用传感器，先做退网操作，再做重新入网操作，具体操作步骤如下： 1）使用传感器自带的顶针，长按机身边上的【设备组网键】8s，可以看到机身上有个红、黄灯会微弱地闪烁一下，表示退网成功 2）退网后，将传感器拿至其他已经受控的 ZigBee 配件边上（比如开关面板），用顶针轻轻地按一下【设备组网键】，可以看到黄灯开始闪烁（光比较微弱），表示设备开始重新组网，组网成功时，黄灯熄灭。此时人体红外探测到信号时，就会触发推送报警信号，联动对应的情景模式 3）如果触发时，没有联动情景模式也没有推送，请重复 1 和 2 的步骤（确保主机在线时才可以操作）

（续）

设 备 类 型	添加设备步骤	学习添加设备
ZigBee 无线烟雾传感器	单击【我的】→【我的设置】→【安防设置】→单击【 + 】，输入设备名称，先选择 ZigBee 传感器，然后选择需要关联的情景模式，输入报警推送内容，最后输入传感器上的地址码，单击保存	单击保存完成后，当烟雾达到一定浓度时，就会发出报警信号，联动情景模式，并推送报警内容。（第一次使用传感器，先做退网操作，再做重新入网操作，具体操作步骤如下： 1）使用传感器自带的顶针，长按机身边上的【设备组网键】8s，可以看到机身上有个黄灯会微弱地闪烁一下，表示退网成功 2）退网后，将传感器拿至其他已经受控的 ZigBee 配件边上（比如开关面板），用顶针轻轻地按一下【设备组网键】，可以看到黄灯开始闪烁（光比较微弱），表示设备开始重新组网，组网成功时，黄灯熄灭。此时按一下测试按键，就会触发推送报警信号，联动对应的情景模式（实际需要烟雾触发） 3）如果触发时，没有联动情景模式也没有推送，请重复 1 和 2 的步骤（确保主机在线时才可以操作）
无线 红外幕帘	步骤略	学习方法同无线门磁（射频）（3.5MHz）一样
无线 燃气探测器	步骤略	

（续）

设 备 类 型	添加设备步骤	学习添加设备
无线 人体红外	步骤略	
无线 烟雾探测器	步骤略	学习方法同无线门磁（射频）（315MHz）一样
无线 漏水传感器	步骤略	

看智能家居主机系统手机 APP 的演示，请扫二维码。

5.2　ZigBee 智能情景面板的软件设计和硬件配置

ZigBee 情景面板主要用于触发智能家居控制主机绑定的情景模式，执行多个自定义动作。图 5-8 情景开关面板为三路按键模式，其中各种模式可提供个性定制图案。

1. 规格参数

产品尺寸：86mm×86mm×30mm　标准86型；

整机重量：490g；

工作电压：AC220V±10%/50Hz；

工作温度：-10～40℃；

工作湿度：30%～80%RH；

接收频率：2.4GHz------ZigBee通信；

供电方式：零相线供电；

使用寿命：100000次操作；

产品颜色：白色。

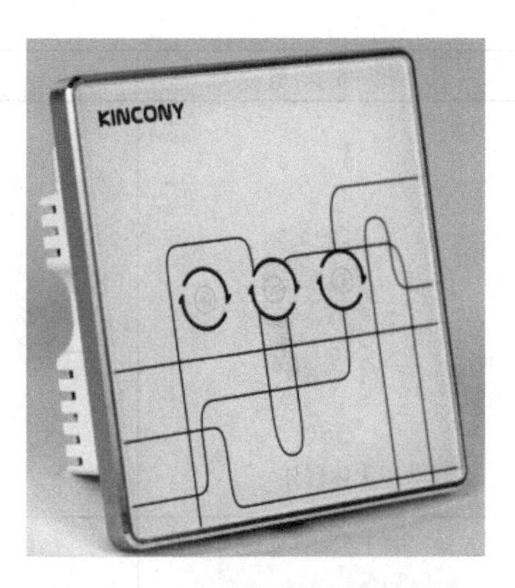

图5-8　ZigBee智能情景开关面板

2. 安装说明

步骤一：安装前，使用一字旋具，撬开情景开关面板，如图5-9所示。

步骤二：参考图5-10情景开关面板接线示意图。在断电情况下，将电源线接入到开关面板的对应接口处。

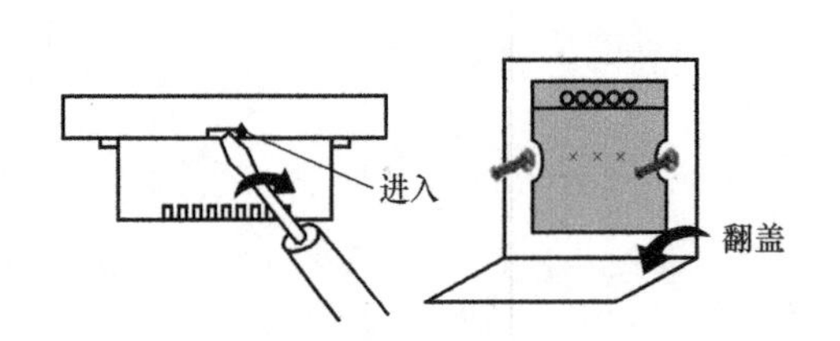

图5-9　情景开关面板安装图

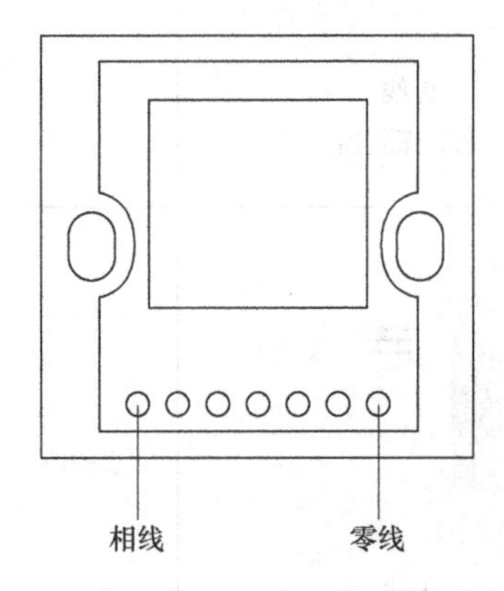

图5-10　情景开关面板接线示意图

步骤三：使用开关面板配备的螺钉或用户螺钉，将后盒安装到暗盒内。

步骤四：在断电情况下，合上情景开关面板。

**注意**：若用户带电安装，请在接好线后，最后盖上开关面板的盖子，给面板重新上电。

安装注意事项：

1）为了安全，安装前，请务必断电操作。

2）开关面板接线时，务必在断电情况下进行，否则可能导致开关面板功能不正常。

3. APP客户端软件设计分析

（1）主机管理

单击【我的】→【主机管理】→单击【添加】，扫描主机二维码，添加主机，显示在线后，再添加设备，如图5-11、图5-12所示。

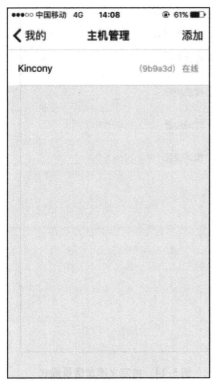

图 5-11　添加主机管理

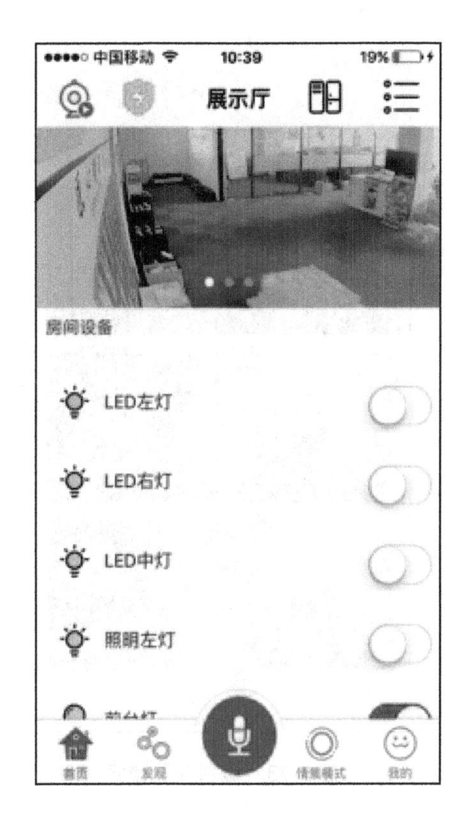

图 5-12　房间设备列表

（2）创建情景模式

登录 APP 客户端，单击【情景模式】→【＋】→输入模式名称，选择模式图标，时间设置可选（实现定时的功能），模式设置里自定义添加情景模式动作，单击【保存】，完成添加，如图 5-13 ~ 图 5-16 所示。

用户添加情景模式时，“模式名称”可自定义，比如回家模式，离家模式，会客模式等；“模式图标”用户也可自定义；“时间设置”是定时器功能，例如重复时间为周一、周二、周三，时间是上午 8:00，其含义是周一至周三的每天上午 8:00 执行该情景模式；“模式设置”里面是添加情景模式的动作，用户可以选择任一动作，并设置其状态，单击【立即执行】几个字，可以选择设置每个动作之间的执行间隔，比如用户选择延迟 1 秒，表示上一个动作执行完 1 秒后再执行下一个动作。

（3）情景面板的联动设计的分析

步骤一：单击【我的】→【我的设置】→【ZigBee 情景面板】→【＋】输入设备名称，关联情景，若有多个主机选择相对应的主机，如图 5-17 所示，添加成功后界面如图 5-18 所示。

注意：按键地址码应填写面板后盖标签上的数字，最后需要加上 1 或 2 或 3，代表第一个按键，第二个按键，第三个按键。

例：面板地址码是 58306，那么第一个按键的“按键地址码”就是 583061，第二个是 583062，第三个是 583063。

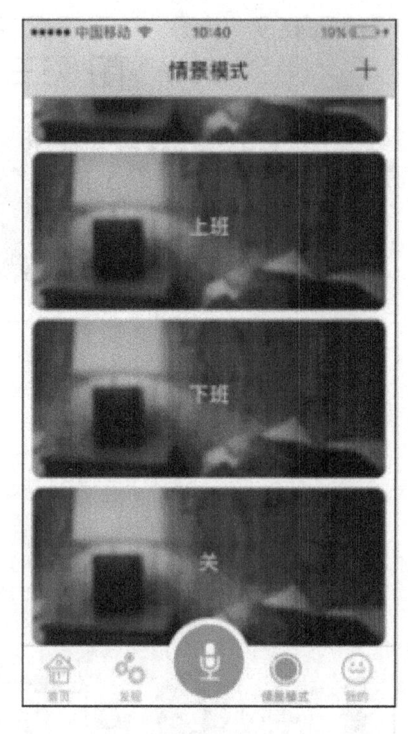

图 5-13　添加情景模式

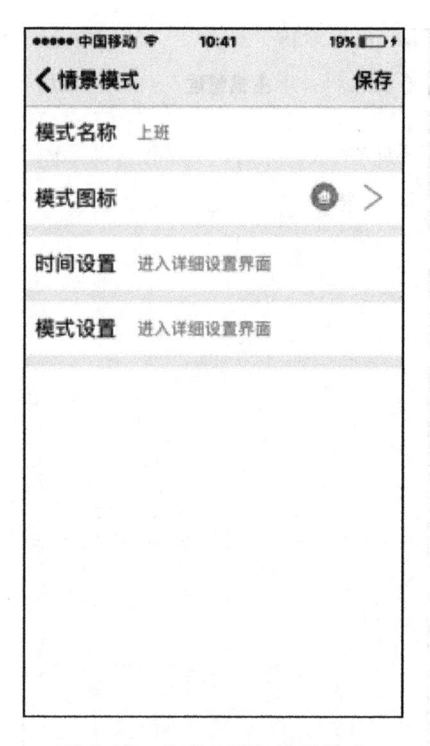

图 5-14　自定义添加情景模式

图 5-15　定时时间设置（可选项）

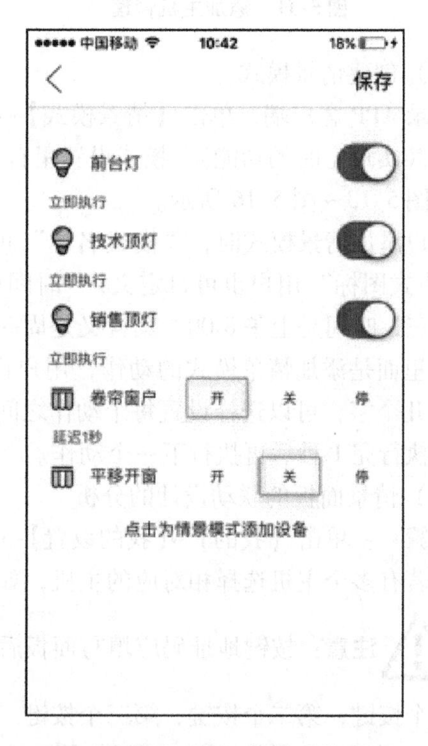

图 5-16　模式设置（情景动作设置）

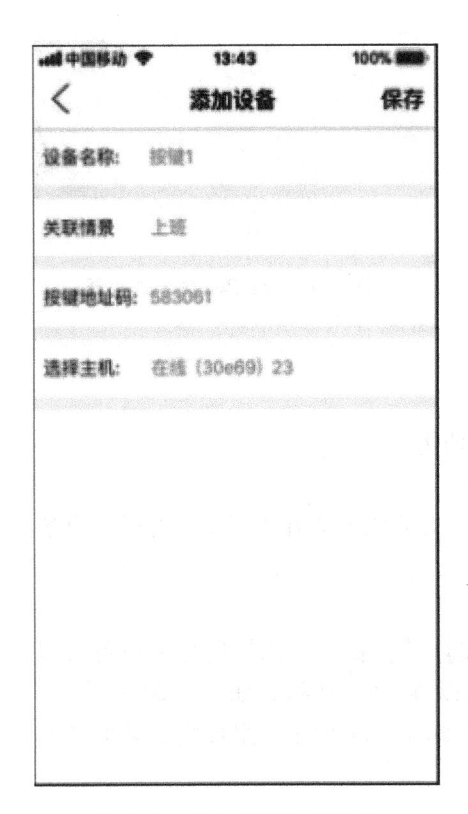

图 5-17　添加情景面板按键

图 5-18　情景面板添加成功后界面

步骤二：手动添加成功后，当用户按情景面板按键时，对应绑定的情景模式就会执行动作。

看 ZigBee 智能情景面板的演示，请扫二维码。

5.3　ZigBee 红外转发器的软件设计与硬件配置

ZigBee 红外转发器（见图 5-19）是智能家居系统的配套产品之一，当它与智能家居主机结合使用时，即可将手机变为万能遥控器，可以集中控制家中的电视、空调、音响、DVD、机顶盒等红外设备，使您在全球的任何地方均能远程操控家中的红外设备，并且还可配合主机联动设置多种情景模式。

1. 规格参数

尺寸：110mm×36mm；

颜色：白色；

功率：0.2W；

工作电压：DC 5V/1A；

工作环境：温度 -10～80℃，湿度 10%～95% RH；

通信方式：2.4GHz；

内置红外发射头数量：7 个；

最大可控按键数：1000 个；

安装方式：悬挂式/摆放式；

解码长度：2048 位。

图 5-19　ZigBee 红外转发器

2. 安装说明

ZigBee 红外转发器和受控设备之间不可有遮挡物；

ZigBee 红外转发器需预留 AC220V 电源插座；

ZigBee 红外转发器必须安装在受控设备附近，并且需要先在手机端学习受控设备的遥控器功能，方可通过主机控制受控设备。

3. 主机客户端的软件设计

步骤一：单击【我的】→【主机管理】→【添加】→【扫描二维码】随后取设备名称，单击【添加】，添加主机成功（若已经添加过主机，可以跳过此步骤），如图 5-20 所示。

步骤二：单击【我的】→【我的设备】未分类如图 5-21 所示，里面会自动地显示已经组网成功的 ZigBee 开关面板。

图 5-20　添加主机

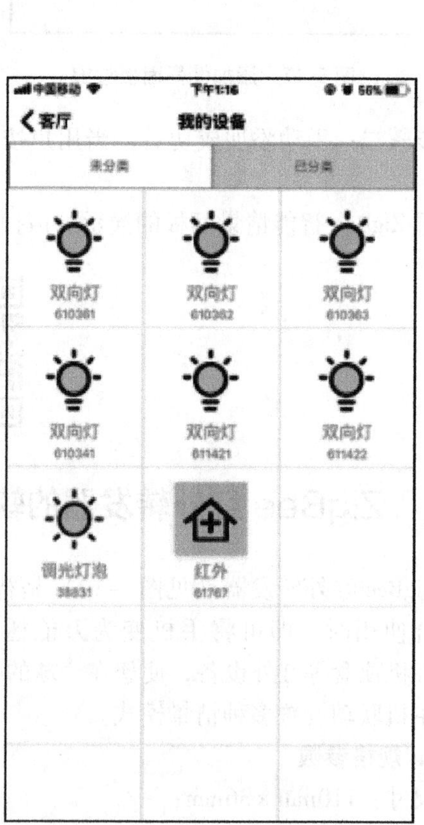

图 5-21　未分类搜索转发器

步骤三：在【未分类】中，长按归类到房间后就可以控制；若不能控制，请到主机管理，侧滑→编辑，查询主机的网络号和信道（默认为 8192/25），若不是请改正后，写入主机，如图 5-22 所示。

4. 学习遥控器功能

步骤一：归类到对应的房间后→返回主页对应的房间→进入红外转发器控制界面→单击【+】→添加模块→选择需要的电视或空调遥控器模块，如图 5-23、图 5-24 所示。

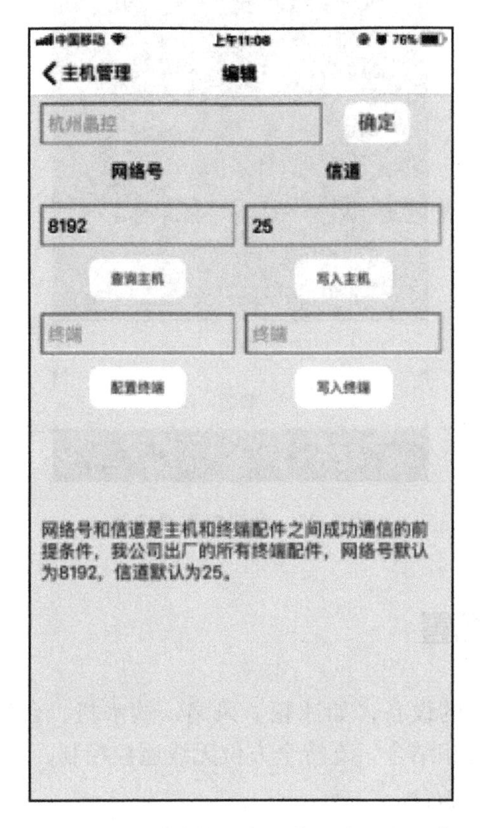

图 5-22　查看或修改主机的网络号和信道

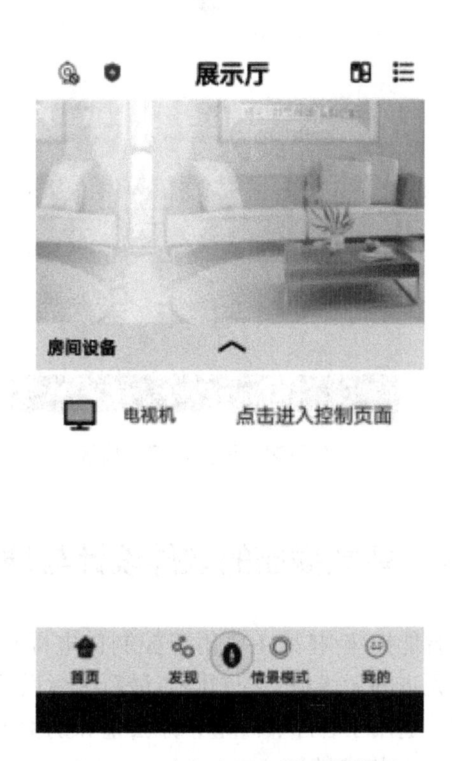

图 5-23　房间内添加转发器成功

（为便于说明，APP 内的遥控器控制模块称为虚拟遥控器，真实遥控器称为遥控器）

步骤二：添加完成→返回遥控器模块界面→长按虚拟遥控器的任一按键→出现学习按键→单击学习按键→转发器会发出【滴】一声响→此时迅速按下遥控器上的对应按键→转发器发出【滴】一声响→学习完成，如图 5-25 所示。

步骤三：重复步骤二操作→逐一学习遥控器其他按键功能→若想改变学习的对应按键→无需其他操作→直接按重新学习按键即可→新的按键功能会自动地覆盖之前的按键。

看 ZigBee 红外线转发器视频的演示，请扫二维码。

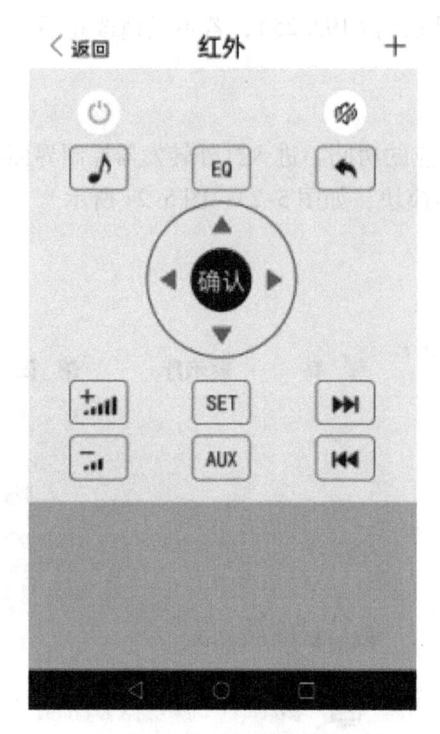

图 5-24 添加电视机模板

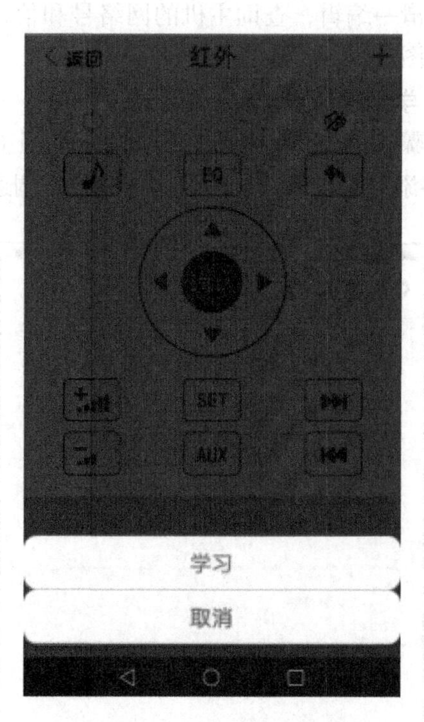

图 5-25 学习电视遥控器

5.4 智能插座的软件设计与硬件配置

智能插座/排插主要用于控制供电即可运行的设备，如冰箱、风扇、饮水机、台灯等，它将先进的无线独立控制码与最新国标设计理念相结合，支持全方位无线遥控控制，可隔墙遥控，适用于客厅、卧室、办公室和别墅等多种场合。

1. 规格参数

86 型智能插座如图 5-26 所示。

产品尺寸：86mm×86mm×30mm 标准 86 型；

输入电压：AC220V±10%、50Hz/60Hz；

输出电压：AC220V±10%、50Hz/60Hz；

工作温度：-10～40℃；

工作湿度：30%～80%RH；

接收频率：315MHz；

负载功耗：阻性 2200W、感性或容性 880W；

接线方式：需预留相线和零线。

图 5-26 86 型智能插座

2. 安装说明

步骤一：安装前，使用一字旋具，撬开插座挡板。

步骤二：在断电情况下，将交流电的相线和零线分别接入智能控制插座的“相线”“零线”接口。

步骤三：翻开面板，使用面板配备的螺丝钉，将智能插座安装到暗盒内。

步骤四：在断电情况下，合上插座面板和挡板。

安装注意事项如下：

1）为了安全，安装前，请务必断电操作。

2）插座接线时，务必在断电情况下进行，否则可能导致功能不正常。

3）插座安装位置应尽量远离墙角。

3. 主机客户端的软件设计

步骤一：单击【我的】→【主机管理】→【添加】→【扫描二维码】随后取设备名称，单击【添加】，添加主机成功（若已经添加过主机，可以跳过此步骤），如图 5-27 所示。

图 5-27　添加主机

步骤二：单击【我的】→【我的设备】→【已分类】→添加设备→【射频设备】，种类选择【插座】如图 5-28 所示，其他参数默认，添加插座成功如图 5-29所示。

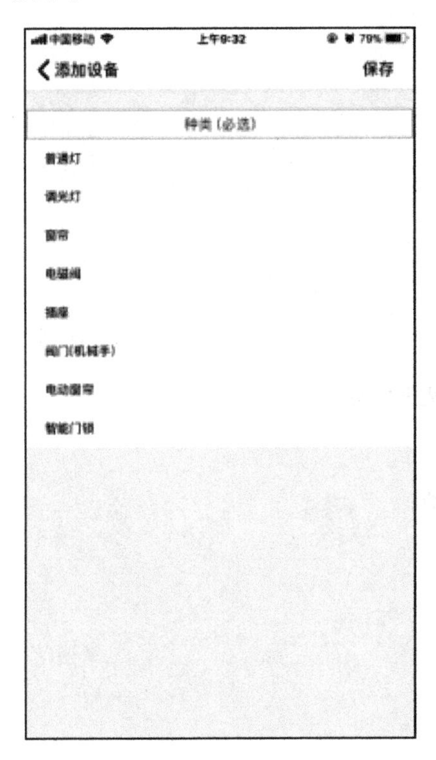

图 5-28　选择设备种类

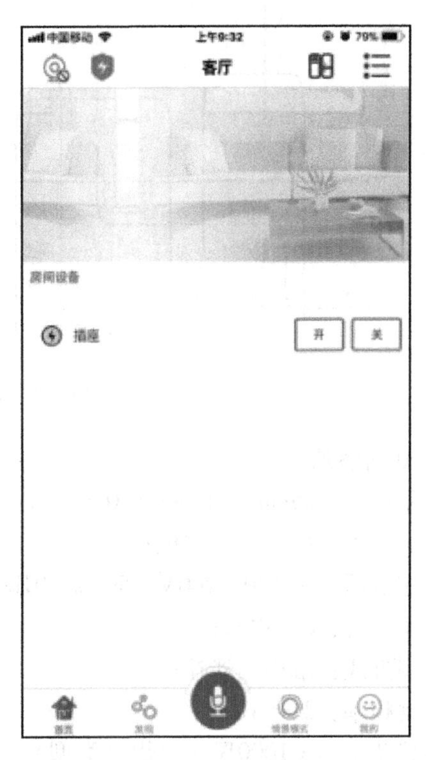

图 5-29　添加插座成功

步骤三：在插座指示灯“熄灭”的情况下，长按手动按钮，当指示灯亮起且更亮地闪烁1次后，松手，单击【开】按钮，若指示灯再次更亮地闪烁1次，说明对码成功；在插座指示灯“亮起”的情况下，长按手动按钮，当指示灯熄灭且闪亮1次后，松手，单击【关】按钮，若指示灯再次地闪烁1次，说明对码成功。

看智能插座项目演示，请扫二维码。

5.5 ZigBee 智能调光面板的软件设计与硬件配置

86型ZigBee零相调光面板用于家庭常用灯具的亮度调节，与普通智能调光开关面板相比，它无需对码学习，简单易用；与主机配合，能远程实时地查看并控制家中灯光的亮度，是未来调光开关面板的主流。智能调光开关面板的接线方式为零相接线，外观有白色和香槟色可供选择，如图5-30所示。

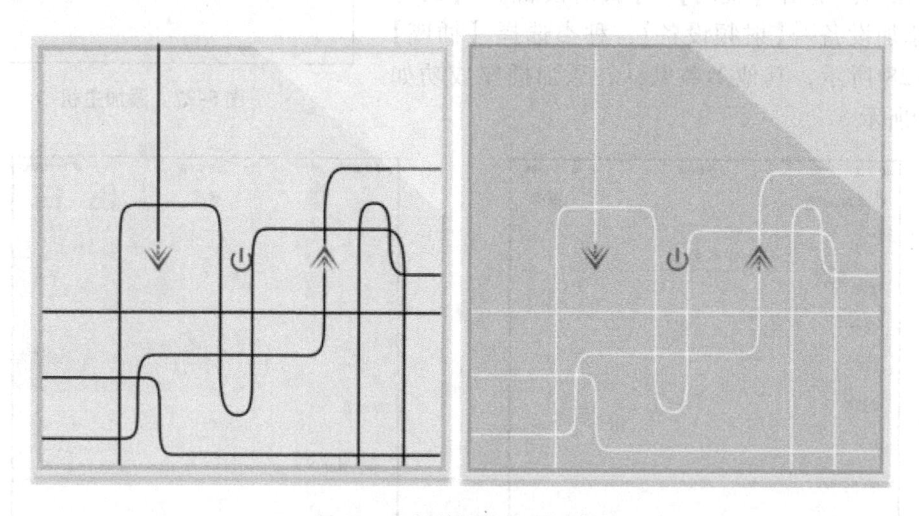

图5-30 智能调光开关面板

1. 规格参数

产品尺寸：86mm×86mm×30mm 标准86型；

产品颜色：白色、香槟色；

工作电压：AC100~260V、50Hz/60Hz；

工作温度：0~40℃；

控制方式：触摸、遥控；

控制频率：2.4GHz

负载功率：<1000W（白炽灯类型）；

接线方式：零、相接线。

2. 安装说明

步骤一：安装前，使用一字旋具，撬开 ZigBee 调光开关面板，如图 5-31 所示。

步骤二：参考图 5-32 调光开关面板接线示意图，在断电情况下，将原灯具的接线接入调光开关面板对应的接口处。

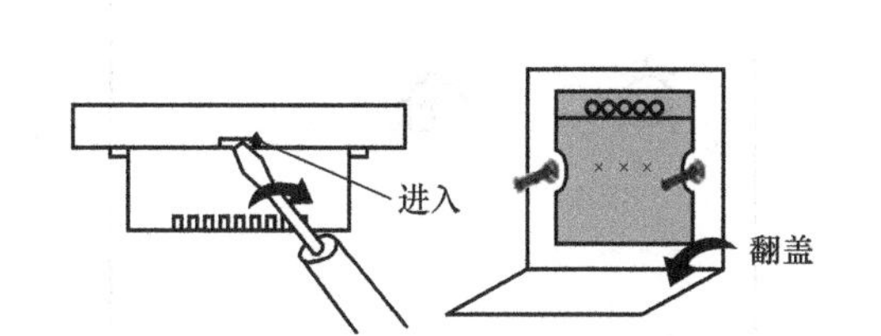

图 5-31　ZigBee 调光开关面板安装图

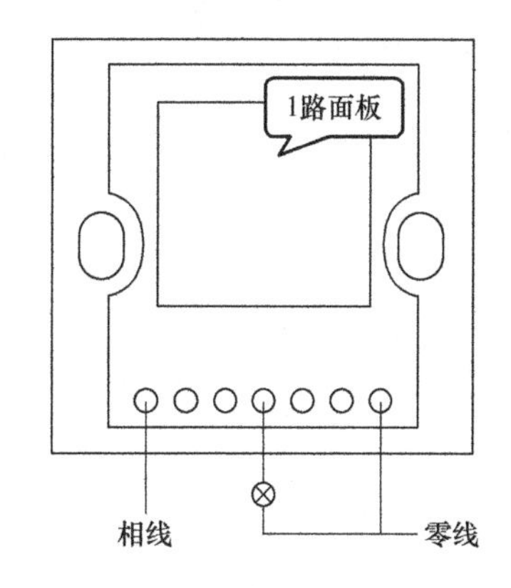

图 5-32　ZigBee 调光开关面板接线示意图

步骤三：使用调光开关面板配备的螺钉或用户螺钉，将后盒安装到暗盒内。

步骤四：在断电情况下，合上 ZigBee 调光开关面板。

步骤五：上电，用手触摸调光开关面板上控制按钮，查看是否可以正常控制。

安装注意事项如下：

1）为了安全，安装前，请务必断电操作。

2）调光开关面板接线时，务必在断电情况下进行，否则可能导致调光开关面板功能不正常。

3）调光开关面板合上时，务必在断电情况下进行，否则可能导致手动控制不正常。

4）安装后通过重新上电，查看是否可以恢复正常控制。

3. 主机客户端的软件设计

步骤一：单击【我的】→【主机管理】→【添加】→【扫描二维码】随后取设备名称，单击【添加】，添加主机成功（若已经添加过主机，可以跳过此步骤），如图 5-33 所示。

步骤二：单击【我的】→【我的设备】未分类如图 5-34 所示，里面会自动地显示已经组网成功的 ZigBee 开关面板（设备名称为调光灯，同时还有面板的地址码）。

步骤三：【未分类】中长按归类到房间后就可以控制，如图 5-35 所示。若不能控制，请到主机管理，侧滑→编辑，查询主机的网络号和信道（默认为 8192/25），若不是请改正后，写入主机，如图 5-36 所示。

看 ZigBee 智能调光面板的演示，请扫二维码。

图 5-33　添加主机

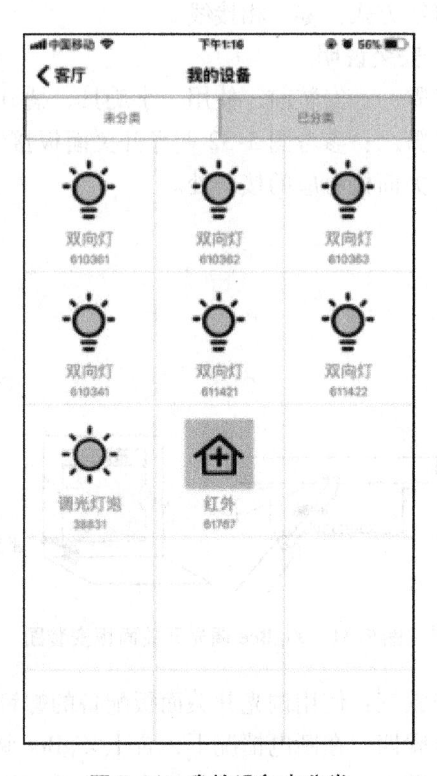

图 5-34　我的设备未分类

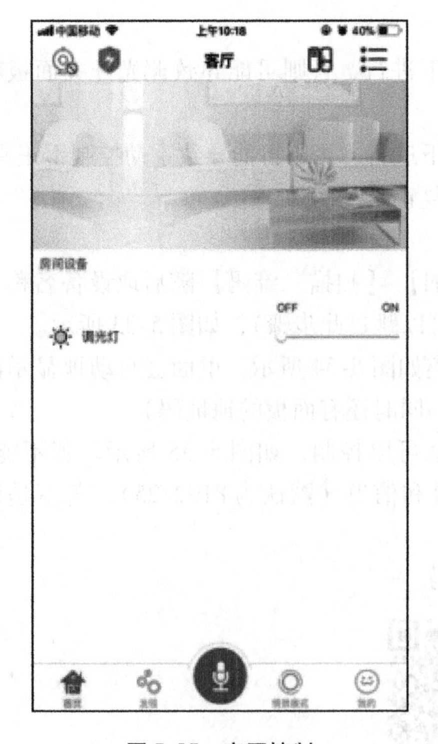

图 5-35　客厅控制

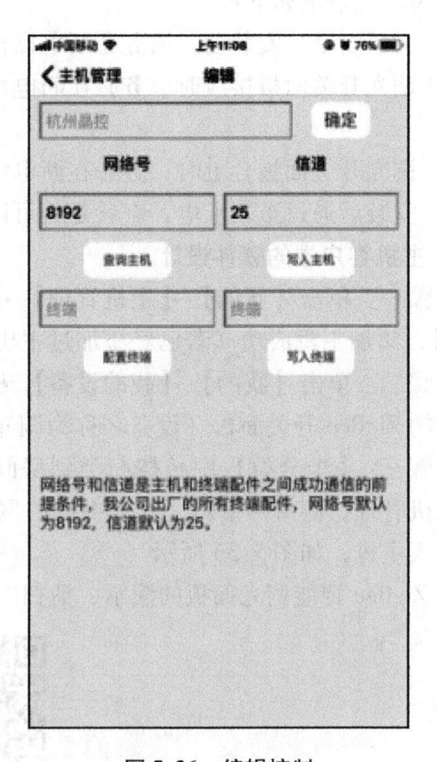

图 5-36　编辑控制

5.6　ZigBee 零相无线开关面板的软件设计与硬件配置

86 型 ZigBee 零相无线开关面板用于家庭常用灯具的开关，与普通智能开关面板相比，它无需对码学习，简单易用；与主机配合，能远程实时地查看并控制家中灯光的开关情况，是未来开关面板的主流。开关面板接线方式为零相接线，有 1 键、2 键、3 键灯光开关面板可供选择，如图 5-37 所示。外观颜色分为白色和香槟色。

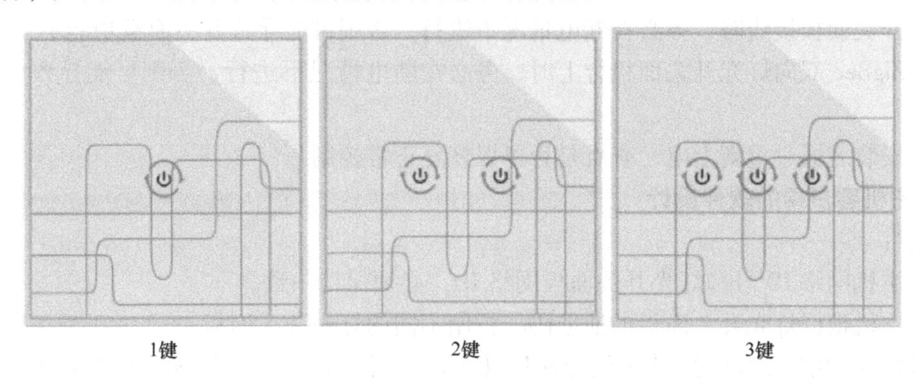

图 5-37　3 路灯光开关面板

1. 规格参数

产品尺寸：86mm×86mm×30mm　标准 86 型；
产品颜色：白色/香槟色；
工作电压：AC100～260V、50Hz/60Hz；
工作温度：0～40℃；
控制方式：触摸、遥控；
控制频率：2.4GHz；
负载功率：<1000W（白炽灯类型）、<300W（节能灯、日光灯、LED 灯等）；
接线方式：零、相接线。

2. 安装说明

步骤一：安装前，使用一字旋具，撬开 ZigBee 灯光双向开关面板，安装图如图 5-38 所示。

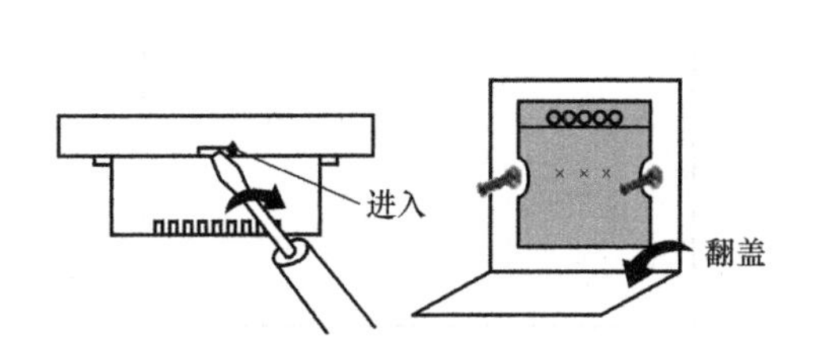

图 5-38　安装图

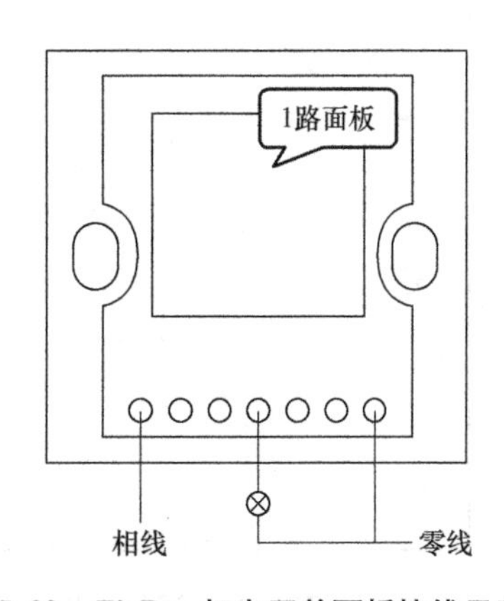

图 5-39　ZigBee 灯光开关面板接线示意图

步骤二：参考图 5-39 灯光开关面板接线示意图，在断电情况下，将原灯具的接线接入开关面板对应的接口处。

步骤三：使用开关面板配备的螺钉或用户螺钉，将后盒安装到暗盒内。

步骤四：在断电情况下，合上 ZigBee 双向灯光开关面板。

步骤五：上电，用手触摸开关面板上控制按钮，查看是否可以正常控制。

安装注意事项如下：

1）为了安全，安装前，请务必断电操作。

2）开关面板接线时，务必在断电情况下进行，否则可能导致开关面板功能不正常。

3）ZigBee 双向灯光开关面板合上时，务必在断电情况下进行，否则可能导致手动控制不正常。

4）安装后通过重新上电，查看是否可以恢复正常控制。

3. 主机客户端的软件设计

注意：

1）主机网络 ID 号和灯光开关面板网络 ID，必须保持一致。

2）主机根据灯光开关面板的地址码，控制不同的灯光开关面板。

步骤一：单击【我的】→【主机管理】→【添加】→【扫描二维码】随后取设备名称，单击【添加】，添加主机成功（若已经添加过主机，可以跳过此步骤），如图 5-40 所示。

步骤二：单击【我的】→【我的设备】【未分类】如图 5-41，里面会自动地显示已经组网成功的 ZigBee 开关面板（设备名称为双向灯，同时还有面板的地址码）。

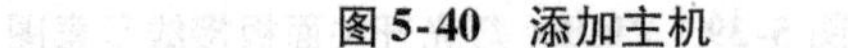

图 5-40 添加主机

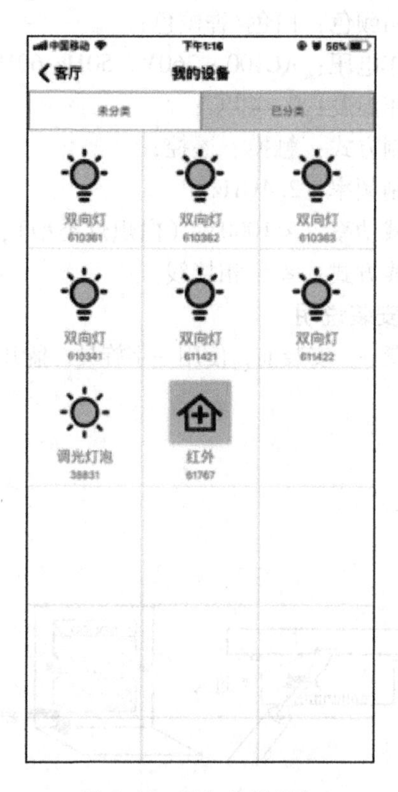

图 5-41 添加我的设备

步骤三：在【未分类】中长按归类到房间后就可以控制，如图 5-42 所示。若不能控制，请到主机管理，侧滑→编辑/修改，查询主机的网络号和信道（默认为 8192/25），若不是请改正后，写入主机，如图 5-43 所示。

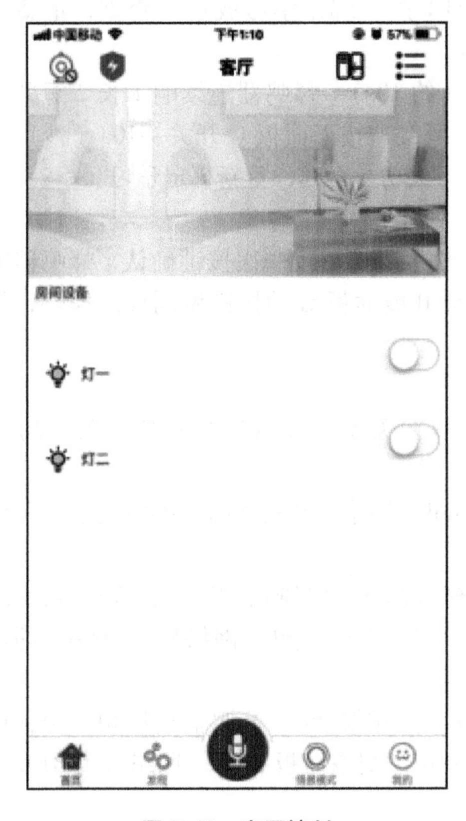

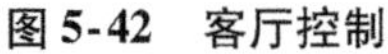
图 5-42　客厅控制

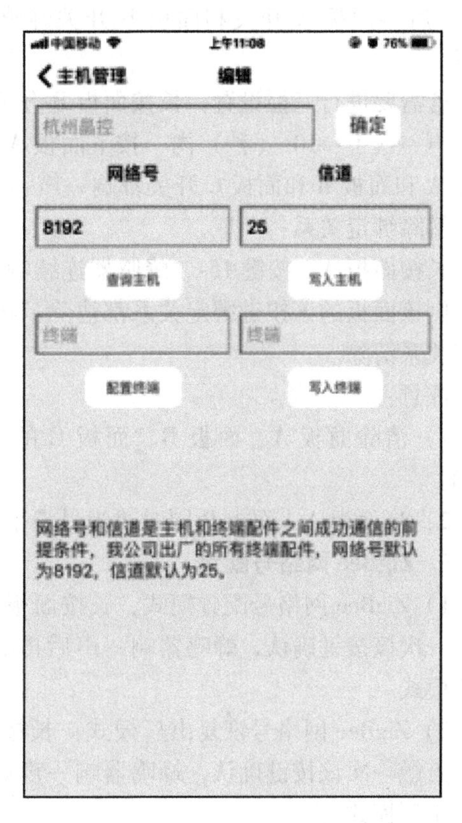

图 5-43　编辑设计

4. 双控功能实现

步骤一：如图 5-44 所示，面板 B 开关接灯，面板 A 开关只接供电电线不接电灯；当手机 APP 里添加对应的房间时，添加面板 B 开关，面板 A 开关仍留在未分类。

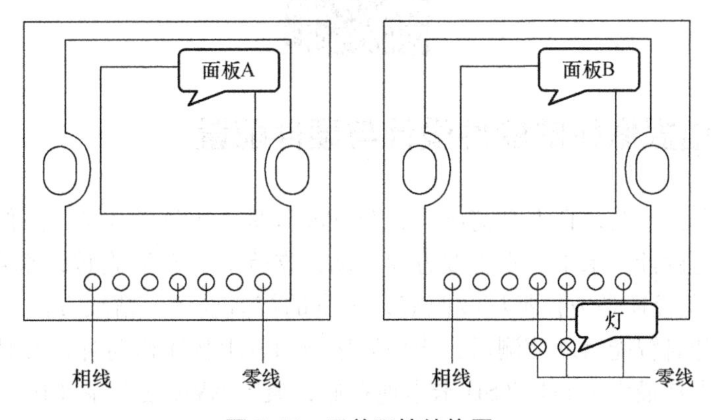

图 5-44　开关双控结构图

步骤二：双控功能绑定：面板 A 开关供电不接灯→面板 B 开关供电接灯→长按面板 B 开关按键（约 10s）→蜂鸣器连续响 1 长 2 短，共 2 次蜂鸣声→松手→面板 A 开关蜂鸣器响 1 声→进入绑定学习模式［学习时间只有 10s（秒）］→马上按下面板 A 开关对应的按键→10s（秒）后→面板 A 开关和面板 B 开关蜂鸣器都响 1 声→绑定学习成功→否则，重新绑定学习。

若需要进行三控设置：长按面板 B 开关按键（约 10s）→蜂鸣器连续响 1 长 2 短共 2 次蜂鸣声→松手→10s（秒）内→按下面板 A 开关→紧接着按下面板 C 开关→10s（秒）后→面板 A 和面板 B 和面板 C 开关都响一声→绑定学习成功→否则，重新绑定学习。

解除绑定关系：

长按面板 A，按键 15s，蜂鸣器连续响 3 声；松手后再点按一次按键确认，蜂鸣器响一声，则该面板的该按键绑定关系都清除。再对面板 B 或面板 C 的按键做同样的操作，相互绑定关系清除。

注意：

1）清除面板 A、面板 B、面板 C 的任一路双控关系，其他几路的绑定关系均不受影响。

2）当面板 A、面板 B 同时改为另一个相同 ZigBee 网络号和信道时，绑定关系仍存在。

5. ZigBee 网络号配置

1）ZigBee 网络号配置模式：长按面板任一路按键 20s 至蜂鸣器连续响 5 声；松手后再点触一次该按键确认，蜂鸣器响一声后再响一声，则该面板 ZigBee 网络号为 4096，即进入配置模式。

2）ZigBee 网络号恢复出厂模式：长按面板任一路按键 25s，蜂鸣器连续响 6 声；松手后再点触一次该按键确认，蜂鸣器响一声后再响一声，则该面板 ZigBee 网络号为 8192，已恢复出厂模式。

看 ZigBee 零、相无线开关面板的演示，请扫二维码。

5.7 IP 网络摄像头的软件设计与硬件配置

室内高清云台摄像头，百万高清画质，720Pin 分辨率，色彩真实，图像细腻，支持 4 倍数字变焦；双马达设计，水平、垂直双方向转动，支持水平 355°旋转，垂直向上 90°、向下 10°转动，无论天花板还是地板都尽收眼底，丰富的接口设计，精致方便。具备两种防护模式，随意切换，开启智能活动侦测后，当侦测区域内发生物体移动时，实时推送报警消息并及时抓取图像；支持最大 128G 的 SD 卡本地存储，兼容 NVR 硬盘录像机，存储方便、快捷存录和回放，如图 5-45 所示。

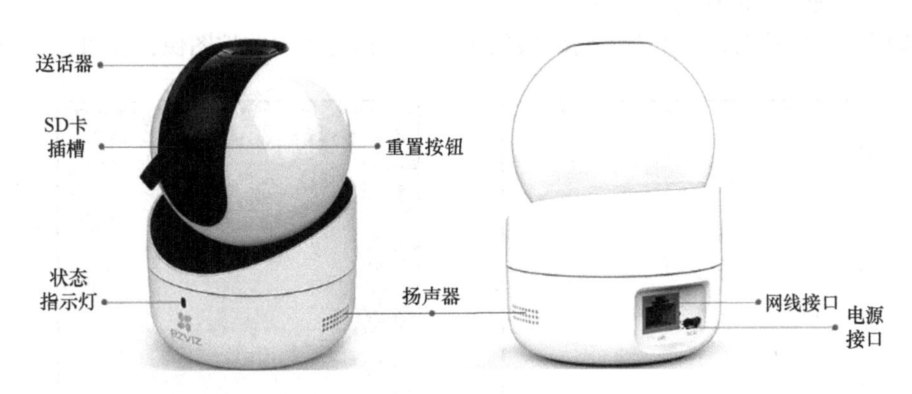

图 5-45　网络摄像头

主机客户端的软件设计：

步骤一：首先在萤石云上注册一个账号，然后用同一手机号注册“易家智联”APP，并登陆。

步骤二：单击【我的】→【主机管理】→【添加】→【扫描二维码】随后取设备名称，单击【添加】，添加主机成功（若已经添加过主机，可以跳过此步骤），如图 5-46 所示。

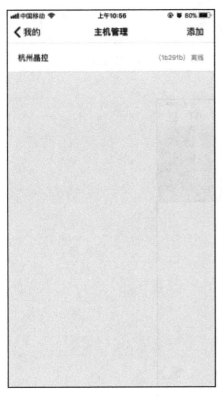

图 5-46　添加主机

图 5-47　分类

步骤三：单击【我的】→【我的设备】→【已分类】→【添加设备】→【摄像头】→【萤石摄像头】如图 5-47、图 5-48 所示；单击相应摄像头输入摄像头底部验证码（注意大写），如

图 5-49所示，即可添加成功。

步骤四：返回首页，单击左上角的摄像头图标，即可查看监控图像，如图 5-50 所示。

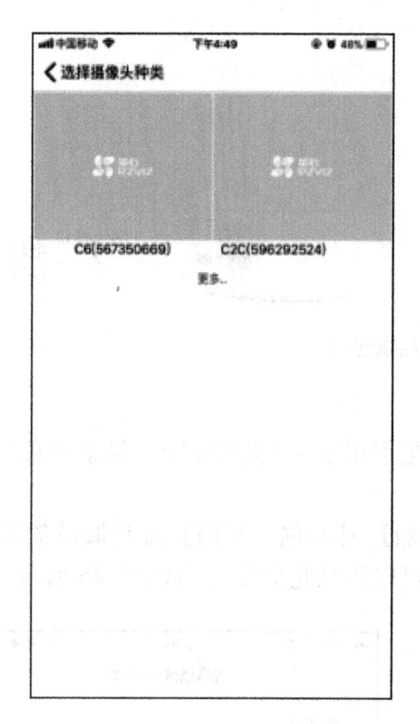

图 5-48　型号

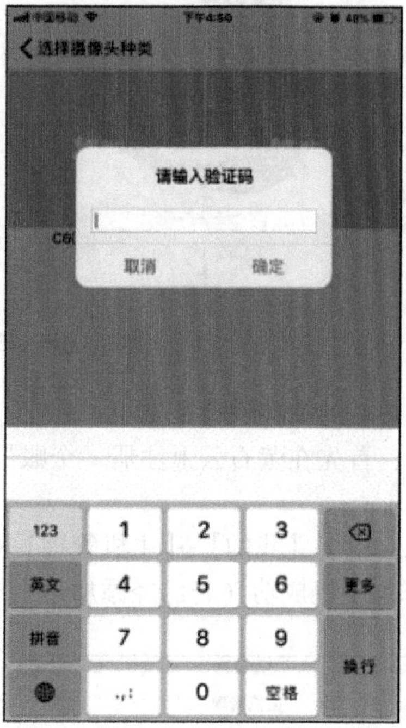

图 5-49　验证码

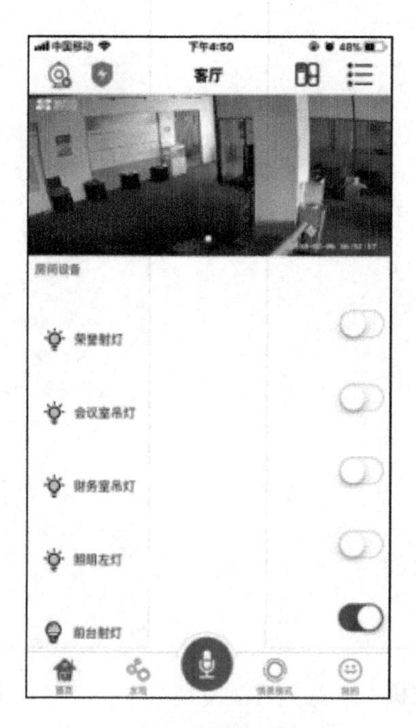

图 5-50　监控图像

看 IP 网络摄像头的演示，请扫二维码。

5.8　安防报警传感器的软件设计与硬件配置

5.8.1　ZigBee 无线人体红外探测器的软件设计与硬件配置

智能家居安防系统是由智能家居主机和安防报警系列传感器组成，其中安防报警系列传感器分为门磁、幕帘、燃气探测器、烟雾传感器、人体红外探测器和漏水传感器等。

图 5-51　ZigBee 无线人体红外探测器

图 5-51 为高稳定性被动红外探测器，它使用了先进的信号分析处理技术，拥有超高的探测和防误报性能。在主机设防状态下若有入侵者通过探测区域时，探测器将自动探测区域内的人体活动，如有动态移动现象，则向主机发送报警信号，实现远程报警等功能。该设备应用广泛，适用于家庭住宅区、楼盘别墅、厂房商场、仓库、写字楼等场所的安全防范。

1. ZigBee 无线人体红外探测器规格参数

工作温度：－10～50℃；

产品尺寸：65mm×65mm×28.5mm；

工作电压：DC 3V（一颗 CR123A 电池）；

待机电流：≤15μA；

报警电流：≤30mA；

联网方式：ZigBee 自组网；

探测角度：90°；

安装高度：2.1m；

探测距离：6～8m。

2. 主机客户端的软件设计

步骤一：添加主机，单击【我的】→【主机管理】→【添加】→【扫描二维码】随后取设备名称，单击【添加】，添加主机成功（若已经添加过主机，可以跳过此步骤），如图 5-52 所示。

图 5-52　添加主机

步骤二：单击【我的】→【我的设置】→【安防设置】如图 5-53 所示；单击右上角的【+】，输入设备名称（自定义），选择 ZigBee 传感器，选择要关联的情景模式

(可选项)，输入推送内容（自定义报警输出推送的内容），单击保存，如图 5-54。注意：多个主机时选择相对应楼层的主机。

●●●●○ 中国移动 14:39 30%
我的 我的设置
安全中心
安防设置
情景面板
意见反馈
清除缓存
授权解绑
功能说明
关于我们

图 5-53 我的设置

图 5-54 添加设备

步骤三：添加完成后，返回安防设置界面，有三组撤布防时间可以设置，如果用户想 24h 布防，可以选择其中一组如图 5-55 表示 24h 布防有效。学习设置如图 5-56 所示。

步骤四：第一次使用人体红外传感器，应先做退网操作，再做重新入网操作，具体操作步骤如下：

1）使用传感器自带的顶针，长按机身边上的“设备组网键”8s，如图 5-57 所示，学习设置如图 5-58 所示。可以看到机身上有个红灯会微弱地闪烁一下，表示退网成功。

2）退网后，将传感器拿至其他已经受控的 ZigBee 配件边上（比如开关面板），用顶针轻轻地按一下【设备组网键】，可以看到黄灯开始闪烁，表示设备开始重新组网，组网成功时黄灯熄灭。此时，人体红外每次被触发时（红灯会亮），就会触发推送报警信号，联动对应的情景模式。

3）如果触发时，没有联动情景模式也没有推送，请重复 1 和 2 的步骤（确保主机在线才可以操作）。

看 ZigBee 无线人体红外探头的演示，请扫二维码。

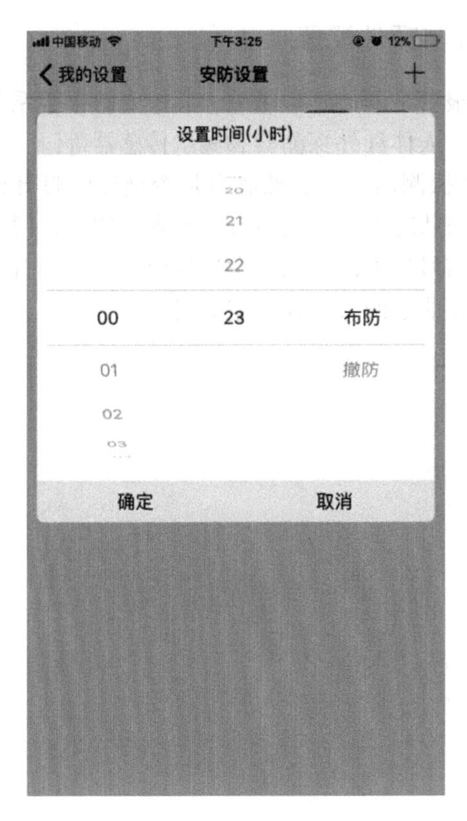

图 5-55　时间设置

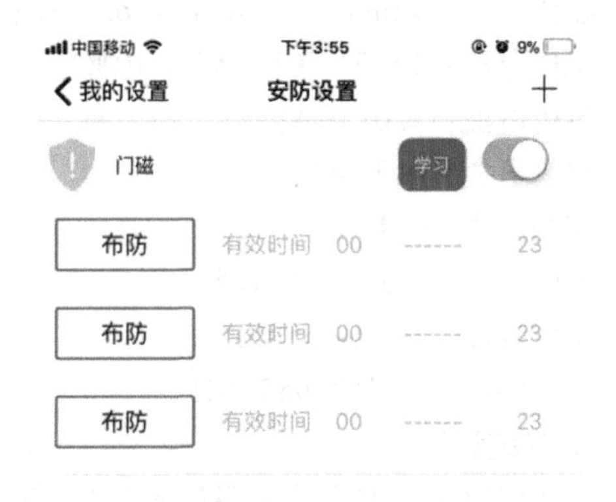

图 5-56　学习设置一

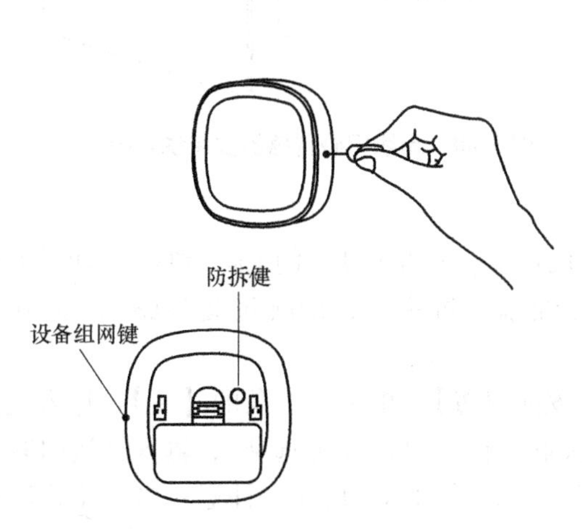

图 5-57　设备组网键

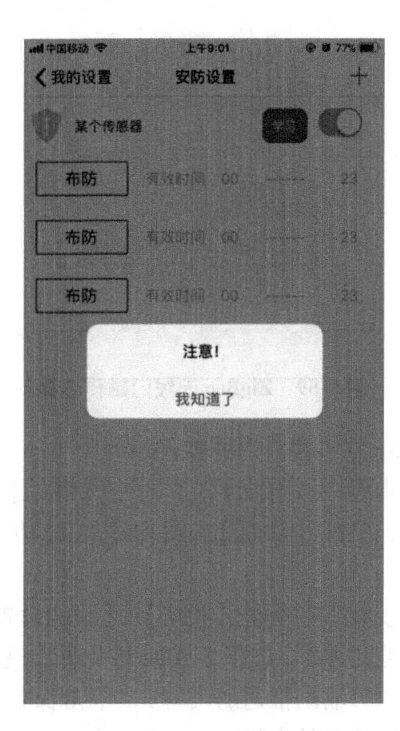

图 5-58　学习设置二

5.8.2 ZigBee 无线门磁传感器的软件设计与硬件配置

智能家居安防系统是由智能家居主机和安防报警系列传感器组成。其中安防报警系列传感器分为门磁、幕帘、燃气探测器、烟雾探测器、人体红外探测器和漏水传感器等。

ZigBee 无线门磁传感器（见图 5-59）是用来探测门、窗、抽屉等是否被非法打开或移动。无线门磁传感器自带无线发射器，当主机设防状态下门或窗被打开或者关闭时，门磁传感器将主动发送无线信号给主机，主机收到报警信号后可以联动触发情景模式，比如打开声光报警器等同时会将警情推送通知户主，从而防止非法闯入，捍卫家庭安全。

1. 无线门磁传感器规格参数

探测器尺寸：76mm×36.6mm×16.5mm；

磁体尺寸：76mm×13.9mm×16.5mm；

工作电压：DC 3V（2×AAA 电池）；

待机电流：≤0.5μA；

报警电流：≤35mA；

探测距离：>15mm；

联网方式：ZigBee 自组网；

工作温度：-10～55℃；

工作湿度：最大为 95% RH。

2. 安装说明

无线门磁传感器安装说明如图 5-60 所示。

图 5-59 ZigBee 无线门磁传感器

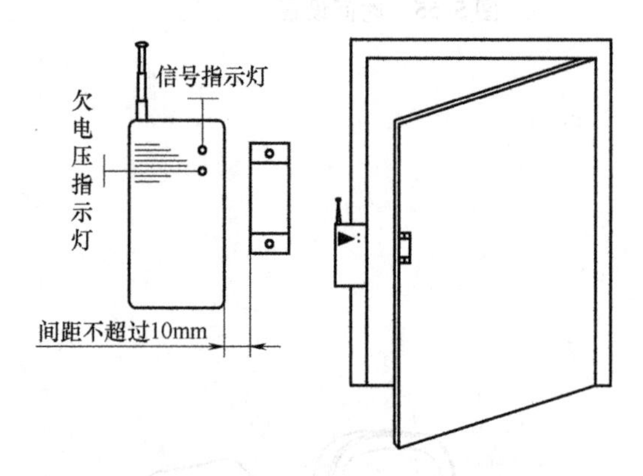

图 5-60 无线门磁传感器安装说明图

3. 主机客户端的软件设计

步骤一：添加主机，单击【我的】→【主机管理】→【添加】→【扫描二维码】随后取设备名称，单击【添加】，添加主机成功（若已经添加过主机，请跳过此步骤），如图 5-61 所示。

步骤二：单击【我的】→【我的设置】→【安防设置】；单击右上角的【+】，输入设备名称（自定义），选择 ZigBee 传感器，选择要关联的情景模式（可选项），输入推送内容（自定义报警输出推送的内容），单击保存，如图 5-62、图 5-63 所示。注意：多个主机时选择相对应楼层的主机。

图 5-61　添加主机

图 5-62　我的设置

步骤三：添加完成后，返回安防设置页面，有三组撤布防的时间可以设置，如果用户想 24h 布防，可以选择其中一组，图 5-64 表示 24h 布防有效。学习设置如图 5-65 所示。

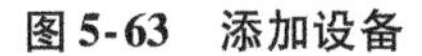

图 5-63　添加设备

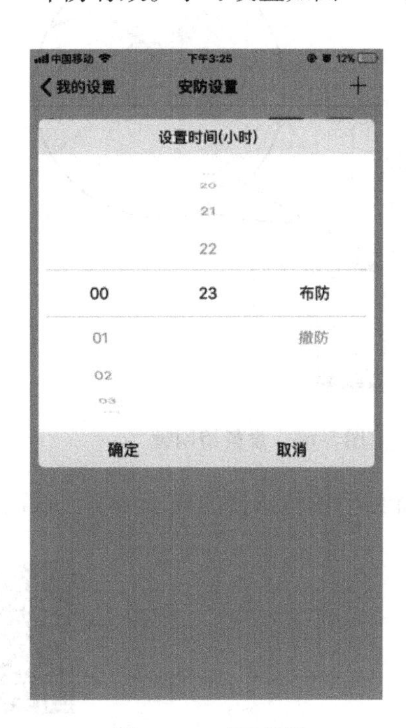

图 5-64　时间设置

步骤四：第一次使用传感器，先做退网操作，再做重新入网操作，具体操作步骤如下：

1）使用传感器自带的顶针，长按机身边上的“设备组网键”8s（见图5-66），可以看到机身上红灯会微弱地闪烁一下，表示退网成功。

2）退网后，将传感器拿至其他已经受控的ZigBee配件边上（比如开关面板），用顶针轻轻地按一下【设备组网键】，可以看到黄灯开始闪烁，表示设备开始重新组网，组网成功时，黄灯熄灭。此时，门磁每次被分开时，就会触发推送报警信号，联动对应的情景模式。

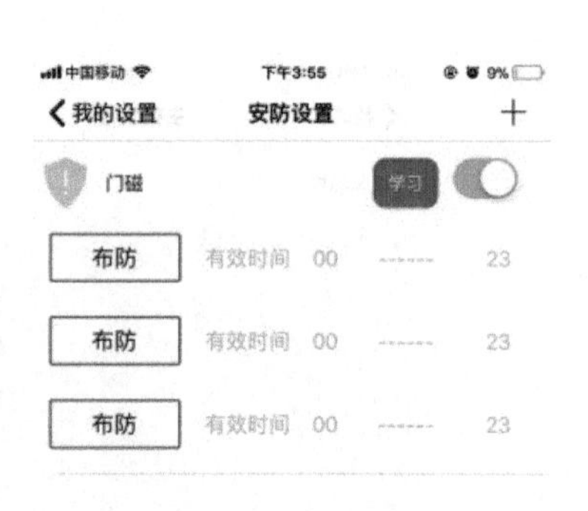

图5-65 学习设置

3）如果触发时，没有联动情景模式也没有推送，请重复1和2的步骤（确保主机在线时才可以操作）。安防设置如图5-67所示。

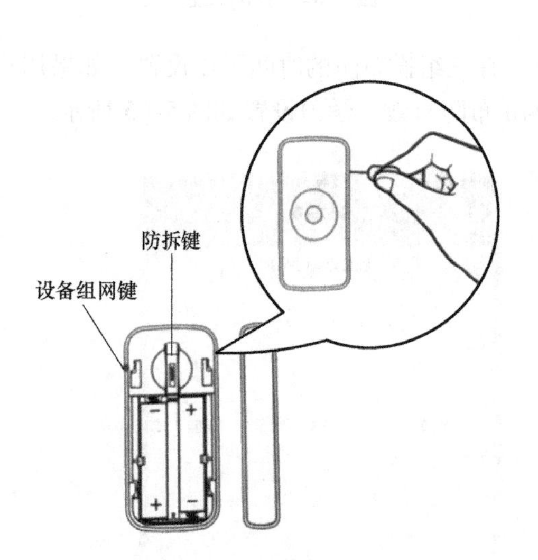

图5-66 设备组网键

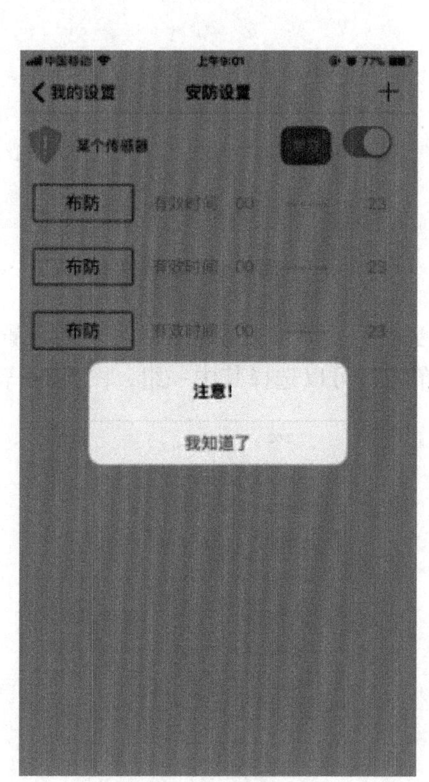

图5-67 安防设置

ZigBee无线门磁传感器的演示请扫二维码。

5.8.3　ZigBee 无线烟雾传感器的软件设计与硬件配置

智能家居安防系统是由智能家居主机和安防报警系列传感器组成，其中安防报警系列传感器可分为门磁、幕帘、燃气探测器、烟雾传感器、人体红外探测器和漏水传感器等。

图 5-68 为 ZigBee 无线烟雾传感器，体积小巧、工作稳定可靠、性价比高，能对各类早期火灾发出的烟雾及时做出报警；产品内带无线发射模块，当它与我司智能主机配合使用时，除了进行本地声、光报警外，还能向主机发送报警信号，让用户通过手机，远程即可知晓家中险情并进行相应的处理，避免火灾事件的发生。

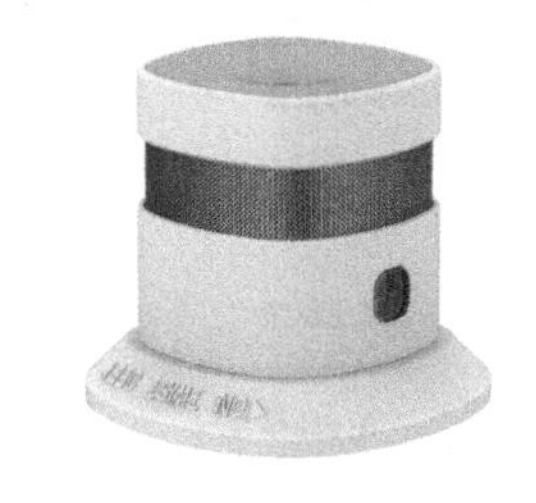

图 5-68　ZigBee 无线烟雾传感器

由于采用了独特的结构设计及光电信号处理技术，本产品具有防尘、防虫、抗外界光线干扰等功能，对缓慢阴燃或明燃产生的可见烟雾，有较好的反应，适用于住宅、商场、宾馆、饭店、办公楼、教学楼、银行、图书馆、计算机房以及仓库等室内环境的烟雾监测。

1. ZigBee 无线烟雾传感器规格参数

工作温度：$-10 \sim 50$℃；

产品尺寸：60mm×60mm×49.2mm；

工作电压：DC 3V（一颗 CR123A 电池）；

待机电流：≤10μA；

报警电流：≤60mA；

联网方式：ZigBee 自组网；

报警声压：85dB/3m。

2. 主机客户端的软件设计

步骤一：添加主机，单击【我的】→【主机管理】→【添加】→【扫描二维码】随后取设备名称，单击【添加】，添加主机成功（若已经添加过主机，请跳过此步骤），如图 5-69 所示。

步骤二：单击【我的】→【我的设置】→【安防设置】，如图 5-70 所示；单击右上角的【＋】，输入设备名称（自定义），选择 ZigBee 传感器，选择要关联的情景模式（可选项），输入推送内容（自定义报警输出推送的内容），地址码见设备机身标签，单击保存如图 5-71 所示。注意：多个主机时，选择相对应楼层的主机。

步骤三：添加完成后，返回安防设置页面，有三组撤布防的时间可以设置，如果用户想 24h 布防，可以选择其中一组如图 5-72、图 5-73 所示；表示 24h 布防有效。

图 5-69　添加主机

图 5-70 我的设置

图 5-71 添加设备

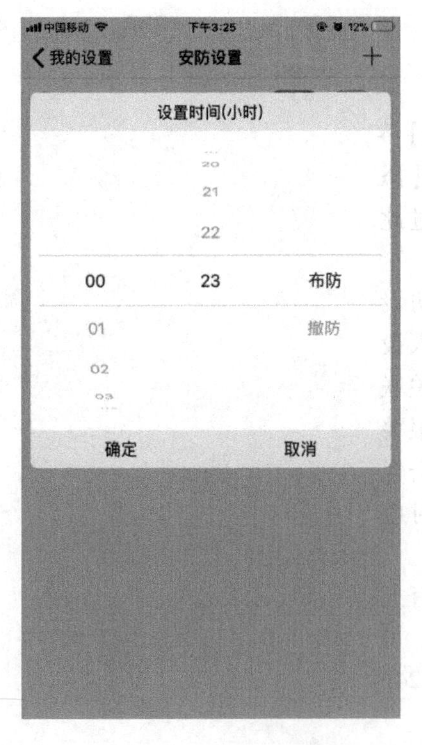

图 5-72 安防时间设置

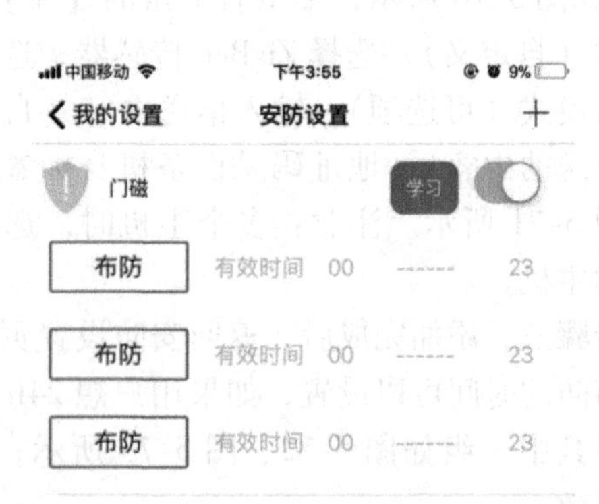

图 5-73 学习设置

步骤四：第一次使用人体红外传感器，先做退网操作，再做重新入网操作，具体操作步骤如下：

1）使用传感器自带的顶针，长按机身边上的“设备组网键”8s（见图5-74），可以看到机身上有个红灯会微弱地闪烁一下，表示退网成功。

2）退网后，将传感器拿至其他已经受控的ZigBee配件边上（如开关面板），用顶针轻轻地按一下“设备组网键”，可以看到黄灯会开始闪烁，表示设备开始重新组网，组网成功时，黄灯熄灭。此时，烟雾传感器每次被触发时（蜂鸣器会叫），就会触发推送报警信号，联动对应的情景模式。

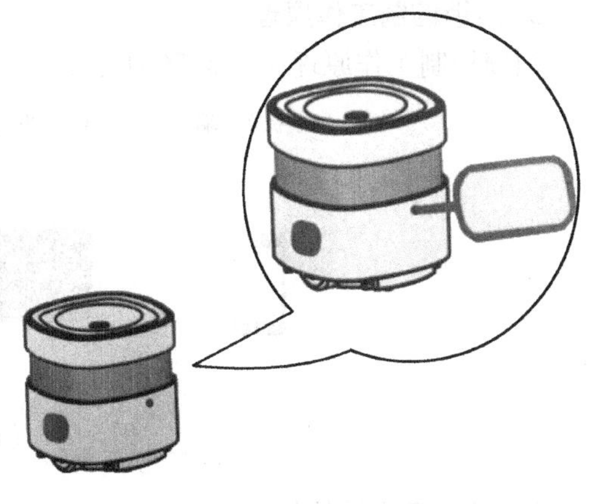

图5-74　设备组网键

3）如果触发时，没有联动情景模式也没有推送，请重复步骤一、步骤二（另外确保主机在线才可以操作）。

ZigBee无线烟雾传感器的项目演示请扫二维码。

5.9　智能门锁控制的软件设计与硬件配置

智能门锁是指区别于传统机械锁的基础上改进的，在用户安全性、识别、管理性方面更加智能和简便。智能门锁是门禁系统中锁门的执行部件，具有安全性和便利性，是先进技术的复合型锁具。磁卡、射频卡（非接触类，安全性较高，塑料材质，配置携带较方便，价格低廉）使用非机械钥匙作为用户识别ID的成熟技术，如：指纹锁、虹膜识别门禁（生物识别类，安全性高，不存在丢失损坏，但不方便配置，成本高）；TM卡（接触类，安全性很高，不锈钢材质，配置携带极为方便，价格较低）在以下场所应用较多，如银行和政府部门（注重安全性）以及酒店、学校宿舍、居民小区、别墅和宾馆（注重方便管理），如图5-75所示。

图5-75　智能门锁

1. 规格参数

动态电流：<220MA；

静态电流：<30μA；

工作湿度：20%～95%RH；

工作温度：-25～55℃。

指纹、密码、卡片、智能家居无线控制等多种开锁方式，安全的防盗报警措施，不工作时，可实现休眠状态，更换电池无需重登记。

2. 门锁控制工作原理

门锁控制工作原理如图 5-76 所示。

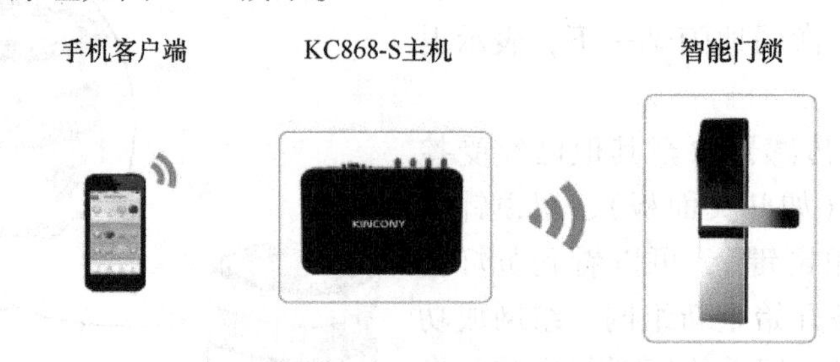

图 5-76　门锁控制工作原理

3. APP 客户端软件分析

（1）主机管理

单击【我的】→【主机管理】→单击【添加】，扫描主机二维码，添加主机（若已经添加过主机，请跳过此步骤），显示在线后，再添加设备，如图 5-77 所示。

（2）智能添加

登录 APP 客户端，单击【我的】→【我的设备】→【已分类】→【添加设备】→【射频设备】→种类（必选），选择“智能门锁”，其他参数默认，单击【保存】，名称自定义，图标自定义如图 5-78 ~ 图 5-82 所示。

图 5-77　添加主机管理

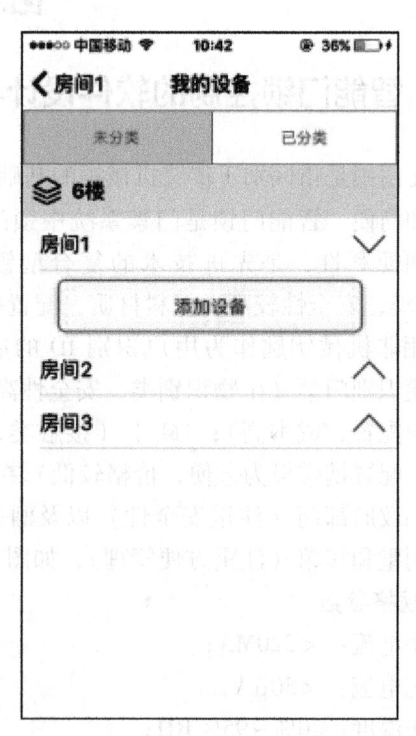

图 5-78　添加设备

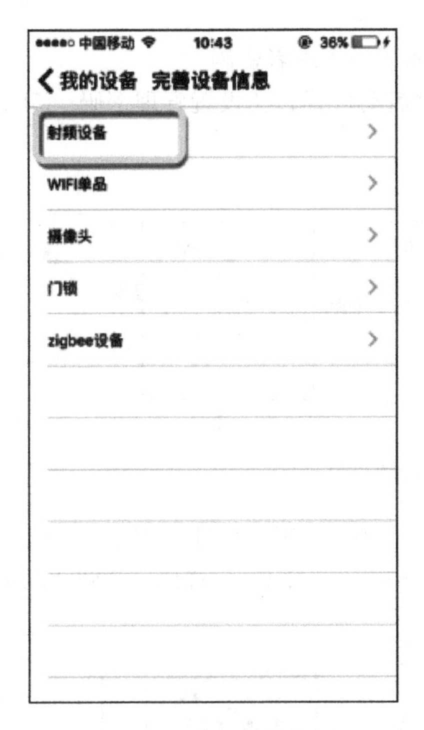

图 5-79　选择射频设备

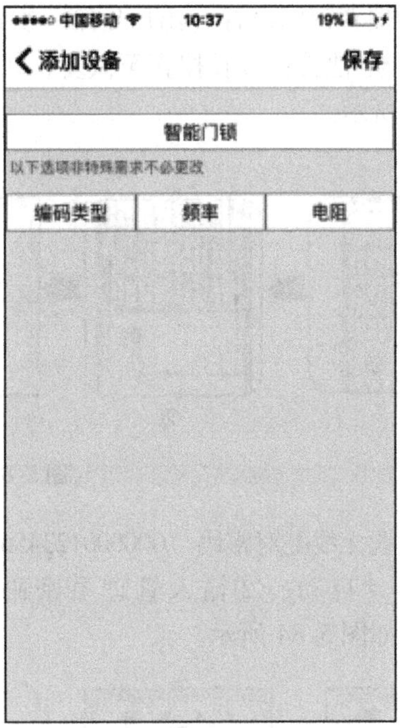

图 5-80　射频设备—智能门锁

（3）智能门锁配对方法

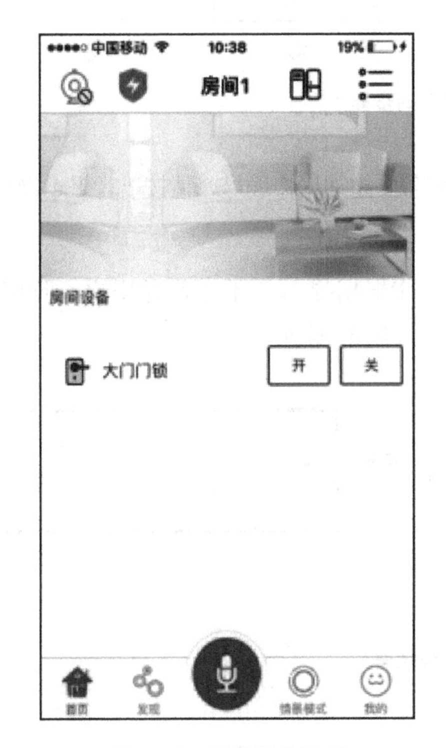

图 5-81　门锁创建完成

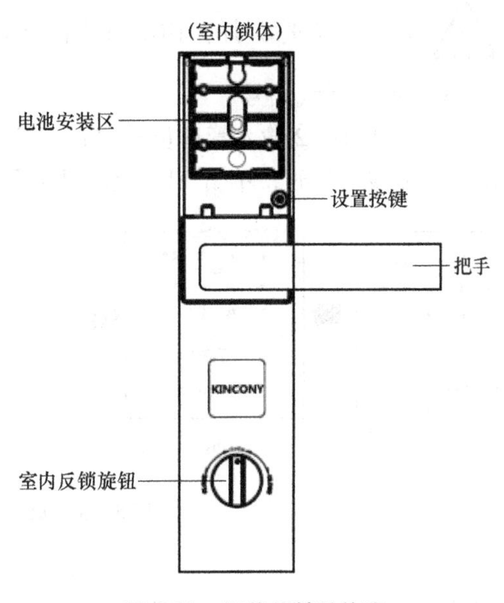

图 5-82　智能门锁结构图

配对过程：

1）管理者密码设置（出厂后第一次设置的密码为管理者密码）：

①打开电池盖；②长按直至恢复；③按 ＊ #启动设置；④设置管理密码；⑤按# 确认，如图 5-83 所示。

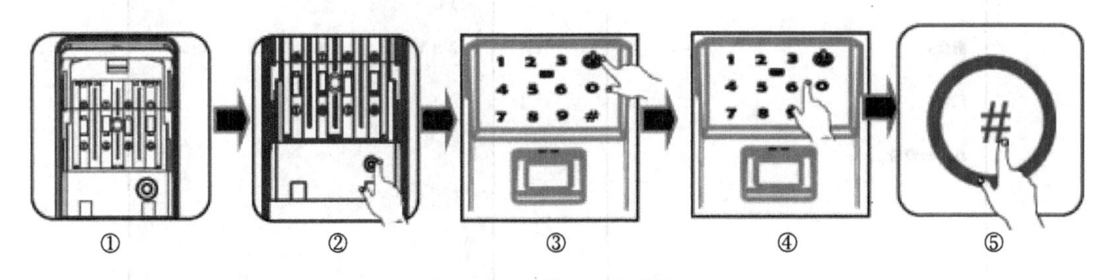

图 5-83　密码设置步骤

2）设置无线配对密码“00000012345678”（此密码不能用于开门，只用于无线信号对码）：

①按＊#启动；②输入管理员密码；③按#确认；④输入密码“00000012345678”；⑤按#确认如图 5-84 所示。

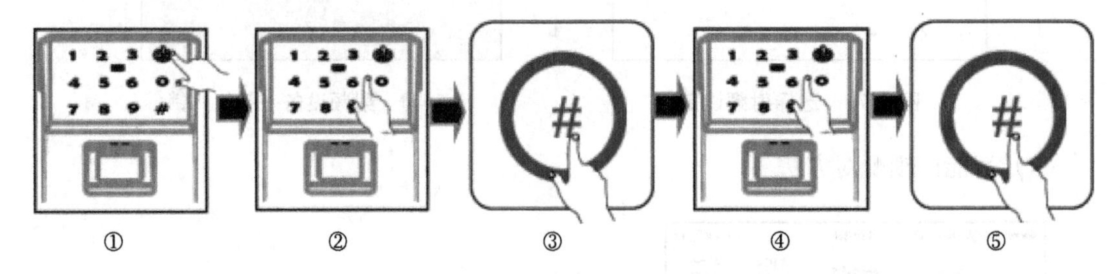

图 5-84　设置无线配对密码步骤

注意：个别型号的门锁，在操作第 4 步之前需要添加用户编号，请按语音提示操作！

3）APP 配对无线信号

①按＊ #启动；②输入管理员密码；③按#确认；④根据提示音添加普通用户，听到提示要求输入无线信号时，单击 APP 上的【开】键，如图 5-85 所示。

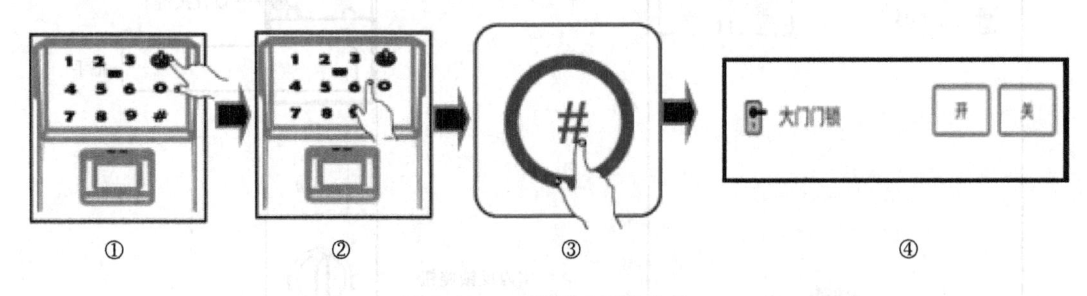

图 5-85　APP 配对无线信号

注意：个别型号的门锁，在操作第 4 步之前需要添加用户编号，请按语音提示操作！

观看智能门锁项目的演示请扫二维码。

5.10　电动开窗器的软件设计与硬件配置

图 5-86 为链式电动开窗器，可与窗帘面板和主机配合使用，实现家居窗户的智能自动控制和远距离无线控制；同时与主机配合还可联动设置多种情景模式，如家中出现紧急情况时（火灾、燃气泄漏等）将自动开启窗户排烟，帮您缓解险情。选用的产品材料符合国家消防标准的铝型材质，外形与通风排烟窗巧妙融合，具有使用方便、外形美观、安全智能等优势电动开窗器结构图如图 5-87 所示。

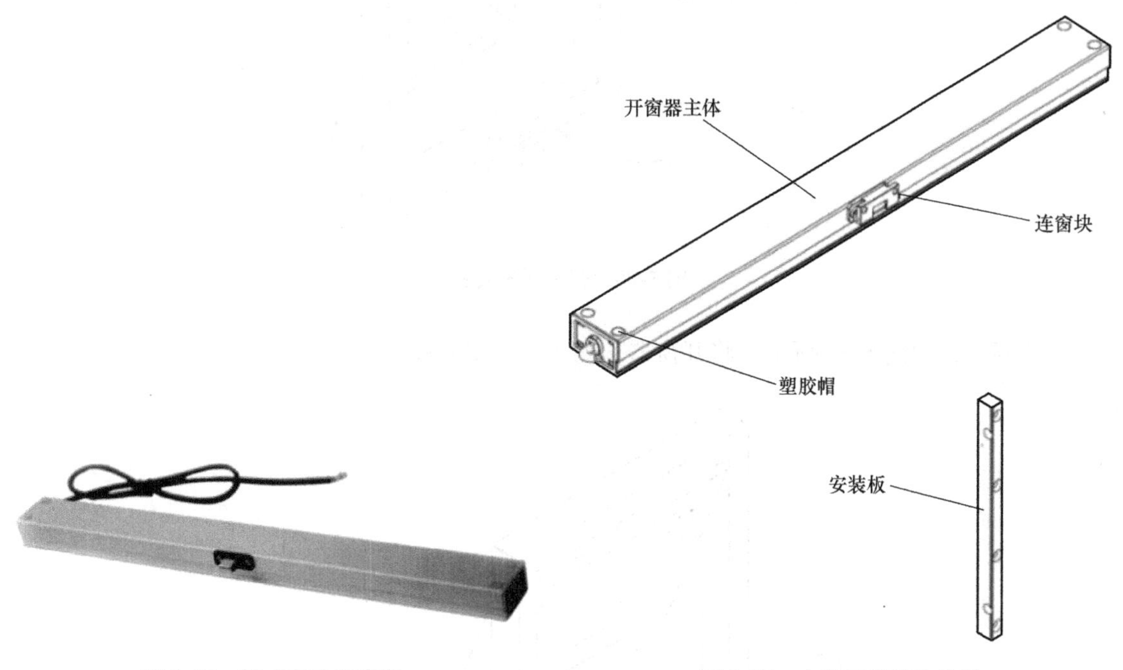

图 5-86　链式电动开窗器　　图 5-87　电动开窗器结构图

1. 规格参数

产品尺寸：530mm × 49mm × 29mm；
工作电压：AC 220V ± 10% ；
工作电流：1A；
保护等级：IP32；
行走速度：8mm/s；
行程距离：300mm；

工作温度：-15 ~70℃；

使用寿命：200000 次操作；

产品颜色：银色（单次 100 套以上，可按客户要求喷色）；

产品材质：铝合金；

供电方式：零、相线供电。

2. 安装步骤

步骤一：用 M4 ×20 的平头自攻螺钉（客户自配），将安装板固定在窗台上。然后将 M4 ×10 内六角螺栓装入安装板对应的孔内，如图 5-88 所示。

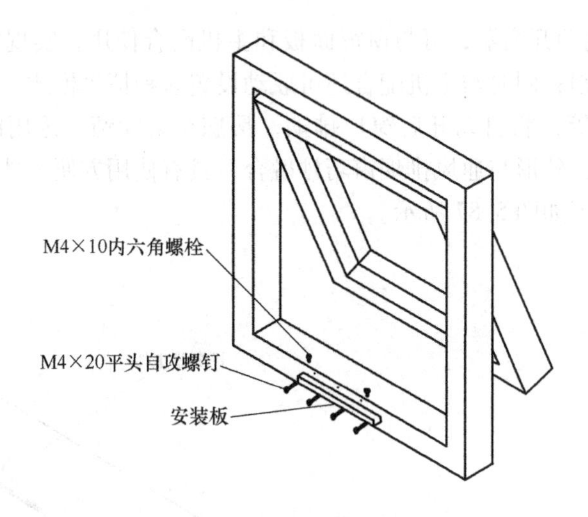

图 5-88　开窗器安装图一

步骤二：如图 5-89 所示，将开窗器从侧边卡入安装板上。

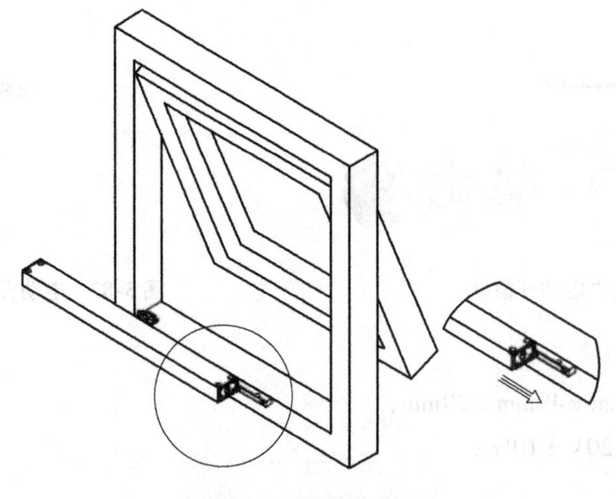

图 5-89　开窗器安装图二

步骤三：如图 5-90 所示，拧动 M4 ×10 内六角螺栓，固定开窗器不松动。

步骤四：开窗器控制面板连线如图 5-91 所示。

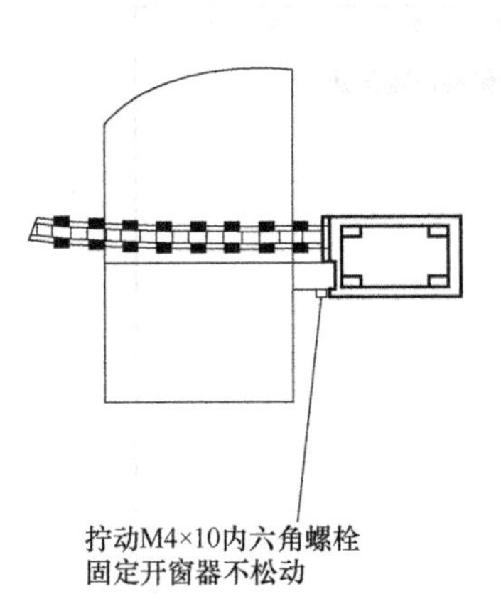

图5-90 开窗器安装图三

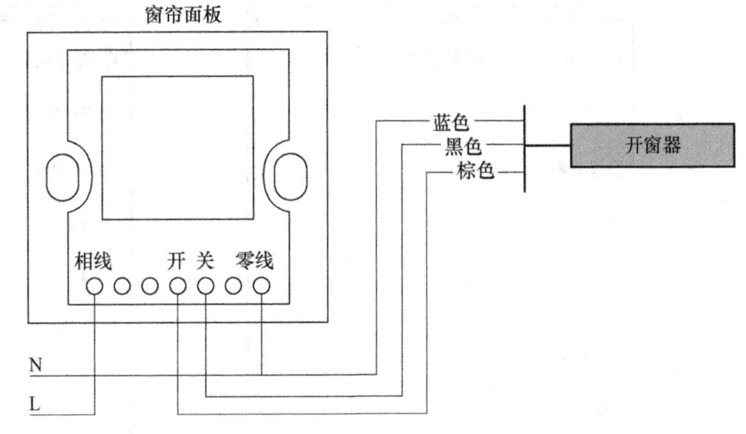

图5-91 开窗器控制面板连线图

开窗器棕色线为窗帘面板“开”接口。

开窗器黑色线为窗帘面板“关”接口。

开窗器蓝色线为窗帘面板“零线”接口。

开窗器绿色线为窗帘面板“相线”接口，如果没有就不接。

开窗器黄绿色线为保护地接线，如果没有可以不接。

3. APP客户端软件分析

(1) 主机管理

单击【我的】→【主机管理】→单击【添加】，扫描主机二维码，添加主机（若已经添加过主机，请跳过此步骤），显示在线后，再添加设备，如图5-92所示。

图5-92 添加主机管理

(2) 开窗器控制面板软件分析

登录APP客户端，单击【我的】→【我的设备】→【已分类】→【添加设备】→【射频设备】→种类（必选），选择“窗帘”，其他参数默认，单击【保存】，名称自定义，图标自定义如图5-93～图5-96所示。

(3) 开窗面板的配对学习方法［上电后30min（分钟）内要配对完成］

开窗面板如图5-97所示。

1) 开窗学习：按住窗帘面板“Open”键，当对码指示灯连续闪烁1次后松手，5s（秒）内单击APP上的“开”键，若对码指示灯继续闪烁1次，则表示信号学习成功。

2) 关窗学习：按住窗帘面板“Close”键，当对码指示灯连续闪烁1次后松手，5s（秒）内单击APP上的“关”键，若对码指示灯继续闪烁1次，则表示信号学习成功。

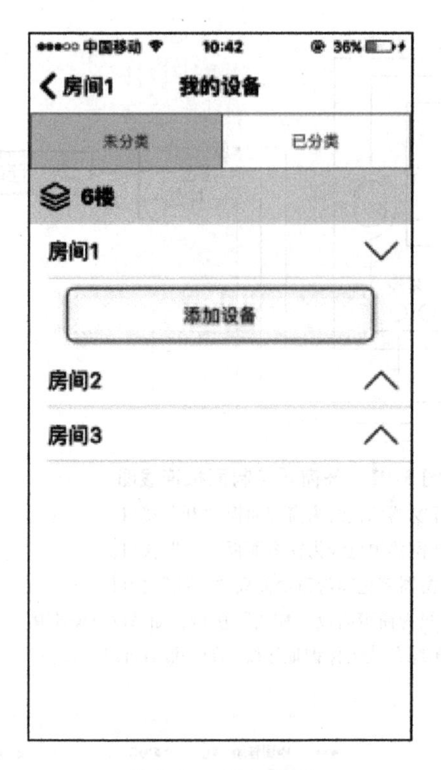

图 5-93　添加设备

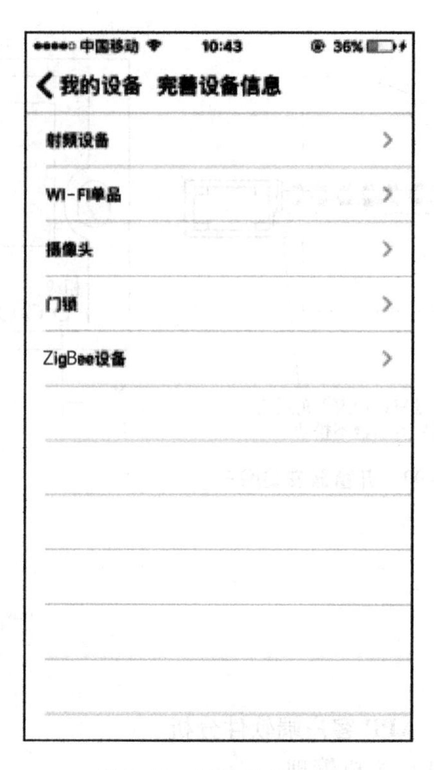

图 5-94　选择射频设备

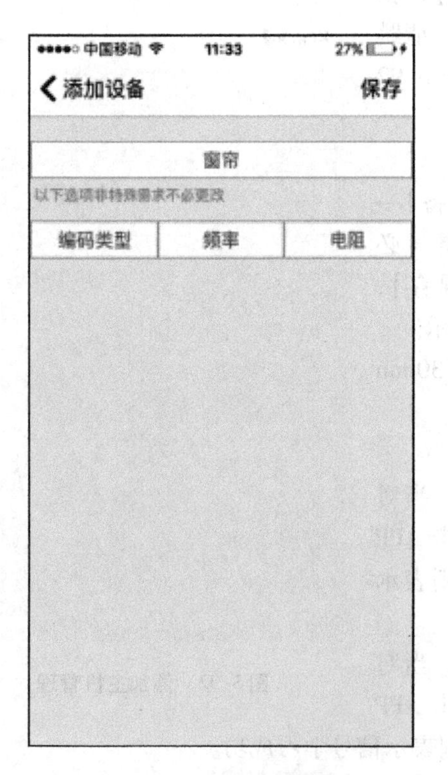

图 5-95　种类选择窗帘

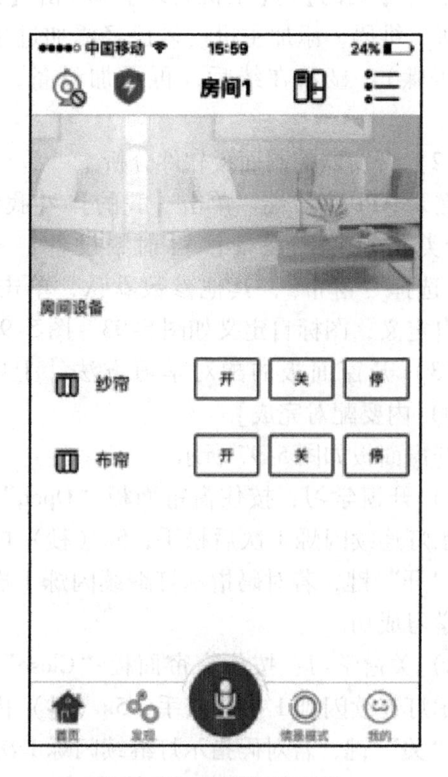

图 5-96　窗帘创建完成

3）停止学习：按住窗帘面板“Stop”键，当对码指示灯连续闪烁1次后松手，5s（秒）内单击APP上的“停”键，若对码指示灯继续闪烁1次，则表示信号学习成功。

4）清码：若面板的“开窗”“关窗”“停止”中任意一个按键不能对码，则需要对面板进行“清码”操作。步骤为面板上电，按住需要清空的面板按键→当面板左上角指示灯连续闪烁4次（或者5次）后松手→松手2s（秒）内，重新按住需要清空的面板按键，若对码指示灯继续闪烁4次，则代表此按键之前学习的信号已清除。

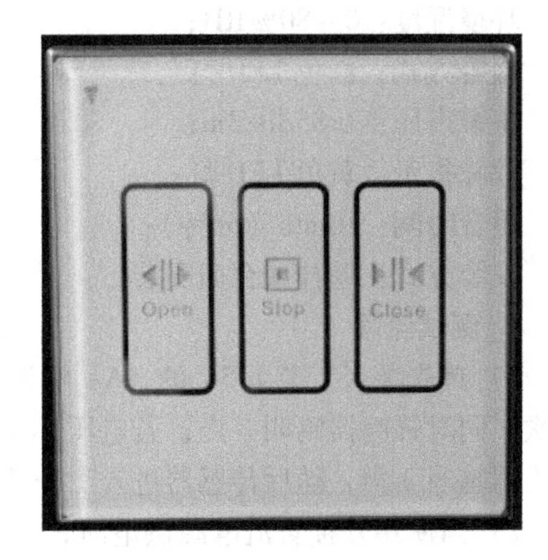

图5-97 开窗面板

5.11 无线漏水传感器

本设备是应用电极浸水阻值变化的原理进行积水探测，采用微控制单元（Microcontroller Unit，MCU）智能检测方式，实时地采集漏水信息，一旦发生漏水现象，将通过声音、短信、电话通知等命令通知相关人员；与智能家居主机配合，能同时触发联动相关保护动作，保证被测区域的用水安全。由于设备带有防锈设计的传感器，有着较高的精度与灵敏度，是一款集低功耗、稳定性、可靠性等优点于一身的产品。无线漏水传感器如图5-98所示。

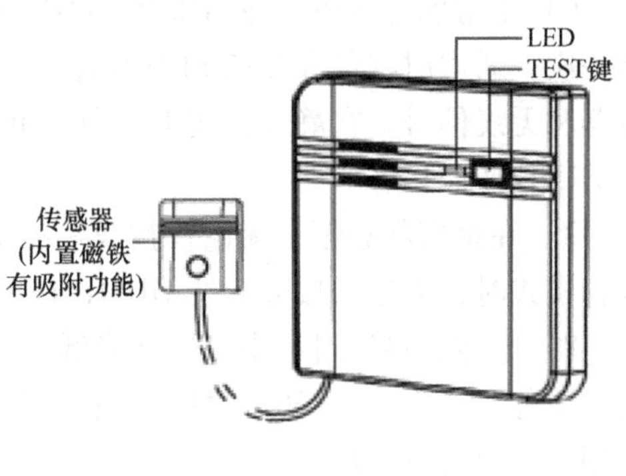

图5-98 无线漏水传感器

1. 规格和参数

产品型号：KC-SP-103；

产品尺寸：89mm×89mm×28mm；

产品类别：无线型；

工作电压：DC 3V（电池）；

工作温度：0~60℃；

环境湿度：0~80%RH；
报警方式：红色 LED 灯与蜂鸣器；
报警声压：≥85dB/3m；
故障指示：黄色 LED 灯；
静音时间：10min（分钟）；
安装方式：壁挂或台面安装。

2. 测试流程

1）首先装入 2 节 1.5V 的 AAA 电池，若电池电压大于 2.4V，通电时绿色 LED 灯闪烁一次，同时蜂鸣器鸣叫一声；若电压小于 2.4V，通电时则黄色 LED 灯快速闪烁 3 次，同时蜂鸣器鸣叫 3 声，随后传感器进入工作状态。

2）当使用外接直流电源供电时，绿色 LED 灯常亮；当使用电池供电时绿色 LED 灯将每隔 25s（秒）闪烁一次，表示供电正常。

3）为确保传感器完好，使用时应定期长按 HUSH/TEST 键［>2s（秒）］进行测试。2s（秒）后 LED 灯会红、绿交替快速闪烁，同时蜂鸣器随 LED 灯点亮而鸣叫并发出无线报警信号，则表示传感器性能良好。

4）当传感器探测到水后，传感器红色 LED 灯将快速闪烁，同时蜂鸣器发出“滴、滴”报警声，提醒用户有漏水或溢水现象。

5）报警时用户可以长按或短按 HUSH/TEST 键，将传感器设为静音模式，此时红色和绿色 LED 灯每隔 1s（秒）交替闪亮一次，蜂鸣器关闭，继电器和 RF 模块关闭；一般静音时间为 10min（分钟），10min 后传感器若仍探测到有水，将继续发出声光报警提醒用户。

6）正常状态也可短按 HUSH/TEST 键进入静音模式，此时绿色 LED 灯每隔 1s（秒）闪烁一次，遇水时红色和绿色 LED 灯每隔 1s 交替闪烁一次，而不输出其他信号：如声音、继电器和无线信号。在静音模式下，用户可以立即拖地板或洗刷水池，若想结束静音则再次短按 HUSH/TEST 键。

7）在报警状态下，无论长按或短按 HUSH/TEST 键都将进入静音模式；报警且被设为静音模式时，无论长按或短按 HUSH/TEST 键都将解除静音。

8）电池在使用过程中电压会降低，当电池电压低于 2.4V 时，传感器将出现低压指示，此时黄色 LED 灯每隔 50s（秒）左右闪烁一次，同时蜂鸣器随 LED 灯点亮而鸣叫一声，提示用户电池电量不足。

9）漏水或溢水情况得到妥善处理后，传感器将自动停止报警，恢复到正常工作状态。

指示结果与现象分析见表 5-3。

表 5-3 指示结果与现象分析

指示结果	现象分析
绿色 LED 灯慢速闪烁一下，同时蜂鸣器随之鸣叫 1 声	表示此时为电池（大于 2.4V）上电或者 DC 电源上电
黄色 LED 灯快速闪烁 3 次，同时蜂鸣器随之鸣叫 3 声	表示此时为电压（小于 2.4V）的电池上电
绿色 LED 灯常亮	表示为 DC 电源供电，供电正常
绿色 LED 灯每隔约 25s（秒）闪烁 1 次	表示电池供电，供电正常

（续）

指示结果	现象分析
红绿色 LED 灯每隔 1s 交替闪烁 1 次，同时蜂鸣器随 LED 灯点亮而鸣叫	测试现象，表示此时处于测试状态，松开按键即可退出
红色 LED 灯闪烁，同时蜂鸣器随着 LED 灯点亮而鸣叫	报警现象，表示此时传感器探测到有水或传感器触碰到其他导电物体
红绿色 LED 灯每隔 1s 闪烁一次，蜂鸣器不鸣叫	报警静音现象，表示在报警状态下且被静音，此时长/短按一下 HUSH/TEST 键可取消静音
绿色 LED 灯每隔 1s 闪烁一次，蜂鸣器不鸣叫	常态静音现象，表示在正常状态下且被静音，此时可短按一下 HUSH/TEST 键可取消静音
黄色 LED 灯每隔约 50s 闪烁一次，同时蜂鸣器随之鸣叫 1 声	电池低压现象，表示电池电压小于 2.4V，此时应及时更换电池

警情处理：

当发现因漏水或溢水引起报警时，应做如下处理；

1）请立即关闭水源阀门。

2）进行积水的排出和管道的检修，以避免因积水或漏水而造成的经济损失或水资源的浪费。

3. 安装流程

1）用螺丝钉将传感器底盘固定在墙面或台面上。

2）将无线漏水传感器主机挂扣在底盘上。

3）用螺钉将无线漏水传感器的探头固定在水易泄漏的区域，或者利用传感器的磁力吸附在需要探测是否漏水的地方。

安装注意事项：

1）将传感器安装在容易泄漏水的区域。

2）请勿将传感器安装在柜内等声音不易发出的地方。

3）请勿将传感器安装在有雨水、有油烟、水蒸气熏着的地方。

4）请勿将传感器安装在水已经浸没的地方。

其他注意事项：

1）当传感器探测到有水时，将探测区域的积水排出后，若传感器仍处于报警状态，则可能是传感器探头内部或表面有水残留，这时先用干毛巾将表面残留的水吸干，看传感器是否恢复正常；如果仍然处于报警状态，那么请将传感器探头取下，然后甩动几次，将内部残留的水甩出后，再用毛巾吸干探头表面的水，安装回原位即可。

2）为保障产品正常工作，在使用过程中如发现电池低压报警时，请及时更换电池。

3）传感器表面不应堆压其他物品，以免影响指示与发声。

4）为保证传感器能长期可靠工作，应定期对传感器进行长按键测试及表面的清洁维护。

5）请按说明书正确安装使用，如遇传感器故障请及时与我司售后服务联系，请勿私自拆卸修理。

4. 主机客户端的软件分析

（1）主机管理

单击【我的】→【主机管理】→单击【添加】，扫描主机二维码，添加主机（若已经添加过主机，请跳过此步骤），显示在线后，再添加设备，如图 5-99、图 5-100 所示。

图 5-99 添加主机管理　　　图 5-100 房间设备列表

（2）添加传感器

单击【我的】→【我的设置】→【安防设置】→单击【+】，输入设备名称，关联情景模式（可选），输入推送内容（报警输出推送内容，如图 5-105 所示），当多个主机时选择相对应的主机，单击保存如图 5-101 所示。

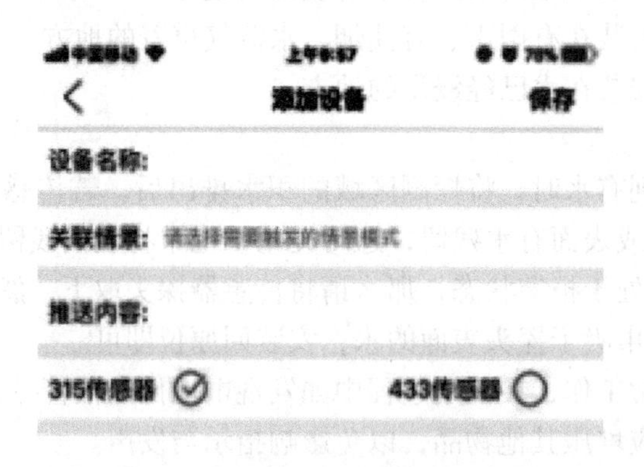

图 5-101 添加传感器

（3）学习触发传感器及联动报警

添加完成后，返回安防设置界面，有三组撤布防的时间可以设置，如果用户想 24h（小时）布防，可以选择其中一组如图 5-102 所示，单击学习按键如图 5-103 所示，主机上的蜂鸣器会“滴”一声，此时将漏水传感器的探头放到水中，如图 5-104 所示，当漏水传感器发出“滴滴滴”的响声时，表示传感器已经发出信号，主机接收信号后，主机的蜂鸣器会再叫一声，表示学习成功。再次触发漏水传感器时，会收到设置的推送内容，如图 5-105 所示，若绑定了情景模式也会执行相应的情景模式。

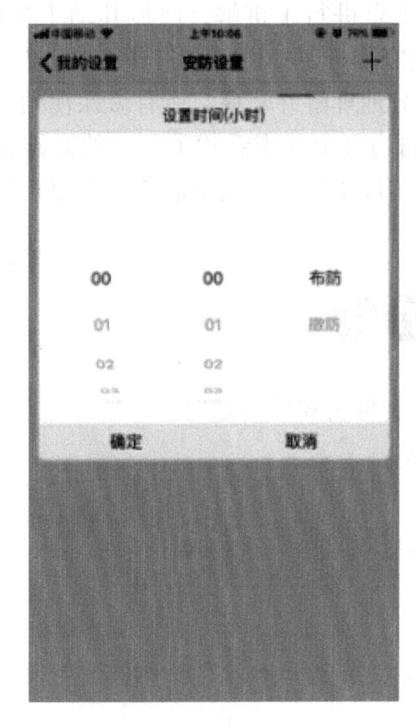

图 5-102　撤布防时间设置

图 5-103　传感器添加界面

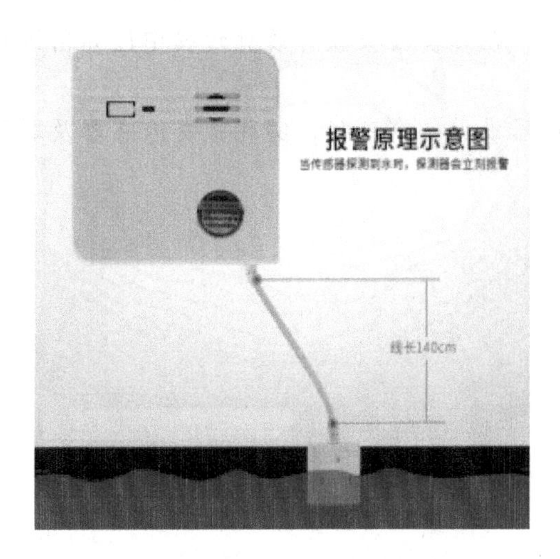

图 5-104　漏水传感器报警示意图

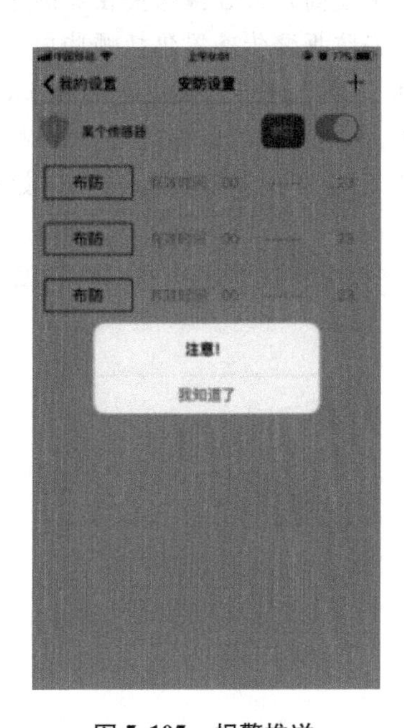

图 5-105　报警推送

5.12 本章小结

本章以智能家居系统（主机和各类智能家居产品）APP软件设计为技术主线，通过对智能家居主机APP软件进行分析作为核心，以智能家居系统设计过程中的各类传感器、安防设备和照明设备等APP软件分析与硬件配置为重点进行了讲解，凸显其动手操作环节，通过微课视频手把手地教会读者去分析与设计智能家居产品APP软件与硬件配置，真实地模拟智能家居施工过程中的每一个细节，让读者充分地理解并掌握，所有微课视频二维码面向读者免费开放，通过微信、支付宝、QQ等扫一扫均可免费观看相关项目的微课视频，本章通过视频+音频+二维码等互动模式多位立体式实现了线上与线下混合式学习新方式，突破传统自学书籍的技术形态。

1. 阐述智能家居控制主机系统的无线控制、组合控制和网络控制。
2. 阐述什么是ZigBee情景开关面板，有何特点？
3. ZigBee情景开关面板的施工、安装步骤是什么？
4. ZigBee无线人体红外转发器是如何学习并发射信号的？
5. 智能插座与普通插座的不同特征点是什么？
6. ZigBee智能调光面板应如何进行调光？
7. 阐述ZigBee零相无线开关的分类情况？施工过程中应注意哪些事项？如何设计零相线开关的双控功能？
8. 阐述高清云台摄像头在实际施工过程中的应用场景？
9. 安防报警传感器包括哪些内容？
10. 无线门磁传感器是怎样施工的？如何进行软件设计？
11. 简述智能门锁如何进行配对？
12. 开窗器控制面板的连线应如何设计？在开窗面板软件设计过程中应如何进行配对学习？
13. 如何测试漏水传感器？用漏水传感器设计一个项目，实现触发传感器及联动报警功能？

第 6 章

智能家居KC868-H8主机二次开发案例解析

本章以晶控智能家居主机 KC868-H8 为控制核心，针对智能家居中涉及远程控制配电箱、通信协议、智能家居灯光控制系统案例的实施以及由智能家居衍生的智慧农业主题——农田智能灌溉控制系统的设计与实施进行了阐述，旨在通过智能主机的学习，让读者能够深层次地对智能家居中的终端设备进行二次开发，设计出更加符合自身需求的产品。

6.1　KC868-H8/H32L 智能控制盒通信协议的设计

本节将对 KC868-H8 智能控制盒的通信协议做全面的分析与学习，帮助读者充分发挥自己的想像力，对控制盒进行本地、远程、智能化的控制甚至是联动控制，真正地接触到它的强大所在，给你绝对的 DIY 灵活度。

物联网将万物进行互联，在整个系统中，有云端、客户端、硬件底层端，之前是独立存在的，互相之间是彼此陌生的，而现在只要大家遵循统一的标准，每个个体都可以听懂对方，甚至可以进行交流。比如全国各地的人都讲当地方言，外地人听不懂，这时候大家都讲普通话，所有的人都可以明白大家想表达的意思。通信协议在整个体系中，就起到了标准化的关键作用，从而让所有的设备能够懂对方。

本节重点学习 KC868-H8 智能控制盒的通信协议，学习控制盒如何与其他设备进行通信。通信协议中有 KC868-H8 和 KC868-H32L 两种型号外形图如图 6-1、图 6-2 所示，KC868-H8 是带 8 路继电器开关的智能控制盒；KC868-H32L 是带 32 路继电器开关的智能控制盒，这是两种不同配置的设备，不同的继电器路数可以适用不同的使用场景。

图 6-1　KC868-H8 外形图

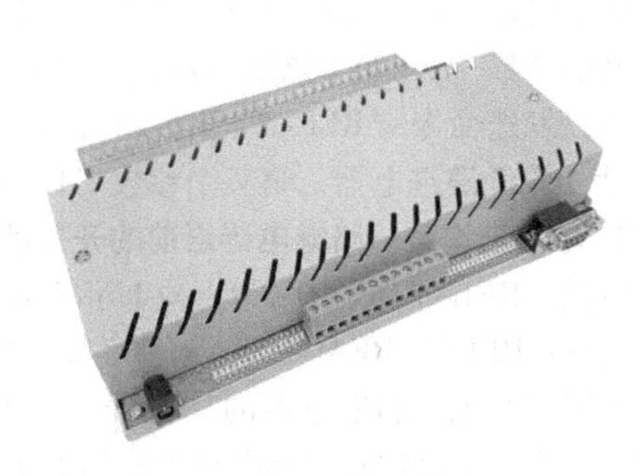

图 6-2　KC868-H32L 外形图

首先，列出所有的通信协议内容，当智能控制盒通过以太网配置工具，将自己设置成“TCP 服务器”模式下，均可通过客户端，如 PC 端进行命令的收发实现交互通信，控制盒默认的 IP 和端口参数是 IP 地址：192.168.1.200，端口：4196。通过通信协议的学习与调试，可以使用网络配置工具进行 IP 地址及相关参数的设置，如图 6-3 所示。

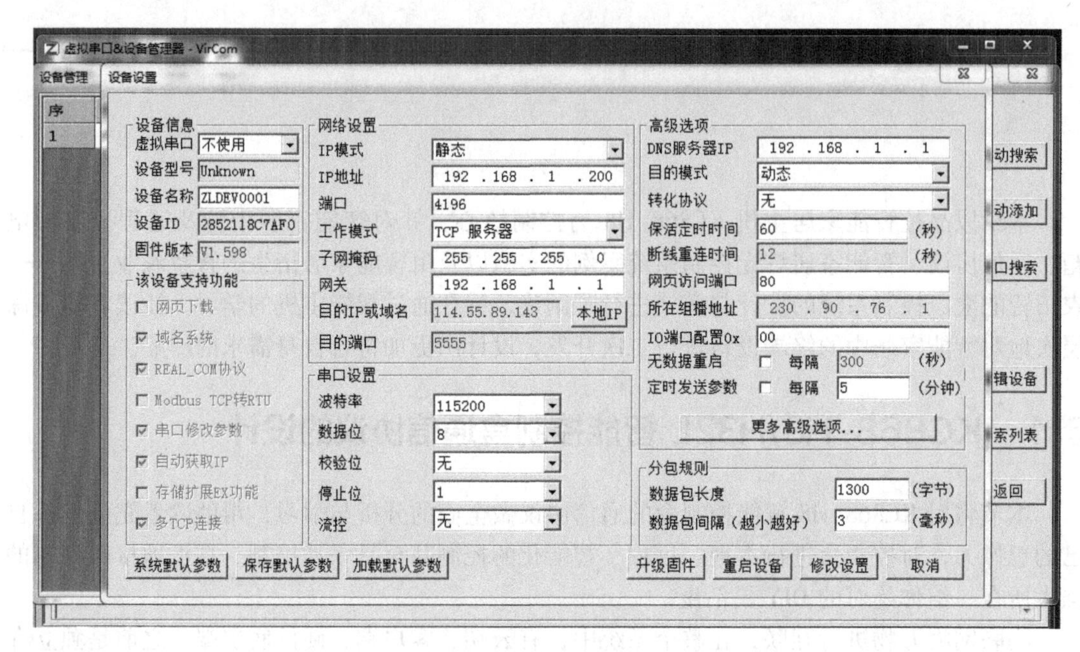

图 6-3 网络参数配置工具

1. 单独控制某一路继电器的开与关

发送：RELAY-SET-255，x(1 字节继电器序号)，x(1 字节动作 0/1)；

返回：RELAY-SET-255，x(1 字节继电器序号)，x(1 字节动作 0/1)，OK/ERROR。

这条命令是核心指令，也是一条硬件版的 Hello World 指令，它可以控制某一路继电器的打开或关闭，指令非常简单，通俗易懂。协议中的第 1 个字节永远固定成数字“255”；协议中的第 3 个字节参数——“动作 0/1”的意义是“0”表示“关闭”，“1”表示“打开”。例如：要打开第 1 路继电器，可以发送命令“RELAY-SET-255，1，1”，第 1 个参数“255”固定；第 2 个参数的“1”表示第 1 路继电器，第三个参数“1”表示“打开”。如果要关闭第 1 路继电器，可以发送命令“RELAY-SET-255，1，0”，第 1 个参数“255”固定；第 2 个参数的“1”表示第 1 路继电器，第三个参数“0”表示“关闭”。如果要打开第 2 路继电器，可以发送命令“RELAY-SET-255，2，1”，第 1 个参数“255”固定；第 2 个参数的“2”表示第 2 路继电器，第三个参数“1”表示“打开”。

2. 单独查询某一路继电器当前的开关状态

发送：RELAY-READ-255，x(1 字节继电器序号)

返回：RELAY-READ-255，x(1 字节继电器序号)，x(1 字节状态 0/1)，OK/ERROR

当时不时地控制继电器的“打开”“关闭”再“打开”再“关闭”……待时间久了，可能已经不知道控制盒上继电器当前的工作状态了，有时候在做控制之前，还是需要知道当前设备是“打开”还是“关闭”状态，这时便可以使用继电器的查询命令进行查询。比如查询第1路继电器现在是处于“打开”还是“关闭”状态，可以发送“RELAY-READ-255，1”，第1个参数“255”固定；第2个参数“1”表示需要查询的路数。此时，查询成功后，控制盒会返回“RELAY-READ-255，1，OK”，第2个参数“1”表示现在的状态为“打开”状态，如果是“0”表示现在的状态为“关闭”状态。想查询第几路继电器，直接将路数参数更改即可。

3. 查询触发输入端状态

发送：RELAY-GET_INPUT-255

返回：RELAY-GET_INPUT-255，x(1字节状态)，OK/ERROR

注：当控制盒触发输入端被触发时，会主动上报一条命令，格式为 RELAY-ALARM-x，x代表被触发的路数。

触发输入端是控制盒用来接开关量传感器的输入端子，如图6-4中控制盒的一侧，由高位和低位组合成一组开关量输入端，他有多元化的实际应用方式，比如：可以接手动开关，在软件中可以定义好，当手动按下开关后，输出端的继电器将执行定义的动作；当有线开关量的传感器信号接入时，在软件中可以定义好，当传感器被触发时，输出端的继电器将执行定义的动作，这就是我们通常说的智能联动，也是智能家居中最广泛的应用之一。联动的自动化控制过程中，第一步需要获得触发事件的状态，即什么时候被触发，哪路传感器被触发。此时，可以使用触发输入端的查询命令发给控制盒，如：“RELAY-GET_INPUT-255”，查询成功后，控制盒会返回：“RELAY-GET_INPUT-255，255，OK”，第2个参数“255”即是8路触发端的状态字节。用8位二进制表示8路输入端状态，用“0”表示“触发”，用“1”表示“未触发”。如果当前8路状态全部是“未触发”的话，那么8路输入端的状态为11111111，注意，这是二进制的8个“1”，然后将其转换为十进制数，为“255”。如果当前8路状态全部是“触发”的话，那么8路输入端的状态为00000000，注意，这是二进制的8个“0”，然后将其转换为十进制数，为“0”。如果当前8路状态是1~4路是“未触发”，5~8路为“触发”，那么8路输入端的状态为00001111，注意，这是二进制的“00001111”，然后将其转换为十进制数，为“15”。在程序中，不需要不断地循环去查询状态，可以利用输入端触发器主动上报命令进行配合而进行查询，当触发信号产生时，客户端接收到“RELAY-ALARM-x”的指令串时，再发送一条“RELAY-GET_INPUT-x”进行查询。如图6-4所示，当用镊子手动短接第一路的输入端时，则控制盒会主动上报字符串“RELAY-ALARM-1”到PC客户端，这时发送查询第1路输入端的命令后，返回字符串为“RELAY-GET_INPUT-255，254，OK”，将数字十进制数“254”转换为二进制数为“11111110”，所以可以得知第1路输入端被触发。

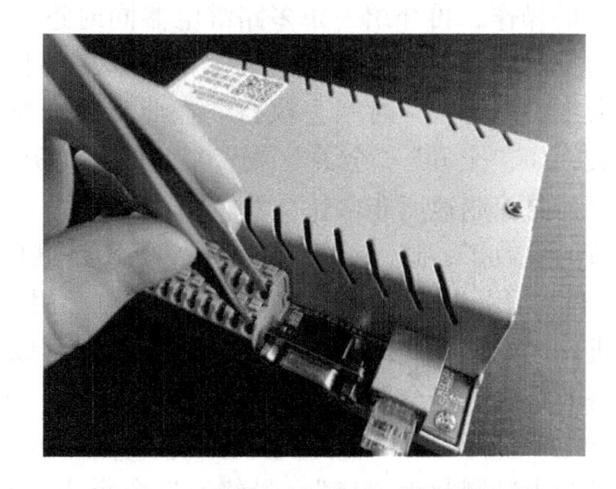

图6-4　镊子手动短接第一路的输入端

4. 一次控制多路继电器的开与关

KC868-H2/4/8：

发送：RELAY-SET_ALL-255，D0

返回：RELAY-SET_ALL-255，D0，OK/ERROR

KC868-H16：

发送：RELAY-SET_ALL-255，D1，D0

返回：RELAY-SET_ALL-255，D1，D0，OK/ERROR

KC868-H32：

发送：RELAY-SET_ALL-255，D3，D2，D1，D0

返回：RELAY-SET_ALL-255，D3，D2，D1，D0，OK/ERROR

在上述介绍的通信协议中，我们已经可以分别对每一个继电器进行“打开”和“关闭”的操作，再介绍一条多路继电器同时进行控制的指令，它们区别在哪里呢？前面所讲的控制继电器都是针对某一个的，如果要控制多个继电器开关，就是需要发送多条控制命令，需要若干时间去执行。在此将要介绍的指令，可以实现一次性控制多路继电器开关，如“全开”“全关”或者某几路“打开”，某几路“关闭”的操作，只需要一条指令，多路控制速度非常快。我们可以看到命令中，除了“包序号”参数之外，只有一个字节的参数了，这一个字节就代表了8路继电器想进行控制的状态设置，用“1”表示“打开”，用“0”表示“关闭”，同样也是用8位二进制表示各路继电器的状态，再转成十进制数。如将8路继电器全部打开，则可以发送命令“RELAY-SET_ALL-255，255”；要将8路继电器全部关闭，则可以发送命令“RELAY-SET_ALL-255，0”；如果要将1~4路继电器打开，5~8路继电器关闭，那么参数是这样定义的，二进制数表示：00001111，转换为十进制数为“15”，最终发送命令为“RELAY-SET_ALL-1，15”。在协议内容中，我们看到还有KC868-H32型号的控制盒，即它有32路继电器可以让我们进行控制，所以它是用4个字节表示所有继电器状态的。1~8路继电器用D0字节表示，9~16路继电器用D1字节表示，17~24路继电器用D2字节表示，25~32路继电器用D3字节表示，每一个字节的含义和KC868-H8控制盒的表达方式一样，只是将32路划分成4个字节，多了几个参数。

5. 一次读取多个继电器当前的开关状态

发送：RELAY-STATE-255

返回：

KC868-H8：RELAY-STATE-255，D0，OK/ERROR

KC868-H16：RELAY-STATE-255，D1，D0，OK/ERROR

KC868-H32：RELAY-STATE-255，D3，D2，D1，D0，OK/ERROR

同样的情况，前面我们已经看了查询继电器状态的通信协议，那是按某一路进行查询的，也可以进行一次读取多个继电器状态的方式进行查询。比如：发送“RELAY-STATE-255”，那么根据控制盒不同型号的情况，会有两种返回状态的字符串，如果控制盒是KC868-H8型号，那将返回“RELAY-STATE-255，255，OK”“255”则表示控制盒8路继电器的当前状态，将十进制数“255”转成二进制数为“11111111”，“1”表示“打开”状态，前面我们已经提到过，所以这8路继电器的当前状态均为“打开”。同样，如果得到的数转成二进制后，某一位是数字“0”的话，那么代表该路的继电器当前的状态为“关闭”状态。

6. 一次性打开所有的继电器

发送：RELAY-AON-255，1，1

返回：RELAY-AON-255，1，1，OK

所有参数全部固定不变即可，该指令适用于各型号的控制器。

7. 一次性关闭所有的继电器

发送：RELAY-AOF-255，1，1

返回：RELAY-AOF-255，1，1，OK

所有参数全部固定不变即可，该指令适用于各型号的控制器。

8. 将某一路继电器状态进行翻转操作

发送：RELAY-KEY-255，x，1（x 表示一路继电器）

返回：RELAY-KEY-255，x，1，OK（x 表示一路继电器）

对某一路继电器执行状态翻转的控制输出操作。如：当前状态是“开”的，发命令过去，继电器会变成“关”；当前状态是“关”的，发命令过去，继电器会变成“开”。

综上所述，我们已经全面地学习并掌握了智能控制盒的输出和输入资源的控制与状态的获取，不仅可以控制继电器开关，也可以进行一些传感器状态的获取，即可以发挥自己的创意来实现一些定时、自动或具有 AI 人工智能方面的应用。具体的功能是什么，如何去实现，可以解决哪些生活及工具应用场景的痛点问题，就看你的程序代码怎么写。我们对通信协议的本地化调用，已经给大家做了全面的介绍，后续我们将继续介绍基于 KC868-H8 主机进行智能家居案例的二次开发等内容。

6.2　智能家居灯光控制系统案例的设计与实施

通过 2.7 节和 6.1 节，我们已经学习了 KC868-H8 智能控制盒的硬件结构原理、软件通信协议以及远程控制的方式方法，相信读者对硬件设备已经不再陌生，从本节开始，将介绍以 KC868-H8 智能控制盒为核心的一系列智能化实际应用案例，它可以应用于家庭、工业、农业、办公室、工厂企业等多元化领域，通过不同的案例，给读者带来一些启发，让读者在掌握了理论与实践的知识后，能够解决生活、工作中的一些痛点问题。

本节将分析并设计智能家居灯光控制系统，通过 KC868-H8 智能控制盒实现灯光设备的连接，展示有哪些方式进行控制，灯光智能化控制又体现在哪里。

首先，看一下控制盒的硬件接口如图 6-5 所示，硬件控制盒的主要接口有 12V 电源口、外部供电输出口、网络口、RS232 串口、8 路继电器输出口、8 路信号输入口。8 路输出接口，每路最大可以接 250V/10A 的负载。对于普通应用来说，绰绰有余。每一路输出的是干触点信号。

对于灯光控制的应用，有以下控制盒的接线方式如图 6-6 所示。

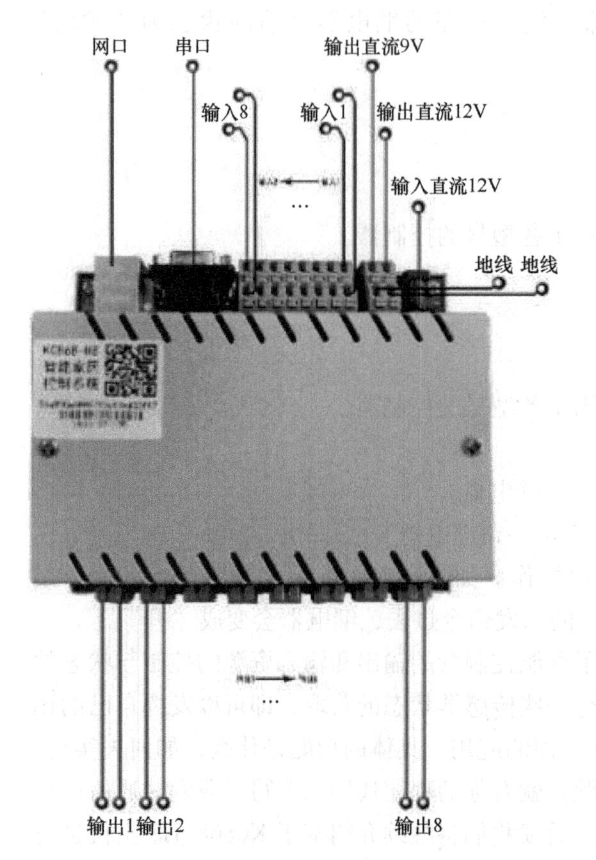

图 6-5 控制盒硬件接口图

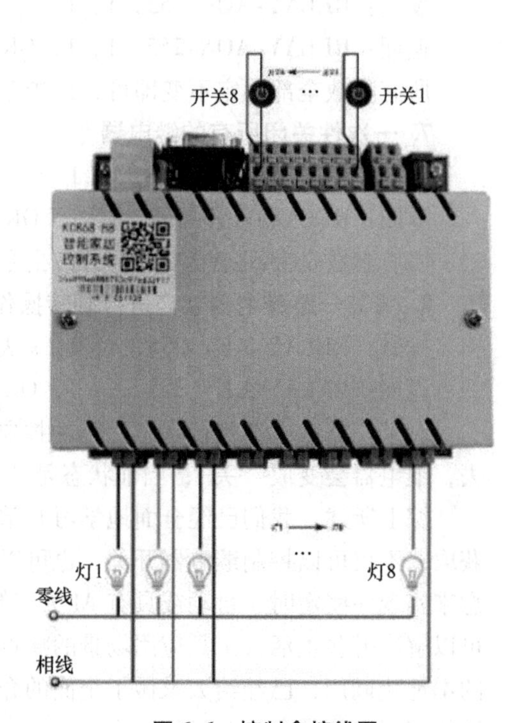

图 6-6 控制盒接线图

从图 6-6 中可以看到外围设备有负载即各盏灯设备、手动开关器件。由于控制盒使用的是 10A/AC 250V 的继电器，所以每盏灯的负载理论上最大功率支持 2500W，但实际中因安全的考虑，一般预留 20% ~ 30% 的功率安全余量。对于一般的灯光使用场景，控制盒的继电器功率已经完全够用，但如果碰到特殊情况，实际使用功率超出额定功率范围，应该怎么办呢？这时，可以使用固态继电器实现功率的扩展，它是一个用小电流控制大电流的器件，即以小控大，可控的功率范围就会非常大了，只要选择的固态继电器功率能够和灯负载设备匹配即可。一般固态继电器有 20A、30A、60A，甚至更大的，所以只要根据参数选配好器件即可。图 6-7 是固态继电器的外观图。从图中看到，只要将 3 ~ 32V 的直流电送到固态继电器的输入端，那么控制 220V 负载的输出端便会导通，从而实现以小控大的目的。控制盒对外提供 12V 直流电源，可以将其和控制盒的继电器输出端形成串联线路连接固态继电器，实现大功率负载设备的控制。固态继电器的控制原理及接线如图 6-8 所示。

控制盒的另一端要连接的手动按键开关，手动控制开关是控制盒的一种辅助方式，主要实现传统手动模式对灯光进行控制，有时不需要通过计算机或手机 APP 直接控制灯光更为方便；或者当手机 APP 或控制盒接入的网络出现意外中断的情况，计算机和手机 APP 都无法控制时，则可以使用手动方式进行灯光的控制。所选用的手动按键开关，可以是不同的颜色，不同的尺寸，不同的外形，只要手按下时，开关导通；手抬起来时，开关闭合均可使用，我们称这种开关为自复位开关，如图 6-9 所示。手动按键开关的连接也非常简单，每个开关有两条电线，直接和控制盒的输入端连接即可。

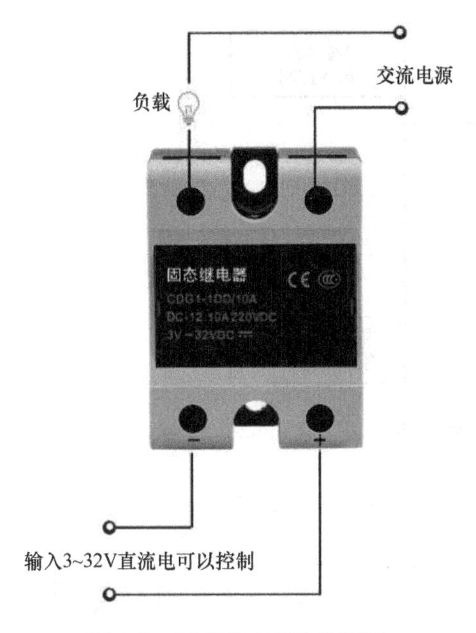

图 6-7　固态继电器的外观图

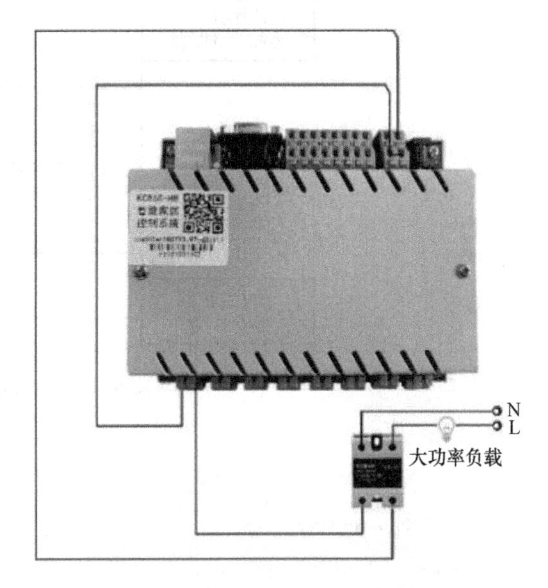

图 6-8　固态继电器的控制原理及接线图

使用晶控智能家居房屋模型进行线路的连接和控制效果测试，将模型灯光部分的连线与 KC868-H8 控制盒的继电器输出端相连，同时将 8 个手动控制开关分别连接控制盒的 8 个输入端，如图 6-10 所示。

图 6-9　自复位开关

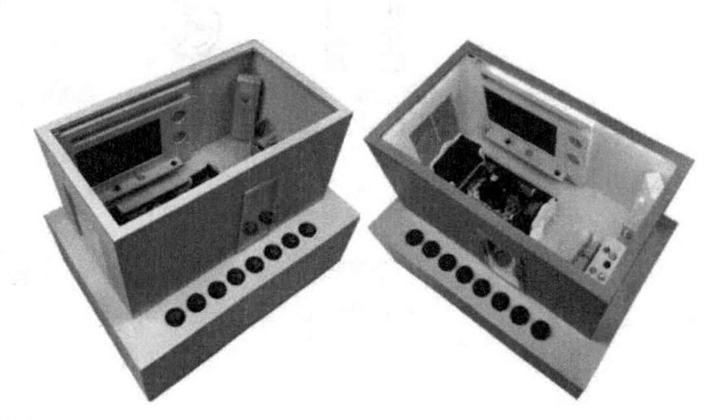

图 6-10　晶控智能家居房屋模型进行控制效果测试

房屋演示模型 KC868-H8 控制盒与输入端、输出端分别相连。房屋模型具备计算机端远程网络控制、计算机端本地网络控制、手机 APP 远程控制、手动按键直接控制的 4 种控制方式，如图 6-11 所示。

应如何进行这 4 种控制方式的实际操作。此时，计算机端应用软件是基于第 6.1 节控制盒通信协议开发制作的，软件具有通过本地局域网模式和远程云端模式对控制盒进行控制，以及具有读取控制盒继电器开关状态的功能。

1. 通过计算机软件进行远程网络的控制

首先从 https://www.hificat.com/services/software/1298.html 晶控官网下载 KC868-H8 智

能控制盒的计算机端应用软件。初次下载使用前，请将解压目录存放至 C 盘根目录下，如图 6-12 所示。

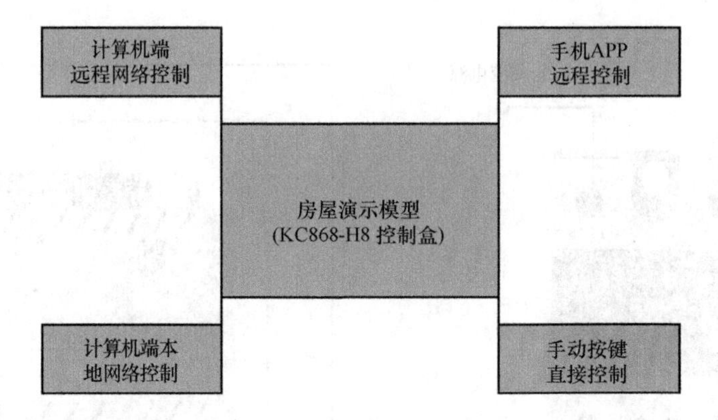

图 6-11　房屋模型控制方式

图 6-12　安装软件

硬件连接方式参考图 6-5、图 6-6 和图 6-7 的接线，然后通过配置控制盒的网络参数，以及设备初始信息开始真正地使用控制盒去控制灯设备。

首先，打开“网络配置工具 . exe”文件，将控制盒网络参数中的“工作模式”进行修改，设置为“UDP 模式”，同时将“目的 IP 或域名”这栏设置为我们的云服务器地址

“sdk. hificat. com”“目的端口”为“5555”，建议控制盒的“IP 模式”设置为“动态获取”，即由路由器 DHCP 动态分配 IP 地址，前提是路由器上要开启“DHCP 动态分配 IP”的服务，一般路由器默认都是开启的，如图 6-13 所示。

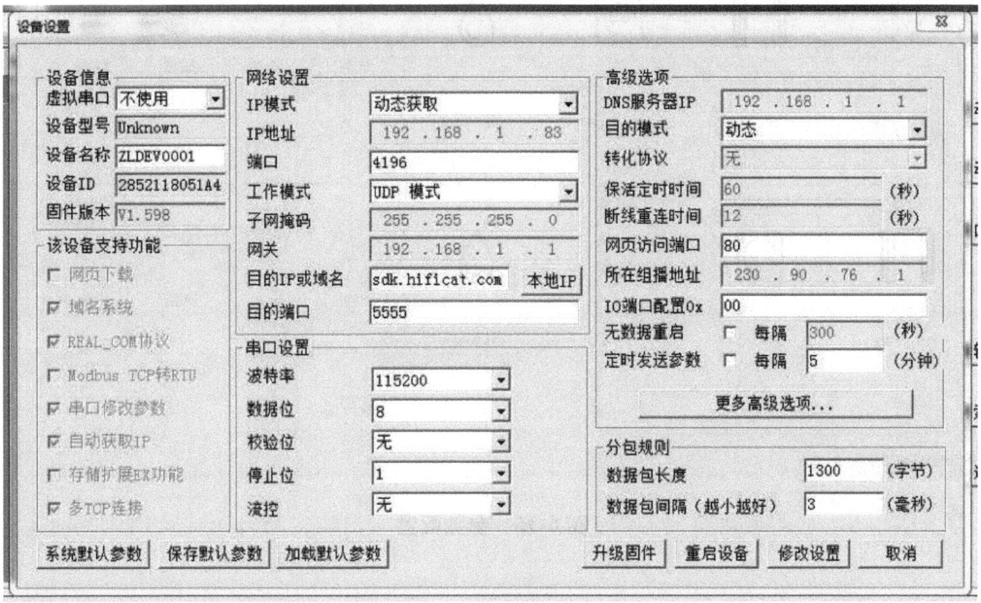

图 6-13　设备设置参数

设置完成网络参数后，控制盒上电，将会自动连接到云服务器，连接成功后，网口灯将变成“绿色”，如图 6-14 所示。

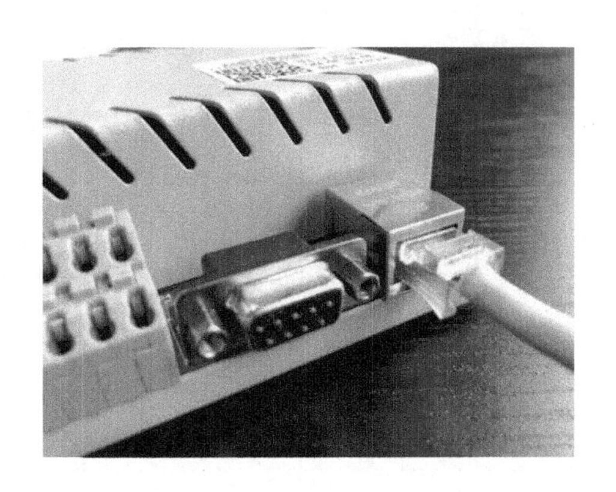

图 6-14　设备连接成功

然后，打开“Net_Relay_Control. exe”主程序，需要对控制盒进行设备的参数配置，如图 6-15 所示。进入“系统”菜单下的“参数配置”界面如图 6-16 所示。这是软件的基本信息配置界面，从这个窗口可以看出，有关于控制盒网络参数的配置信息，如：IP 地址和端口，软件的标题名称，版权信息，8 路设备的各路名称定义，设备的“开”和“关”两种状态的图标，可以看出软件功能还是比较灵活的。

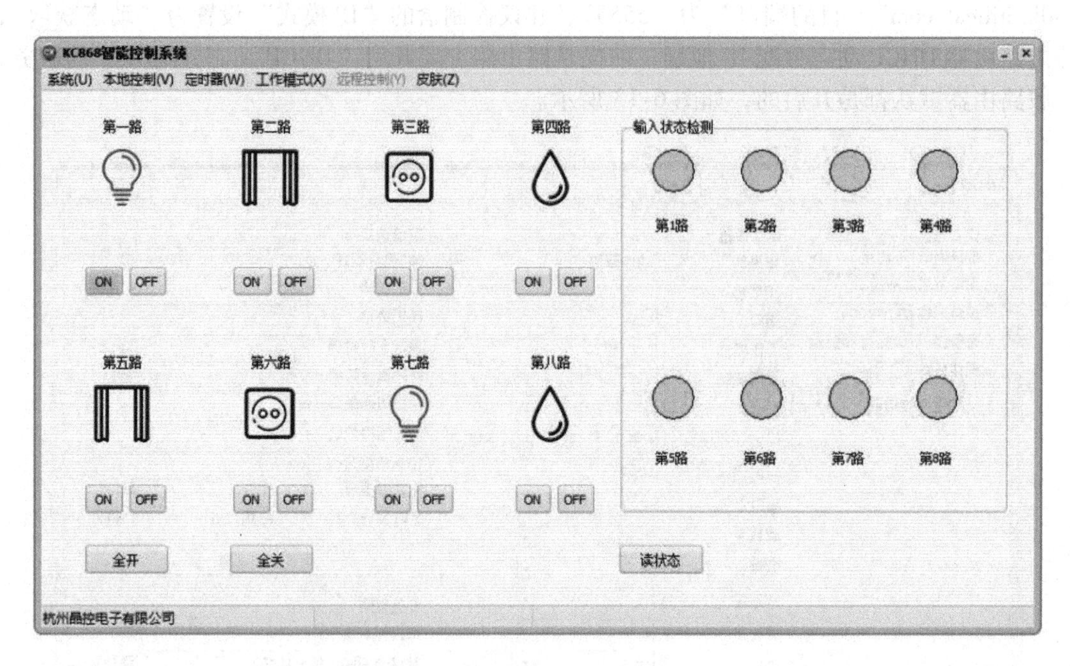

图 6-15 参数配置

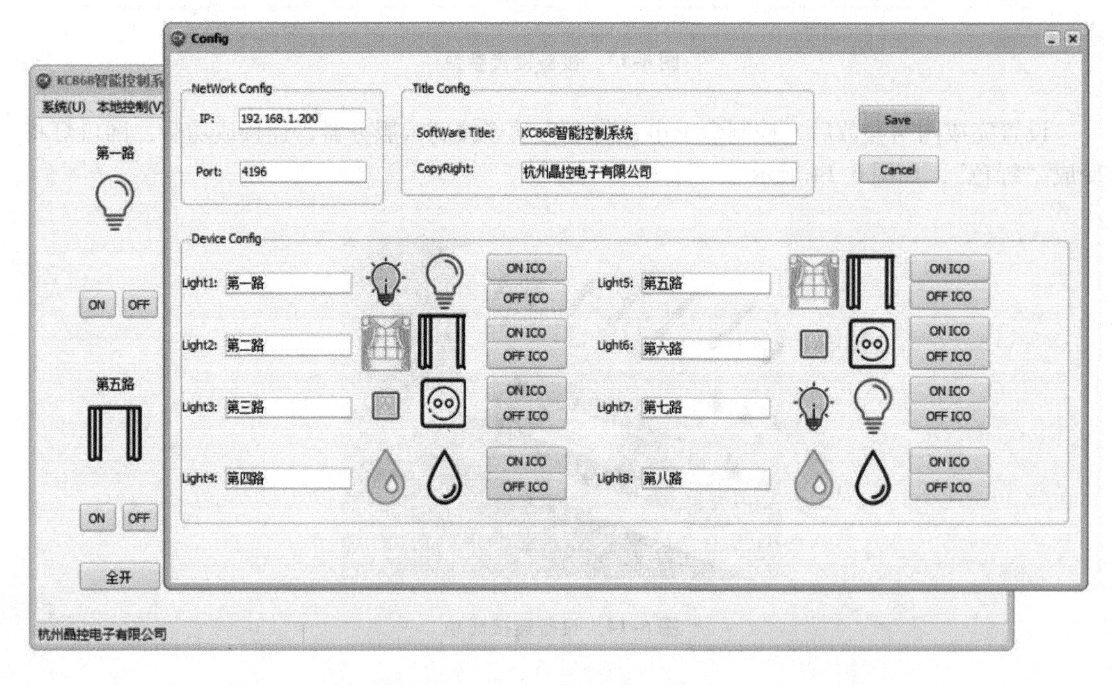

图 6-16 “参数配置”界面

此时应根据之前控制盒“网络配置工具.exe”中的设备 IP 地址参数，在相应的栏目中进行填写，如果控制盒没有使用静态 IP 地址，则需要在网络配置工具中进行扫描设备操作，以便查看控制盒实际被路由器分配到的 IP 地址是什么。当配置信息输入完成后，单击

【Save】保存按钮，同时关闭软件再重新打开，配置信息生效。

在“工作模式”菜单中，选择“因特网”模式，即远程控制模式，如图 6-17 所示。

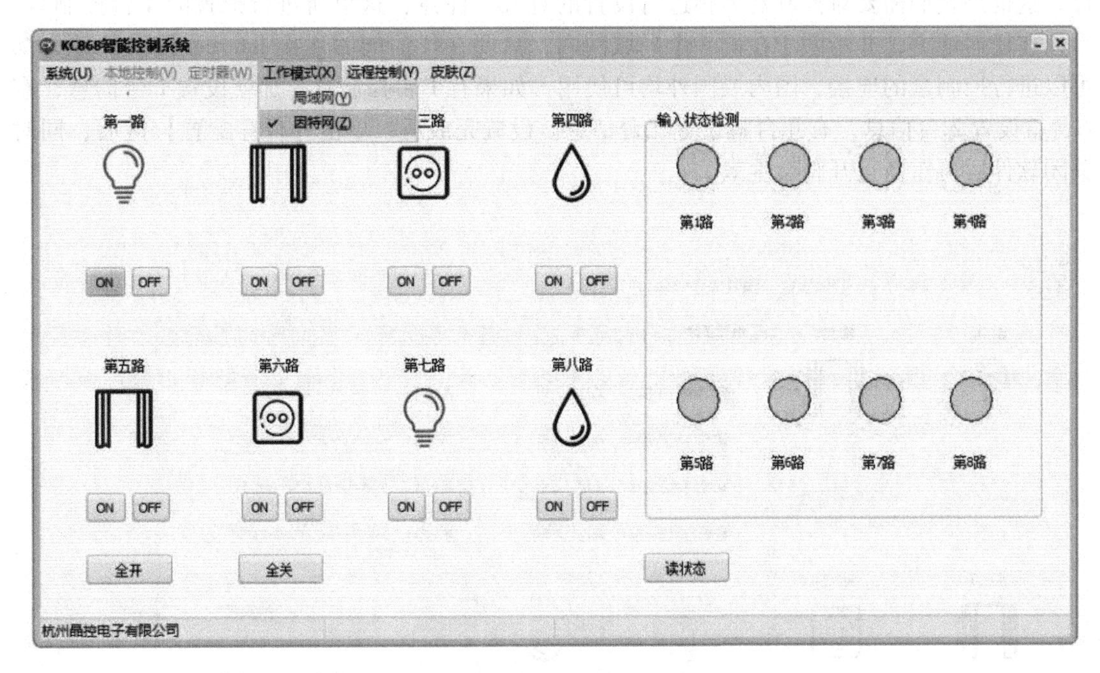

图 6-17　远程控制模式

这时，进入“远程控制”菜单下的“远程参数”选项，如图 6-18 所示。

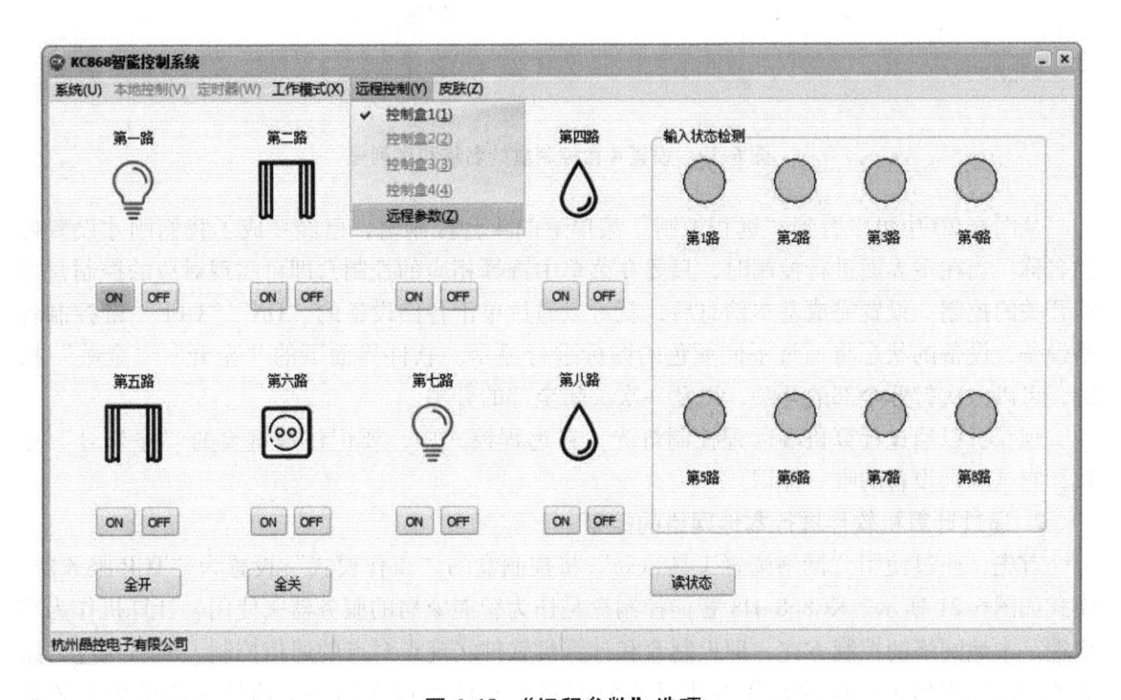

图 6-18　“远程参数”选项

从图 6-19 中看到，可以设置 4 台控制盒的名称和序列号。因为主程序界面上显示的是一个控制盒 8 路设备的控制图标，那么当同时连接多台控制盒时，需要进行控制盒的切换选择，这也是我们需要对控制盒名称进行设置的意义。注意：这里所进行配置的 4 台控制盒，可以在任何地方，并不限于在同一个局域网内，只要在任何能够连接 Internet 网络的地方都可以进行控制盒的连接，国内或国外均可使用。如果有 1 台控制盒，那就设置 1 台信息，有 2 台就设置 2 台信息，有几台就设置几台信息。设置完成后，单击【保存配置】键后，同时关闭软件后再重新打开将会生效。

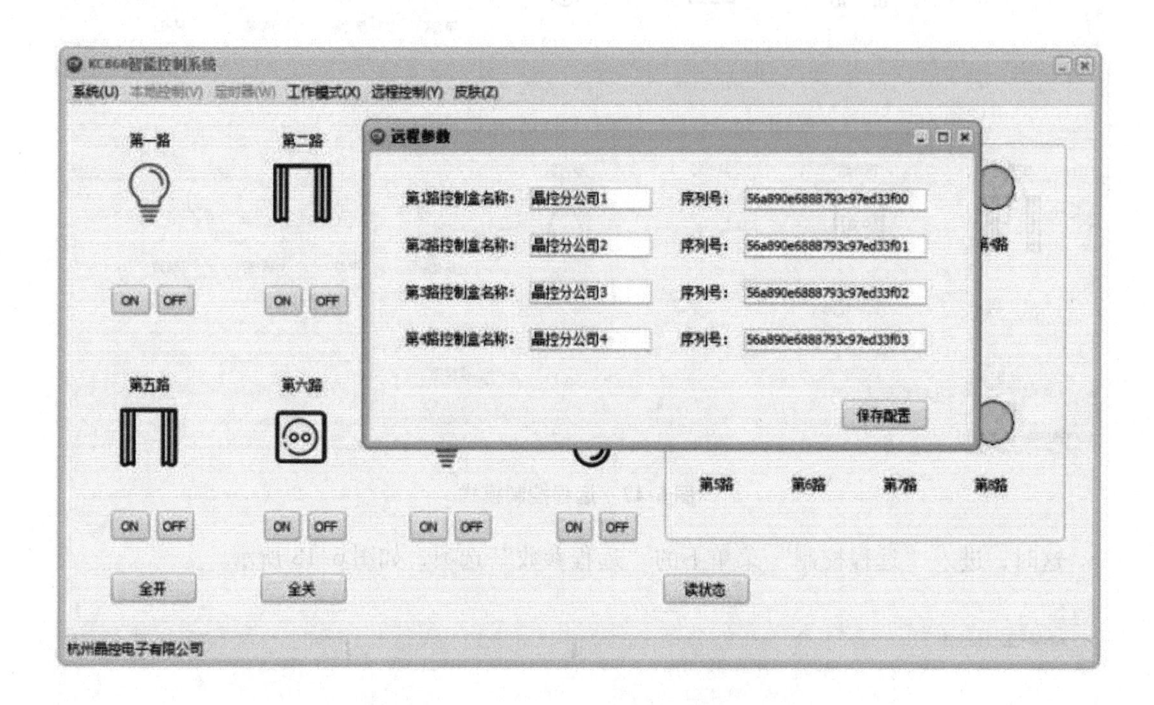

图 6-19 设置 4 台控制盒的名称和序列号

从图 6-20 中可以看到“远程控制”菜单下的 4 台控制盒，已经变成了我们刚才设置好的名称。当在主界面进行控制时，只要在菜单中选择相应的控制盒即可实现对应的控制盒各路开关的控制。设置完成基本信息后，就可以通过单击各路设备的“ON”“OFF”键控制各路设备，设备的状态将通过不同颜色的图标进行显示。软件界面下的“全开”“全关”按键，可以一次打开全部的开关，以及一次关闭全部的开关。

现在可以通过计算机端远程控制灯光，在远程模式中，要记住最重要的“序列号”参数，它是区别设备的唯一标识。

2. 通过计算机软件进行本地网络的控制

首先，通过使用“网络配置工具 . exe”将控制盒的“工作模式”设置为“TCP 服务器”模式如图 6-21 所示。KC868-H8 智能控制盒是作为智能家居的服务器来使用，计算机作为客户端。本地网络的控制方式，即控制盒和计算机软件实现点对点的通信控制，而不经过云服务器的数据中转，这样的操作方法只能使控制盒和计算机在同一个局域网的前提下才能使用。

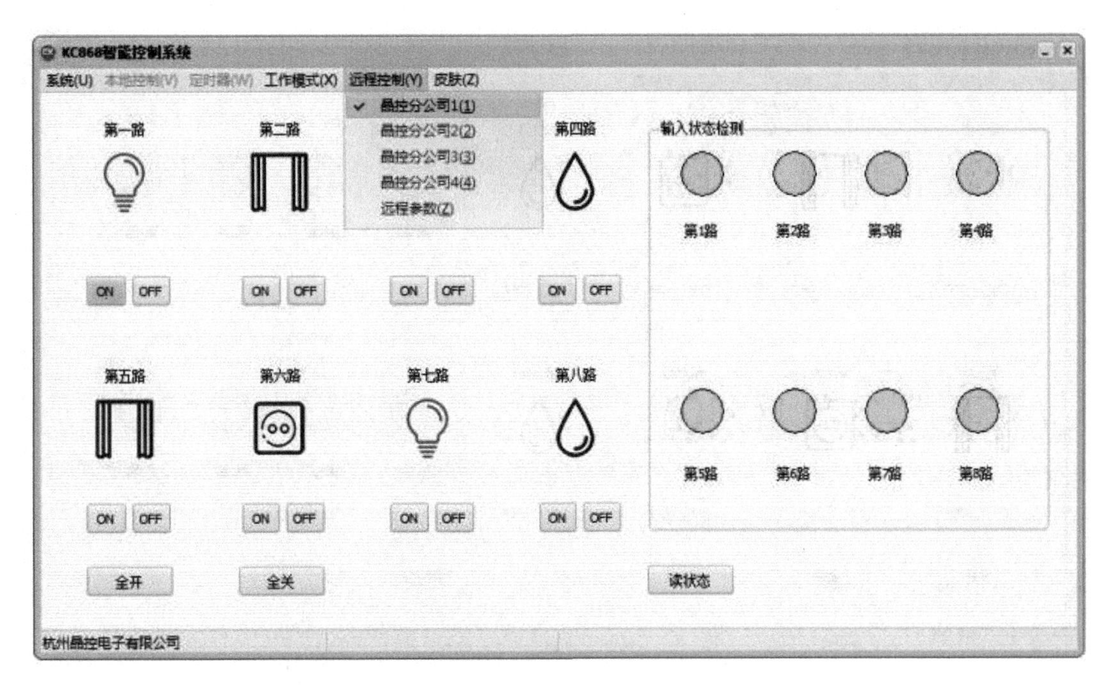

图 6-20　设置 4 台控制盒

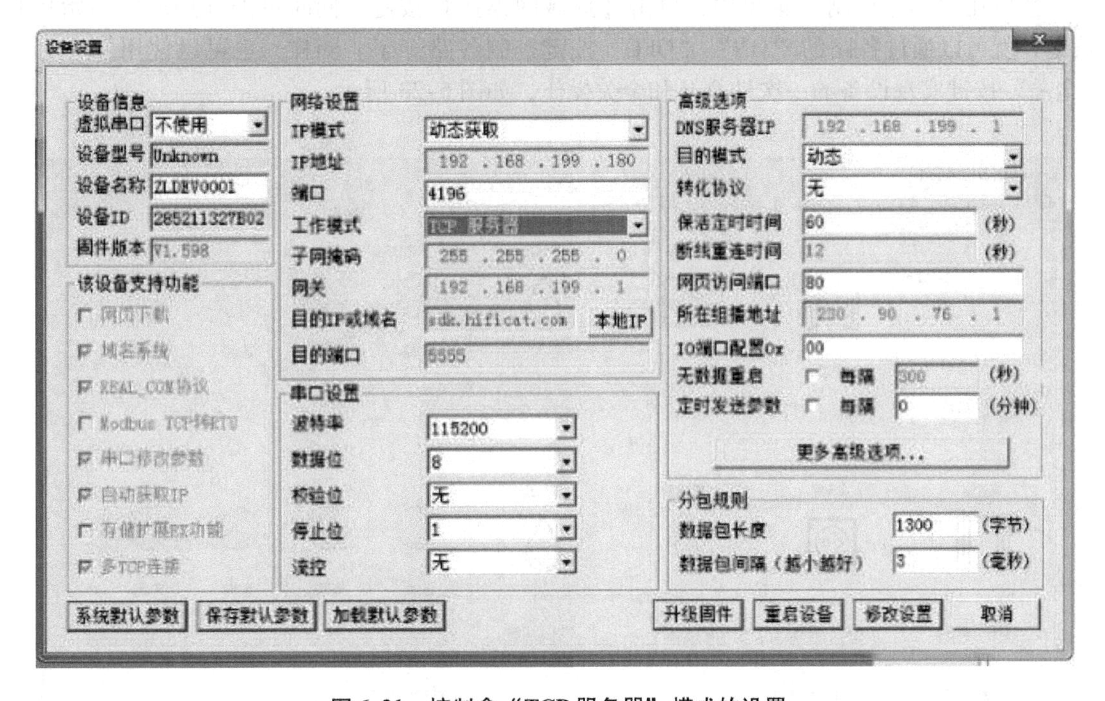

图 6-21　控制盒“TCP 服务器”模式的设置

将设备的网络参数配置好后，在主程序“工作模式”菜单中，选择“局域网”选项，即使用本地网络模式控制，如图 6-22 所示。

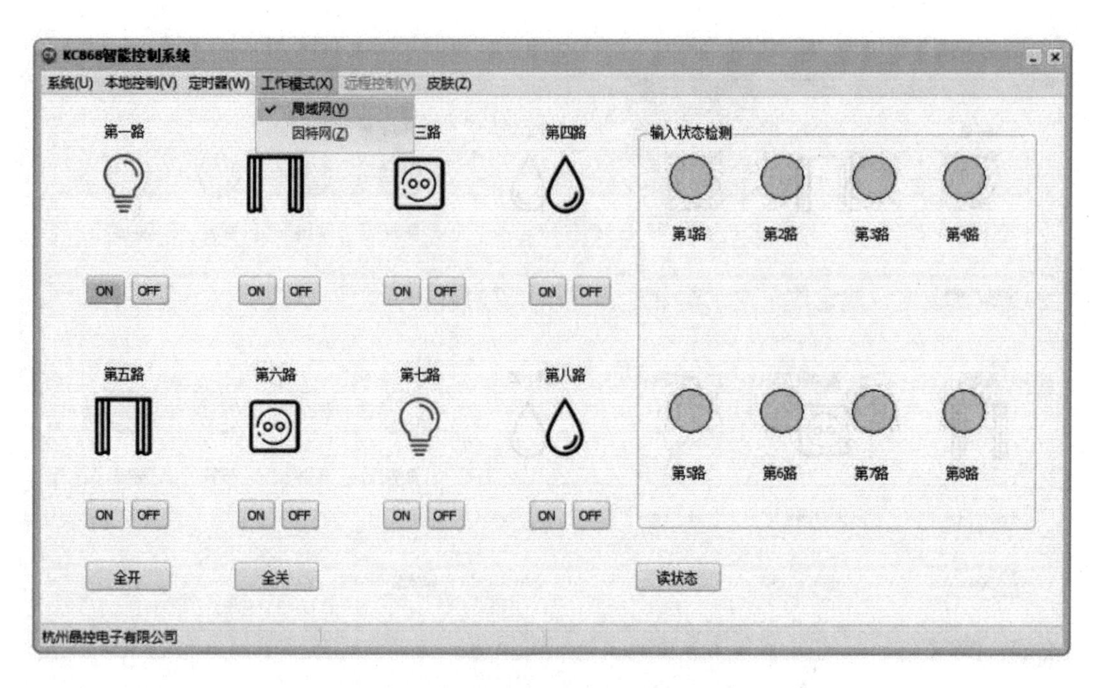

图 6-22　配置控制盒为局域网

然后在“本地控制”菜单中，单击【局域网连接】按键，同时单击【局域网初始化】按键，就可以通过各路的“ON”“OFF”按键控制各路灯了。同样，也可以使用“全开”“全关”按键实现设备的一次性全开和全关操作，如图 6-23 所示。

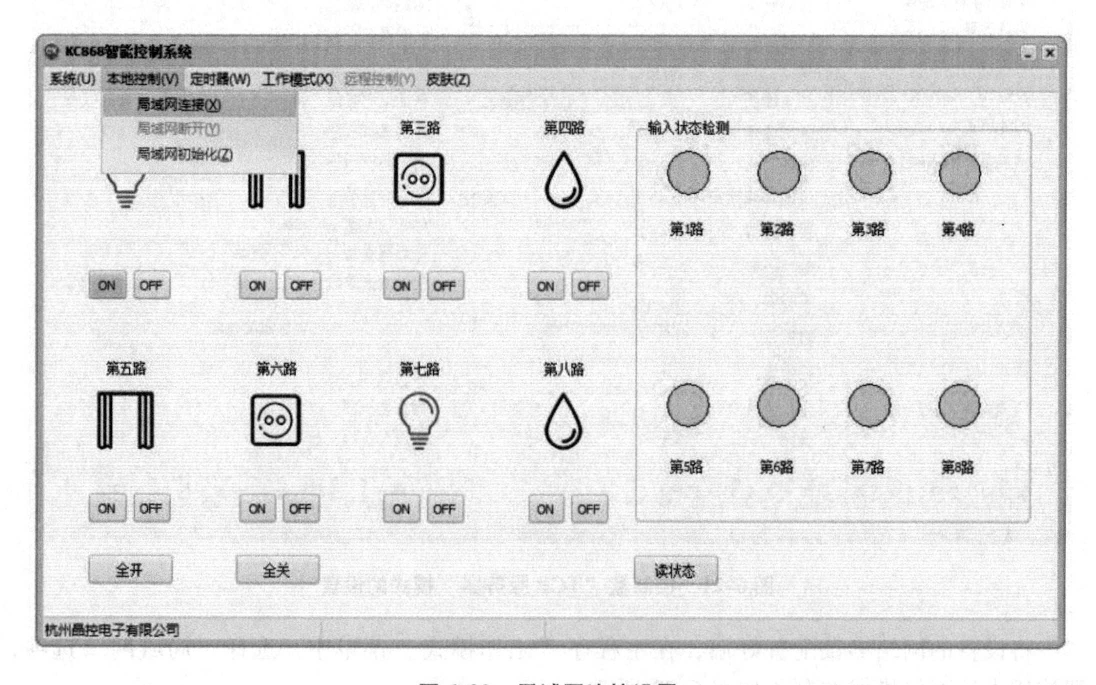

图 6-23　局域网连接设置

3. 通过手机 APP 进行远程网络的控制

通过晶控官网下载苹果或安卓“易家智联”智能控制软件 APP，打开 APP，选择注册界面，按提示进行手机号码的注册，然后再登录。首次注册用户登录后，系统向导会推荐添加“楼层”“房间”以及“添加主机”等一系列基础配置操作。

然后需要在手机 APP 添加主机操作，单击【我的】→【主机管理】，单击【添加】，单击【扫描二维码】图标，扫描 KC868-H8 控制盒的二维码，并给设备设置一个昵称，单击【添加】即完成主机添加。

在【我的】→【我的设备】→【未分类】中会显示出刚才已添加控制盒的图标，图标底部数字是相应的序列号，长按图标给控制盒选择“房间”“设备名称”根据实际情况命名，设备图标可以自行选择，选择控制盒实际的“所属房间”位置，然后单击【保存】即可。

完成控制盒的添加操作之后，便可以在手机 APP 中对控制盒的各路灯实现远程控制，如图 6-24。另外，我们不仅可以通过手机 APP 进行灯的手动控制；同时也可以自定义情景模式，如一键打开/关闭所有的灯，或者一键打开指定的某几路灯，同时关闭指定的某几路灯；还可以自定义定时控制操作，如每周一至周五，早上 7:00 自动打开卧室的灯。这些灵活定义的情景模式以及多元化的触发执行方式，充分展现了智能化的便携与实用性。

图 6-24　手机 APP 中，对控制盒各路灯开关的远程控制

4. 通过手动按键直接控制

通过手动按键的控制方式最简单，不需要任何第三方设备，直接手指按键即可，第 1 路按键对应第 1 路灯；第 2 路按键对应第 2 路灯，以此类推。手指按一下按键，灯会亮，再按一下按键，灯会灭，如图 6-25 所示。

至此，我们已经学会使用 KC868-H8 控制盒对灯光实现控制，对于灯光设备的功率扩展以及学会了用固态继电器适合灯光大功率应用的场景，如果一台控制盒 8 路控制端不够用时怎么办呢？答案有两种解决方法，第一种是用多台 KC868-H8 控制盒，可以是 2 台、3 台、4 台……只需要将控制盒插上电源和网线即可；第二种是用 32 路的 KC868-H32 智能控制盒，如刚才演示的是单个套房的模型，当需要控制灯光的路数大于 8 路时，可以使用 KC868-H32 控制盒，下面看一下用 KC868-32 控制盒对别墅模型进行控制的演示如图 6-26 所示。

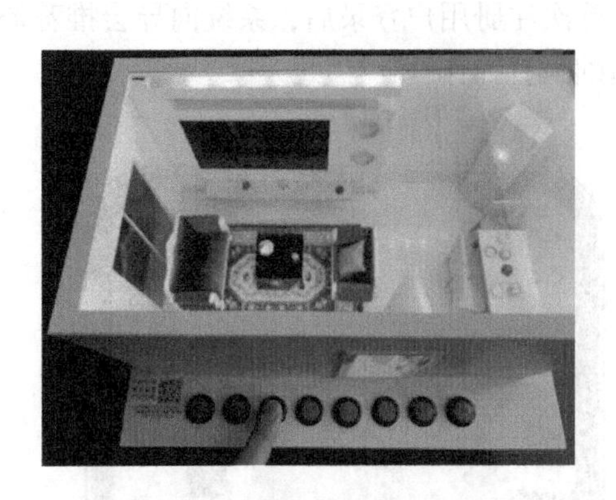

图 6-25 房屋模型手动按键

图 6-26 KC868-H32 控制盒对别墅模型控制演示

这是一幢由 KC868-H32 控制盒连接的别墅灯光控制方案，如图 6-27 所示。
别墅模型底部 KC868-H32 连接的各路控制设备如图 6-28 所示。

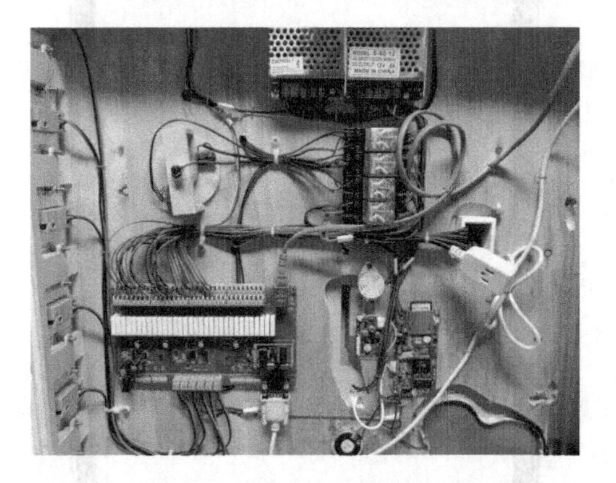

图 6-27 KC868-H32 控制盒别墅灯光控制方案

图 6-28 KC868-H32 连接的各路控制设备

输出端连接各路灯光控制设备，输入端连接手动控制按键，如图 6-29 所示。

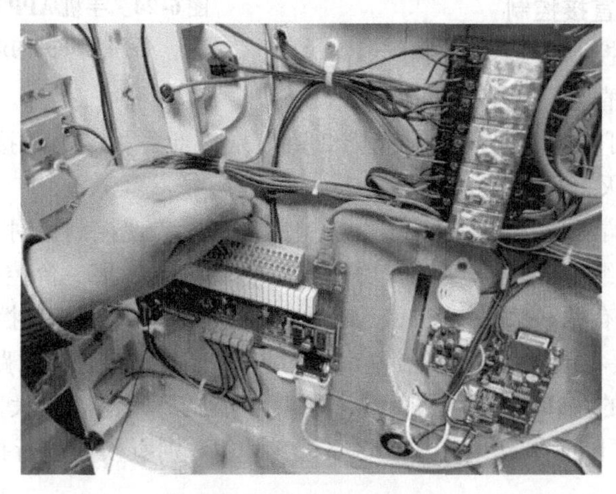

图 6-29 手动控制按键操作

通过对智能家居灯控案例的设计与解析，读者应该可以感受到 KC868-H8/H32 控制盒功能的强大，相信您也已经可以通过计算机和手机端进行灯光设备的操控。希望更多感兴趣的读者发挥自己的聪明才智，二次开发出各类新颖或实用的应用程序并分享。

6.3　智能型远程控制配电箱的设计制作与分析

通过 6.2 节学习了 KC868-H8 智能控制盒在智能灯光控制的应用案例，相信读者已经通过计算机端和手机 APP 对灯光进行了远程控制。灯光控制只是众多用电负载中最常见的一种，功率也不算大，可以通过 KC868-H8 智能控制盒内部的继电器直接进行控制，那么碰到更大功率或者非常规的负载，又如何实现智能远程控制呢？

本节通过设计案例 DIY 一台智能型远程控制配电箱，让我们几乎可以做到控制各种电器负载，如家庭中的空调、浴霸、房间总电源；工厂中的大型设备，车间灯光照明、机器、机床；野外田地的抽水泵、灌溉系统等一系列大功率设备。

与传统配电箱相比，经过改造升级的智能型远程控制配电箱可以通过远程切断强电电源，更为安全；通过定时模式自动控制工厂的电器设备，更为节能；通过连接安防传感器，实时掌握现场状况，更为放心。通过传感器的触发，可以实现报警消息通过手机 APP 消息推送给用户，同时进行一些自动化控制。根据所配置的断路器及交流接触器的功率大小，可控电源负载可以达到整个房屋、整层楼、甚至整幢大楼。

由于智能型远程控制配电箱可控的负载功率可以做到非常大，因此它适用的众多使用场景如下：

1）办公室、工厂、企业、公寓、别墅、学校的防盗报警。

2）集中控制分散的灯光及用电系统。

3）频繁性地操作分布在不同地区的电器设备。

4）农田的远程自动抽水灌溉设备。

5）水塘养鱼的自动化喂料设备。

6）传统配电箱的智能化升级系统。

首先，看一下 KC868-H8 智能控制盒的硬件接口如图 6-30 所示，直流 12V 电源接口、外部供电输出接口、网络接口、RS232 串型接口、8 路继电器输出接口、8 路信号输入接口。8 路继电器输出接口，每路最大可以接 250V/10A 的负载，每一路输出的是干触点信号。

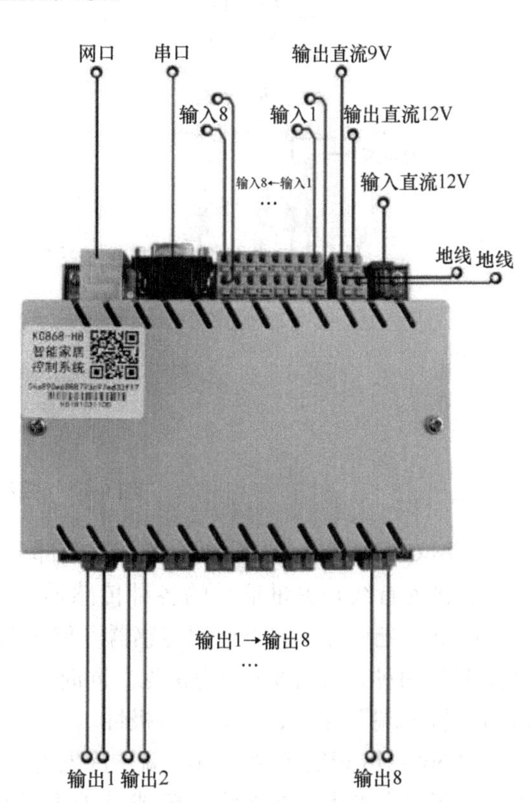

图 6-30　KC868-H8 智能控制盒的硬件接口

控制系统基本框架主要由中心主控系统 KC868-H8 智能控制盒和带手动控制功能的交

流接触器、断路器组成，控制系统基本框架如图 6-31 所示。

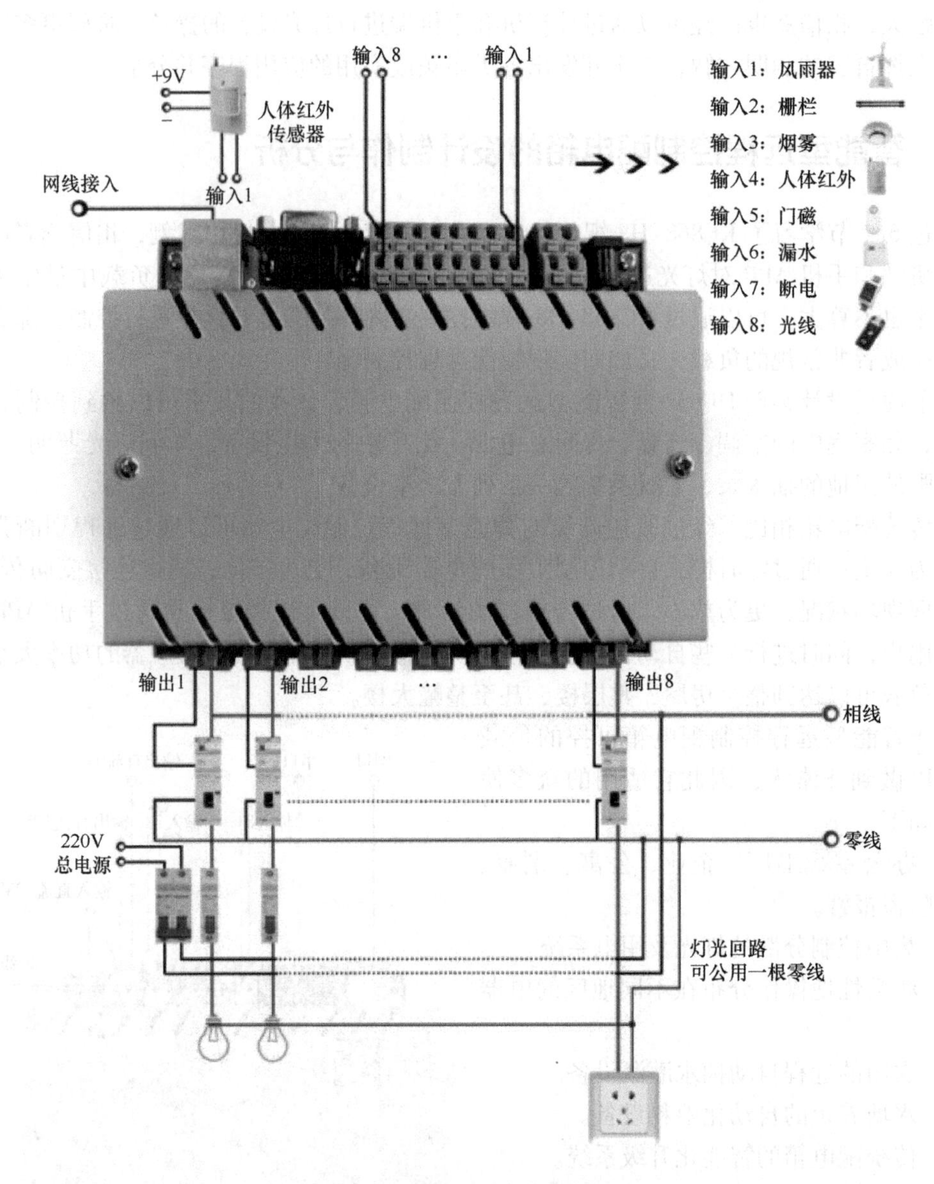

图 6-31 控制系统基本框架

从图 6-31 中看到，设备分成上下两部分。与 KC868-H8 智能控制盒相连的均为输入端信号，接入有线开关量信号的各种传感器，如风雨器、栅栏、烟雾、人体红外、门磁、漏水、断电、光线等不同类型的传感器。传感器需要连接外部电源供电，一般分为直流 9V 和直流 12V 两种，直流 9V 较为常见。同时，传感器的两条检测线分别和 KC868-H8 智能控制盒的“输入端”相连，不分正负极性。

KC868-H8 智能控制盒输出端，首先连接手动控制功能的交流接触器，放置手动功能开关是为了安全考虑，在网络故障或其他电子故障发生时，可以通过手动打开或关闭该路电源，手动控制的优先级是最高的；其次，在交流接触器末端与后部的断路器相连，因为断路器可以起到电流过载跳闸的保护作用。

如需使用安防功能，则需要预先通过手机APP进行个性化设定：首先，可以设定每一路传感器触发时，是否进行手机APP消息的推送，如果需要推送，可以设定推送内容，文字输入即可；其次，可以实现输入端触发时和输出端的联动控制。如当KC868-H8智能控制盒“输入端6”所接的漏水传感器触发时，自动执行关闭电磁阀的操作，同时推送消息给用户手机，提示“房屋内检测到漏水情况发生，请您尽快回家进行检查，以免造成不必要的损失。”同样，也可以设置为KC868-H8智能控制盒“输入端1”所接的风雨器检测到下雨情况时，自动执行关窗操作，以免雨水进入屋中。

断路器输出端的设备可以是各种不同类型的电器设备，甚至某一个房间的总电源或几路电器设备的总电源，所接负载的功率切勿超过所配断路器的额定功率大小。

KC868-H8智能控制盒的8路“输入端”可以与8路“输出端”进行用户自定义的联动操作，触发执行的动作既支持单个动作的执行，也支持一系列顺序执行的动作（如情景模式的执行）。

图6-32是制作智能型远程控制配电箱的配件，KC868-H8智能控制盒、断路器(2P)、断路器（1P)、交流接触器、配电箱箱体、打标机、电线、旋具、扎带和其他五金工具。

箱体的选择：箱体分为明装和暗装两种。根据实际需要和安装的位置、环境进行选择如图6-33所示。同时，应根据内部安装设备的体积大小进行选配，如控制路数以及断路器和交流接触器的大小，一般功率越大体积越大。

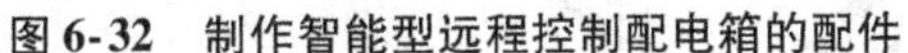

图6-32　制作智能型远程控制配电箱的配件

图6-33　选择箱体

首先，取出配电箱的底板，将要组装的KC868-H8智能控制盒、交流接触器以及断路器进行位置固定，如图6-34所示。将KC868-H8智能控制盒与交流接触器保持适当的距离，摆放开关电源和接线定位排组，测量长度，进行导轨切割。

打开KC868-H8智能控制盒上盖，通过PCB四周的定位螺钉孔，将KC868-H8智能控制盒与底板定位，将导轨用自攻螺钉进行固定，然后按相关配件卡扣到导轨上，如图6-35所示。

图 6-34 固定设备位置

图 6-35 固定导轨

使用打标机对线头的白色套管进行打标处理，如数字 1 ~ 8，相线为“L”，零线为“N”，将导线剪成短线，用于连接交流接触器和断路器，将交流接触器的所有一端作为公共端和相线连接，给 KC868-H8 智能控制盒拧上螺钉，将 KC868-H8 智能控制盒 8 个输出端的其中一个端子作为公共端互相连接，在接线之前，先将事先打标好的套管套入线头，然后进行拧线安装，KC868-H8 智能控制盒输出端完成接线图，如图 6-36 所示，最后将线缆整理整齐。

所用的交流接触器的额定电流为 25A，即最大可以控制 220V × 25A = 5500W 的电器设备，建议预留安全功率的余量，实际使用不应太接近额定功率。如果认为功率为 5500W 还不够大，可以更换更大额定电流的交流接触器进行扩容，可以选用交流 220V 为控制端的交流接触器产品。中间的拨动开关为手动、自动地切换开关。总共有三档，开关拨到“中间”时，即为手机 APP 远程控制模式；拨到最上方时，即为手动打开开关；拨到最下方时，即为手动关闭开关。当手动控制和手机 APP 控制同时操作时，手动控制的优先级是最高的，连接开关电源的 220V 供电电源线，以及直流 12V 输出给 KC868-H8 智能控制盒供电的电源线，整块底板安装完成。

将整块底板直接放入配电箱箱体，同时拧上四周的固定螺钉，于是智能型远程控制配电箱制作完成，如图 6-37 所示。

图 6-36 KC868-H8 智能控制盒输出端完成接线图

图 6-37 电源底板安装图

当智能型远程控制配电箱制作完成后，我们该如何实现负载设备的远程控制呢？

1）首先将断路器输出端连接各路负载，接线方式与传统配电箱的接线方式相同。

2）安防报警功能，应连接安防传感器，将 KC868-H8 智能控制盒输入端和各传感器设备相连，同时将各传感器与外部供电设备相连。

3）将 KC868-H8 智能控制盒连接网线（接入 Internet 的网络环境）和电源线；若现场无有线网络，可以加装 4G 无线路由器使其转换成有线网络或者使用 KC868-H8W Wi-Fi 版本的智能控制盒。

4）配置好 KC868-H8 智能控制盒的 IP 参数（一般默认情况下，出厂为 DHCP 方式，只需插上网线即可工作）。

5）安装手机 APP（通过官网下载苹果/安卓系统手机的二维码）或 PC 端软件（通过官网下载）。

6）通过手机 APP 设置传感器触发后，将执行的动作列表。若需要消息远程推送，则应进行相关的设定。若手机用户已授权多个子用户使用，则推送的消息会同时推送给多个用户，如一家三口人中，其中一人为管理员，其余两人为使用者，当传感器触发后，三人均可收到推送的消息。

智能型远程控制配电箱具备了计算机端远程网络控制、计算机端本地网络控制、手机 APP 远程控制、手动开关直接控制的 4 种控制方式结构，如图 6-38 所示。

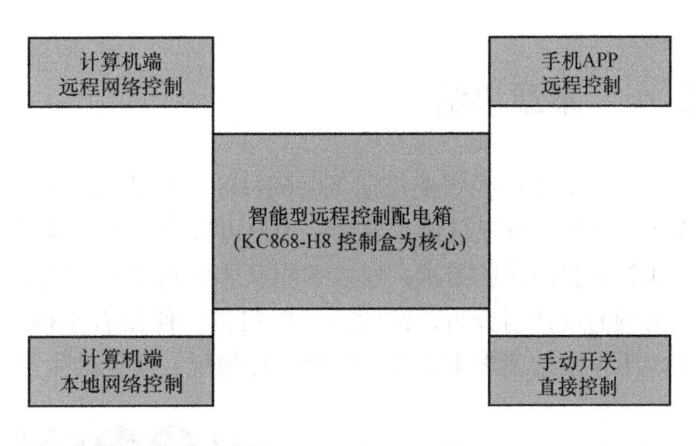

图 6-38　智能型远程控制配电箱控制方式结构

那么如何进行这 4 种模式的实际操作？计算机端应用软件是基于控制盒通信协议开发制作的，软件具有通过本地局域网模式和远程云端模式对控制盒进行控制，以及读取控制盒继电器开关状态的功能。

关于 4 种控制方式的具体操作详见 6.2 节，在此不再详述。

手动开关的控制方式最简单，即直接拨动交流接触器开关进行“开”“关”和“手机 APP 操作模式”的控制。手动将某一路“打开”如图 6-39 所示，手动将某一路“关闭”如图 6-40 所示，手动设置手机 APP 模式如图 6-41 所示。

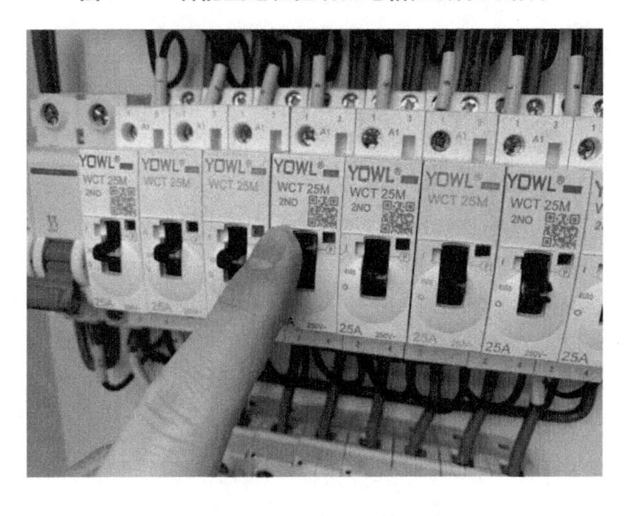

图 6-39　手动打开某一路

至此，我们 DIY 完成了一台智能型远程控制配电箱的制作，但是一台控制盒 8 路控制端不够用时怎么办呢？在此再次提示：有两种解决方法，第一种是用多台 8 路的 KC868-H8 智能控制盒，可以是 2 台、3 台、4 台……只需要将控制盒插上电源和网线即可；第二种是用 32 路的 KC868-H32 智能控制盒，其控制盒输出端与交流接触器和断路器的接线方法同 KC868-H8 智能控制盒的接线一样。

图 6-40 手动关闭某一路

图 6-41 手动设置手机 APP 模式

6.4 本章小结

本章基于晶控智能家居 KC868-H8 主机进行工程案例二次开发，通过分析 KC868-H8/H32 智能控制盒通信协议设计，用户可以通过串口编写指令控制智能家居主机；基于家庭、工业领域智能化的需求，通过智能家居灯光控制系统案例的设计与实施和智能远程控制配电箱案例的设计与分析，给读者一些启发，使读者掌握理论知识和实践应用后，能够解决生活、工作中的诸多不方便，营造一种愉悦、便捷的生活、工作环境。

1. 单独查询某一路继电器当前开关状态的工作指令是什么？如何实现？
2. 查询触发输入端状态的工作指令是什么？
3. 如何通过手机 APP 对智能控制盒的各路灯开关实现远程控制？

第 7 章

智能家居客户端APP的开发技术应用

为了实现家居的人性化，更加符合用户自身需求的智能家居客户端 APP，用户可以依托网络静态库个性化配置智能硬件以及家电操作项目，用户可以个性化命名不同房间，获取房间内设备状态信息，识别设备类型进行智能化控制操作。

7.1 静态库的集成以及登录功能的实现

为了方便用户开发，基于杭州晶控电子有限公司开发的智能家居物联网设备，采用 NET Framework 框架设计其对应的智能家居设备的静态库，通过采用轻量级 IOS APP 开发框架 AFNetworking 对智能家居客户端 APP 进行了二次开发应用。

运行 AFNetworking 开发环境，创建命名为 KinconyDemo 工程项目运行界面如图 7-1 所示，其中 KinconyNetworking 网络静态库可以在杭州晶控电子有限公司官网下载 https://www.hificat.com/services/，静态库依赖开发环境 AFNetworking3.0 以上版本，本项目设计开发选择 AFNetworking3.2.1 版本。

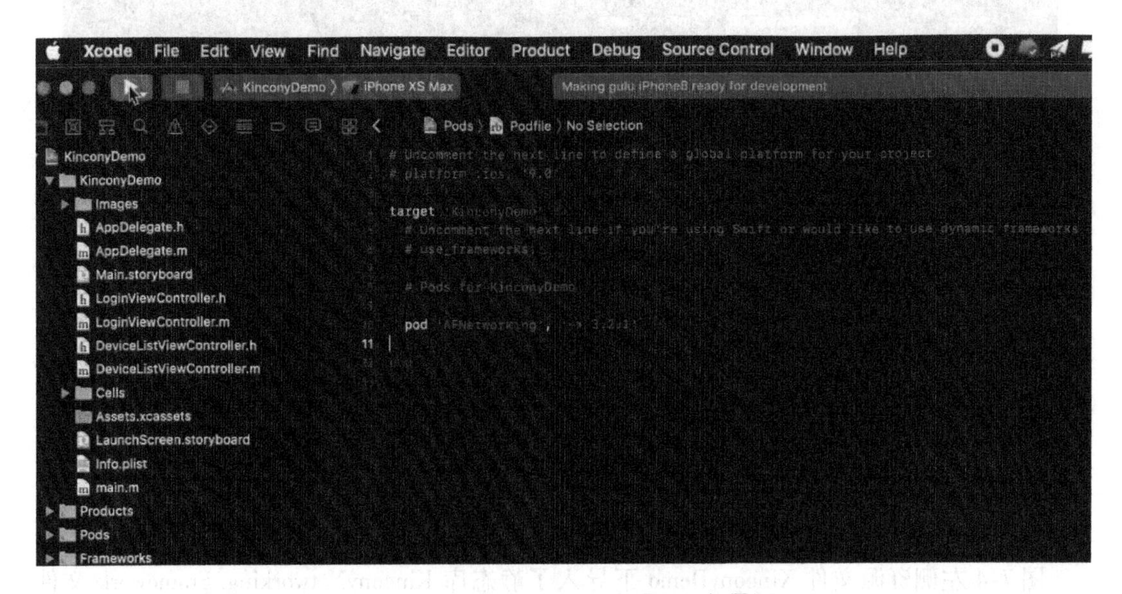

图 7-1 KinconyDemo 工程项目运行界面

右键单击资源文件 KinconyDemo 选择 Add File to “KinconyDemo” 选项如图 7-2，将设计

完成集成化的静态库添加到 KinconyDemo 工程中如图 7-3，静态库添加完成如图 7-4。

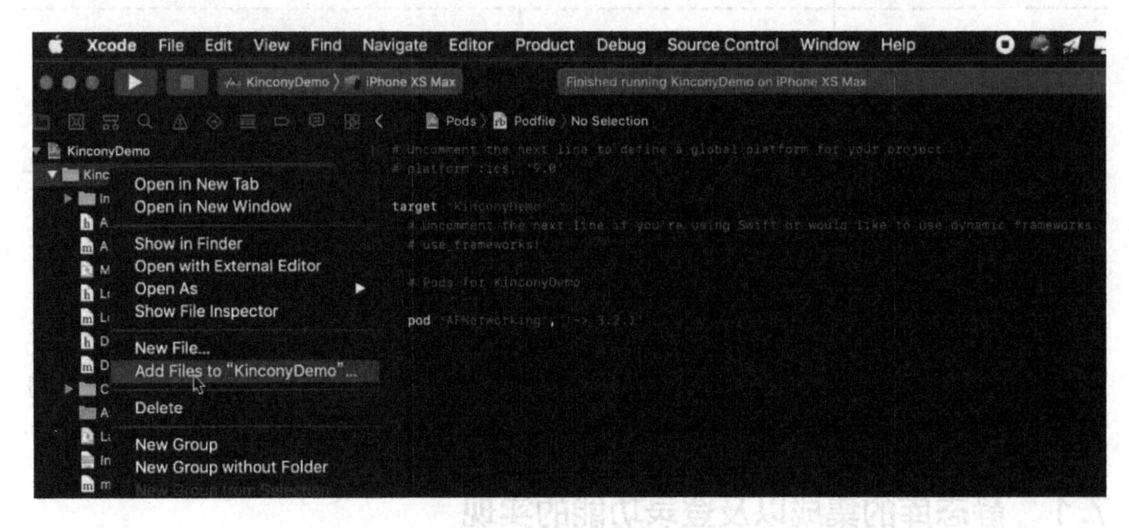

图 7-2　添加文件选项

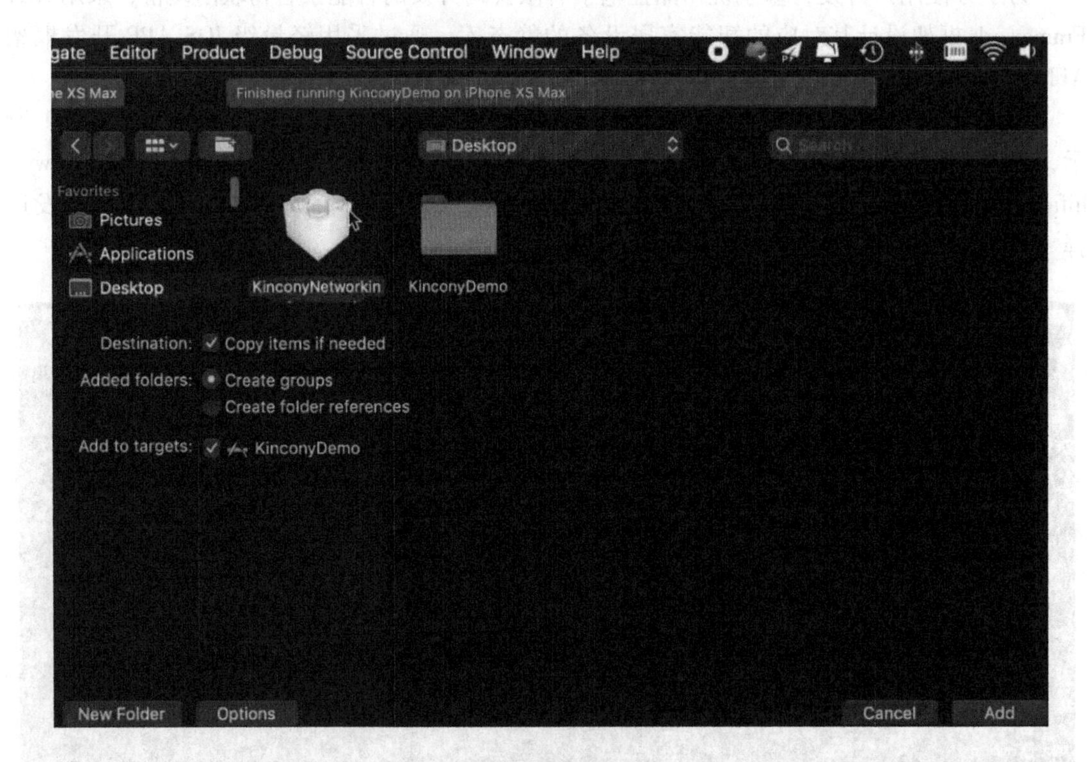

图 7-3　添加静态库

图 7-4 左侧资源文件 KinconyDemo 下导入了静态库 KinconyNetworking. Framework 文件，此时静态库和通信协议（参考第 6 章 6.1 节）已封装好，单击运行，对“KinconyDemo”工程项目进行编译进入系统登录界面，如图 7-5 所示。

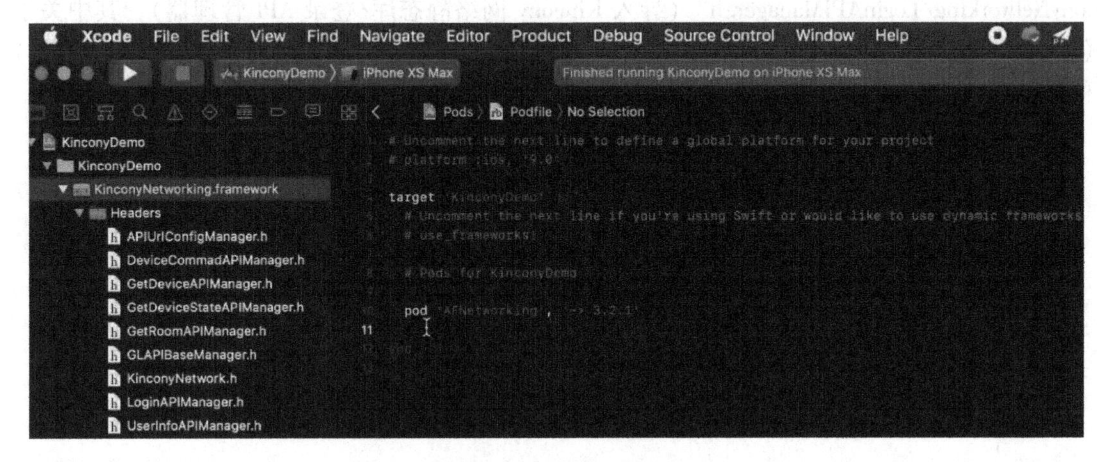

图 7-4　静态库添加完成

图 7-5　登录界面

对“KinconyDemo”工程项目中用户登录功能进行二次开发，选择工程项目文件夹中的 LoginViewController. m 文件，通过对登录接口函数 LoginAPIManager 进行声明、对用户登录参数设置、完成 LoginAPIManager 接口函数的回调以及设计登录按钮控件监听事件，实现用户登录系统的二次开发功能。

首先，针对登录功能导入头文件，#import“LoginViewController. h”（导入登录视图控制器）、#import “DeviceListViewController. h”（导入设备列表视图控制器）、#import “KinconyNetworking/LoginAPIManager. h”（导入 Kincony 网络静态库/登录 API 管理器），其中关于登录 API 管理器（LoginAPIManager）接口方法包含两个参数，分别为登录手机号（UserPhone）和登录密码（Password）用于系统登录参数调用。

1）对 LoginAPIManager 接口方法进行声明：

```
#pragma mark-getters        接口声明
-(LoginAPIManager *)LoginAPIManager{
if (_LoginAPIManager == nil){
    self. LoginAPIManager = [[LoginAPIManager alloc]init];
    self. LoginAPIManager. delegate = self;
    self. LoginAPIManager. ParamSource = self;
    }
return_LoginAPIManager;
}
```

LoginAPIManager 接口方法声明代码中，通过设置协议 self. LoginAPIManager. ParamSource 用来传输 LoginAPIManager 接口方法中两个参数即：登录手机号（UserPhone）和登录密码（Password）；通过设置协议 self. LoginAPIManager. delegate 用来传输 LoginAPIManager 接口调用成功或失败的回调。

2）对 LoginAPIManager 接口方法进行参数设置：

```
@ interface LoginViewController ( ) < GLAPIManagerCallBackDelegate, GLAPIManager-
ParamSource >
#parama mark-GLAPIManagerParamSource        接口参数声明
-(NSDictionary *)paramsForApi:(GLAPIBaseManager *)manager{
NSDictionary *params = @{};
If (manager == self. LoginAPIManager){
        Params = @{
KLoginAPIManagerParamsKeyUserPhone:self. phoneTextField. text,
KLoginAPIManagerParamsKeyPassword:self. passwordTextField. text
            };
        }
return params;
}
```

LoginAPIManager 接口参数代码设计中，采用字典类型 NSDictionary 设计用户登录参数，通过 if 语句判断调用接口是否是 LoginAPIManager，设置 LoginAPIManager 接口方法中两个参数，即用户登录的手机号（UserPhone）和登录密码（Password）。

3）对 LoginAPIManager 接口方法调用成功时的回调代码设计：

```
#parama mark-GLAPIManagerCallBackDelegate        接口回调声明
-(void)managerCallAPIDidSuccess:(GLAPIBaseManager *)manager{
```

```
        NSLog(@" * success:%@",[manager fetchDatawithReformer:nil]);
        }
```

通过 NSLog 方法打印 LoginAPIManager 接口返回的字典类型数据 fetchDatawithReformer。

对 LoginAPIManager 接口方法调用失败时的回调代码设计：

```
-(void)managerCallAPIDidFailed:(GLAPIBaseManager *)manager{
        NSLog(@" * fail:%@",manager.managerError.domain);
        }
```

通过 NSLog 方法打印 LoginAPIManager 接口返回错误信息 managerError. domain。

4）在登录按钮监听事件中，设计 LoginAPIManager 接口调用方法［self. LoginAPIManager loadData］：

```
-(IBAction)LoginBtnAction(id)sender{
[self.LoginAPIManager loadData];
}
```

用户通过对"KinconyDemo"工程项目中用户登录 LoginAPIManager 接口方法声明、参数设置、接口回调、登录按钮监听事件进行设计，运行"KinconyDemo"工程，在用户登录区图 7-6 中输入正确的用户手机号码："13575789565"，密码"111111"，单击"登录"按钮，在"KinconyDemo"工程界面下方调试区打印输出结果，如图 7-7 所示，结果显示用户手机号码和密码登录成功 success，完成用户登录功能系统设计。

图 7-6　用户登录区

```
}
2018-09-29 23:40:01.857035+0800 KinconyDemo[1317:346590] success:{
    Eztoken = "at.4w71814f8krf4ljub7inpqzxazky11s1-1e5ufsep4f-17crsva-sekqgljbn";
    accessToken = "6UBeBhoksAJ37m5n2hVdEg==";
    accountOperationType = 1;
    city = "\U6d59\U6c5f\U7701,\U676d\U5dde\U5e02,\U62f1\U5885\U533a";
    "ez_token" = "at.4w71814f8krf4ljub7inpqzxazky11s1-1e5ufsep4f-17crsva-sekqgljbn";
    isFirst = 1;
    logoAccountType = M;
    refreshToken = "SdBiNc4zC+NTx63Zruv63w==";
    userCode = "U000000005,13575789565";
    userPhone = 13575789565;
    whetherSetPwd = 1;
}
All Output
```

图 7-7　登录成功后打印结果

详细视频操作过程可扫描静态库集成以及登录功能实现视频二维码获取。

静态库集成以及登录功能实现二维码

7.2　用户房间控制信息设计

基于“KinconyDemo”工程项目采用7.1节的设计方法，实现用户系统登录时通过输入用户名和密码完成系统登录。用户登录系统成功后系统控制界面是空白区域，需要用户添加房间信息实现家中不同房间对应的智能家居产品智能化控制。

对“KinconyDemo”工程项目中房间控制信息功能进行二次开发，选择RoomViewController.m文件，通过设计房间控制信息接口函数GetRoomAPIManager进行接口声明、GetRoomAPIManager接口参数设置、GetRoomAPIManager接口函数回调以及主控界面监听事件viewDidLoad接口函数调用，实现房间控制信息二次开发功能。

首先，针对房间控制信息功能导入头文件，#import“RoomViewController.h”（导入房间视图控制器）、#import“KinconyNetworking/GetRoomAPIManager.h”（导入Kingcony网络静态库/获取房间控制API管理器接口方法），其中关于获取房间控制信息接口GetRoomAPIManager使用，用户登录系统时KinconyNetworking网络静态库已将房间控制信息进行封装并集成到KinconyNetworking网络静态库中，系统调用时直接调用GetRoomAPIManager接口。

1）对GetRoomAPIManager接口进行声明：

```
-(GetRoomAPIManager *)GetRoomAPIManager{
if(_GetRoomAPIManager == nil){
```

```
        self. GetRoomAPIManager = [ [ GetRoomAPIManager alloc ] init ] ;
        self. GetRoomAPIManager. delegate = self;
        self. GetRoomAPIManager. ParamSource = self;
        }
    return_GetRoomAPIManager;
    }
```

GetRoomAPIManager 接口方法声明代码中，通过设置协议 self. GetRoomAPIManager. paramSource 用来传输 GetRoomAPIManager 接口方法中的参数；通过设置协议 self. GetRoomAPIManager. delegate 用来传输 GetRoomAPIManager 接口调用成功或者失败的回调。

2）对 GetRoomAPIManager 接口方法进行参数设置：

```
    @ interface  RoomViewController ( )  < GLAPIManagerCallBackDelegate, GLAPIManager-
ParamSource >
    #parama mark- GLAPIManagerParamSource        接口参数声明
    - ( NSDictionary * ) paramsForApi : ( GLAPIBaseManager  * ) manager{
    NSDictionary  * params = @ { } ;
    return params;
}
```

GetRoomAPIManager 接口参数设置代码中，采用字典类型 NSDictionary 设计参数，因为房间控制信息封装并集成到 KinconyNetworking 网络静态库中，固参数 params 设置部分是空参。

3）对 GetRoomAPIManager 接口方法调用成功时的回调代码设计：

```
    #parama mark- GLAPIManagerCallBackDelegate        接口回调声明
    - ( void) managerCallAPIDidSuccess : ( GLAPIBaseManager  * ) manager{
            NSLog( @ "  % @ " , [ manager fetchDatawithReformer : nil ] ) ;
            }
```

通过 NSLog 方法打印 GetRoomAPIManager 接口返回的字典类型数据 fetchDatawithReformer。

对 GetRoomAPIManager 接口方法调用失败时的回调代码设计：

```
    - ( void) managerCallAPIDidFailed : ( GLAPIBaseManager  * ) manager{
            NSLog( @ "  % @ " , manager. managerError. domain) ;
            }
```

通过 NSLog 方法打印 GetRoomAPIManager 接口返回错误信息 managerError. domain。

4）在主控界面监听事件中设计 GetRoomAPIManager 接口调用方法：

```
    [ self. GetRoomAPIManager loadData ] ;
        - ( void)  viewDidLoad  {
        [ super viewDidLoad ] ;
        [ self. GetRoomAPIManager loadData ] ;
        }
```

运行“KinconyDemo”工程，用户登录区输入用户手机号码：13336170200，密码111111，单击登录进入系统，在“KinconyDemo”工程界面下方调试区运行输出结果如图7-8所示，因为GetRoomAPIManager接口中房间信息或者楼层信息已封装并集成在KinconyNet-working网络静态库中，故调试区打印输出结果包含楼层信息数组floorInfo和房间信息数组roomInfo，其中楼层信息数组floorInfo包括每个楼层的楼层码floorCode和楼层名字floorName，房间信息数组roomInfo包括该房间所在的楼层码floorCode、房间码roomCode和房间名room-Name。

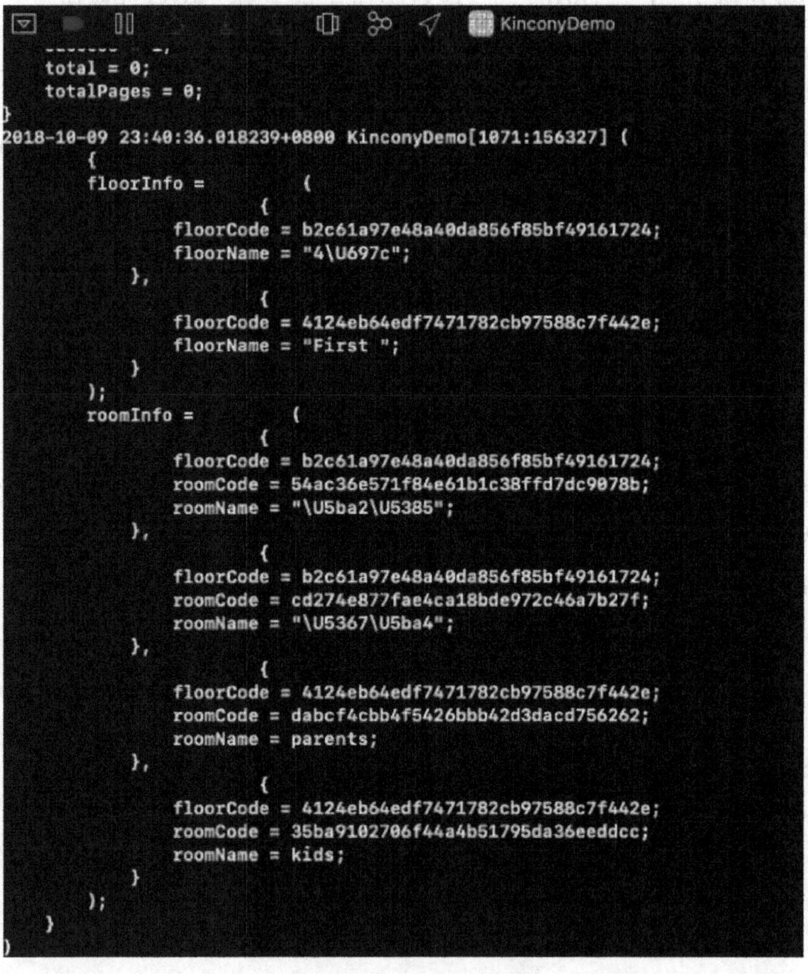

```
KinconyDemo
    total = 0;
    totalPages = 0;
}
2018-10-09 23:40:36.018239+0800 KinconyDemo[1071:156327] (
        {
        floorInfo =         (
                        {
                floorCode = b2c61a97e48a40da856f85bf49161724;
                floorName = "4\U697c";
            },
                        {
                floorCode = 4124eb64edf7471782cb97588c7f442e;
                floorName = "First ";
            }
        );
        roomInfo =         (
                        {
                floorCode = b2c61a97e48a40da856f85bf49161724;
                roomCode = 54ac36e571f84e61b1c38ffd7dc9078b;
                roomName = "\U5ba2\U5385";
            },
                        {
                floorCode = b2c61a97e48a40da856f85bf49161724;
                roomCode = cd274e877fae4ca18bde972c46a7b27f;
                roomName = "\U5367\U5ba4";
            },
                        {
                floorCode = 4124eb64edf7471782cb97588c7f442e;
                roomCode = dabcf4cbb4f5426bbb42d3dacd756262;
                roomName = parents;
            },
                        {
                floorCode = 4124eb64edf7471782cb97588c7f442e;
                roomCode = 35ba9102706f44a4b51795da36eeddcc;
                roomName = kids;
            }
        );
    }
)
```

图7-8 运行输出结果

从图7-8输出结果中获取楼层信息数组floorInfo和房间信息数组roomInfo，对房间控制信息设计时在RoomViewController.m文件中声明数组roomList用来存放房间信息，

```
#property (nonatomic,string) NSMutableArray *roomList;
```

在主控界面监听事件中，设计GetRoomAPIManager接口调用方法加入房间信息数组ro-omList调用语句self.roomList = [[NSMutableArray alloc] init]。

```
- (void) viewDidLoad{
[super viewDidLoad];
self. roomList = [[NSMutableArray alloc] init];
[self. GetroomAPIManager loadData];
}
```

打印结果以房间信息数组形式体现，在 GetRoomAPIManager 接口成功回调语句中，设计获取房间信息数组的第一个元素 NSDictionary * dic = array. firstObject，将房间信息数据存放在声明的数组变量 roomList 中。

```
- (void) managerCallAPIDidSuccess: (GLAPIBaseManager * ) manager{
    NSLog(@" %@", [manager fetchDatawithReformer: nil]);
    NSArray * array = [manager fetchDatawithReformer: nil];
    NSDictionary * dic = array. firstObject;
    self. roomList = [dic objectForKey: @""];
    }
```

设计 UI 界面中房间数量，设计 tableView 布局类型以行（row）的形式放置房间数量 self. roomList. count。

```
#pragma mark- Table view data source
- (NSInteger) tableView: (UITableView * ) tableView numberofRowsInSection: (NSInteger)
section{
    return self. roomList. count;
}
```

设计 UI 界面中房间名称以字典类型 NSDictionary 在房间列表 roomList 中显示。

```
- (UITableViewCell * ) tableView: (UITableView * ) tableView cellForRowsAtIndexPath:
(NSIndexPath * ) indexPath{
    UITableViewCell * cell = [ tableView dequeueResusableCellWithIndentifier: @"room-
Cell" forIndexPath: indexPath];
NSDictionary * dic = [self. roomList objectAtIndex: indexPath. row];
Cell. textLabel. text = [dic objectforKey: @"roomName"];
Return cell;
}
```

再一次运行“KinconyDemo”工程，通过运行虚拟机用户成功登录系统后，进入房间控制主界面，结果显示在 roomList 列表中按照行的形式已成功添加房间名称，分别为客厅、卧室、parents（父母）房间和 kids（儿童）房间，完成房间控制信息设计功能，如图 7-9 所示。

同理，按照 7.2 节设计房间信息的方法来设置楼层，详细视频操作过程可扫描设计房间和楼层控制信息二维码获取。

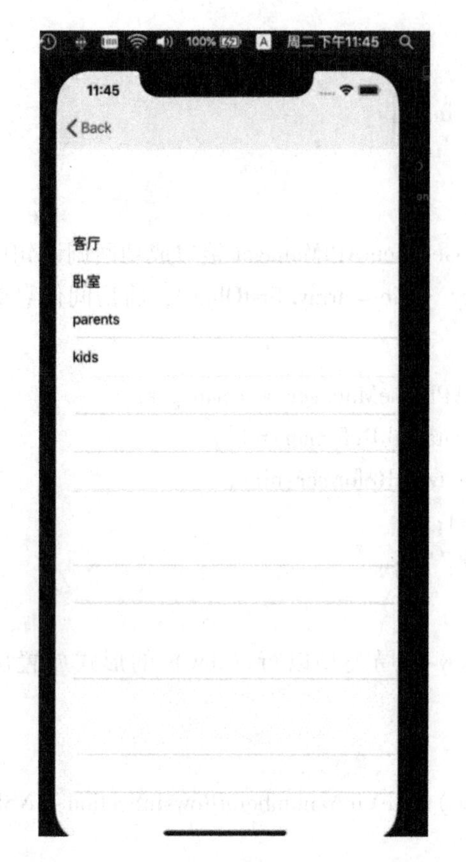

图 7-9 用户成功添加房间控制信息界面

设计房间和楼层控制信息操作视频二维码

7.3 获取房间内设备信息

基于“KinconyDemo”工程项目采用 7.2 节设计方法实现房间信息获取，本节在 7.2 节房间信息获取基础上继续对房间设备信息获取进行开发设计。

对“KinconyDemo”工程项目中房间内设备信息获取功能进行二次开发，选择 DeviceListViewController. m 文件，通过设计房间内设备信息获取的接口函数 GetDeviceAPIManager 进行声明、GetDeviceAPIManager 接口参数设置、GetDeviceAPIManager 接口函数回调、房间内设备信息 viewDidLoad 函数调用以及房间信息 roomDic 的传递，实现房间内设备信息获取功能的开发应用。

首先针对房间内设备信息获取功能导入头文件，#import “DeviceListViewController. h”（导入房间内设备列表视图控制器）、#import “KinconyNetworking/GetDeviceAPIManager. h”（导入 Kincony 网络静态库/获取设备信息 API 管理器），其中关于房间内设备信息获取接口 GetDeviceAPIManager 的使用，用户登录系统后 KinconyNetworking 网络静态库已将房间内设备控制信息进行封装并集成到该网络静态库中，系统调用时直接调用 GetDeviceAPIManager 接口。

1）对获取设备信息 GetDeviceAPIManager 接口进行声明：

```
@ property (nonatomic,strong) GetDeviceAPIManager * GetDeviceAPIManager;
-(GetDeviceAPIManager * )getDeviceAPIManager{
if (_GetDeviceAPIManager == nil) {
    self. GetDeviceAPIManager = [[GetDeviceAPIManager alloc]init];
    self. GetDeviceAPIManager. delegate = self;
    self. GetDeviceAPIManager. ParamSource = self;
    }
return_GetDeviceAPIManager;
}
```

GetDeviceAPIManager 接口方法声明代码中，通过设置协议 self. GetDeviceAPIManager. paramSource 用来传输 GetDeviceAPIManager 接口方法中的参数；通过设置协议 self. GetDeviceAPIManager. delegate 用来传输 GetDeviceAPIManager 接口调用成功或者失败的回调。

2）对 GetDeviceAPIManager 接口方法进行参数设置：

```
@ interface DeviceListViewController( ) < GLAPIManagerParamSource, GLAPIManagerCall-
BackDelegate, >
#parama mark- GLAPIManagerParamSource      接口参数声明
-(NSDictionary * )paramsForApi:( GLAPIBaseManager * )manager{
NSDictionary * params = @{};
return params;
}
```

GetDeviceAPIManager 接口参数设置代码中，采用字典类型 NSDictionary 设计 GetDeviceAPIManager 接口传输的参数，因为房间内设备信息封装并集成到 KinconyNetworking 网络静态库中，固参数 params 设置部分是空参。

3）对 GetDeviceAPIManager 接口方法调用成功时的回调代码设置：

```
#parama mark- GLAPIManagerCallBackDelegate      接口回调声明
-(void)managerCallAPIDidSuccess:(GLAPIBaseManager * )manager{
    NSLog(@" %@",[manager fetchDatawithReformer:nil]);
    }
```

通过 NSLog 方法打印 GetDeviceAPIManager 接口返回的字典类型数据 fetchDatawithReformer。

对 GetDeviceAPIManager 接口方法调用失败时的回调代码设置：

```
-(void)managerCallAPIDidFailed:(GLAPIBaseManager * )manager{
    NSLog(@"error %@",manager. managerError. domain);
    }
```

通过 NSLog 方法打印 GetDeviceAPIManager 接口返回错误信息 managerError. domain。

4）在房间内设备信息界面设计 GetDeviceAPIManager 接口调用方法［self. GetDeviceAPI-

Manager loadData]；

```
-(void)viewDidLoad{
[super viewDidLoad];
[self. GetDeviceAPIManager loadData];
}
```

5）将7.2节设计成功的房间信息传递到房间内设备信息添加项目中，打开DeviceList-ViewController. h文件，添加字典类型房间信息变量NSDictionary *roomDic：

```
#property (nonatomic,strong) NSDictionary *roomDic;
```

打开RoomViewController. m文件将DeviceListViewController. h文件中设置的房间信息变量roomDic传递到RoomViewController. m文件中，RoomViewController. m文件中代码设计如下：

```
-(void)tableView:(UITableView *)tableView DidSelectRowAtIndexPath:(NSIndexPath
*)indexPath{
NSDictionary *roomDic = [self. roomList objectAtIndex:indexPath. row];
[self. performseguewithIdentifier:@"ShowDeviceSegue"sender:roomDic];
}
```

运行“KinconyDemo”工程，用户登录区输入用户手机号码：13336170200，密码111111，单击登录进入系统，房间列表中选择客厅按钮单击运行，查看设备添加数据信息，在“KinconyDemo”工程界面下方调试区打印设备添加信息输出结果如图7-10所示，该输出结果显示房间内设备的地址信息（deviceAddress）、设备序号（deviceNum）、设备类型（deviceType）等信息，当前输出结果将系统中设计的所有房间（客厅、餐厅、父母房间和儿童房间）对应的设备信息全部输出，并不是单击客厅按钮输出的是客厅房间对应的设备信息。

当单击客厅按钮时如何过滤其他房间设备信息，只显示客厅房间对应设备的添加信息，设计时在DeviceListViewController. m文件中声明数组deviceList用来存放房间内设备信息，

```
#property (nonatomic,string)NSMutableArray *deviceList;
```

在房间界面监听事件中，通过对GetDeviceAPIManager接口调用方法加入房间内设备信息数组deviceList，获取设备列表选项，调用语句self. deviceList = [[NSMutableArray alloc] init]。

```
-(void)viewDidLoad{
[super viewDidLoad];
self. deviceList = [[NSMutableArray alloc] init];
[self. GetDeviceAPIManager loadData];
}
```

设计选取对应房间内设备信息方法：遍历数组deviceList中设备信息dic对应的room-Code与传递的roomDic房间信息roomCode是否一致，如果一致将设备信息dic存放到数组array addObject：dic中。

```
KinconyDemo
)
2018-10-10 23:40:12.808501+0800 KinconyDemo[3134:236927] (
        {
        deviceAddress = "596292524,1";
        deviceNum = 1;
        deviceType = 101;
        hostCode = commonsxt;
        icon = "list_camera";
        nickName = "\U6f14\U793a\U7bb1KSUGDW";
        roomCode = 54ac36e571f84e61b1c38ffd7dc9078b;
        roomName = "\U5ba2\U5385";
        userCode = 52358774f0684a8aa42cd93200e8b8bf;
        validationCode = KSUGDW;
    },
        {
        deviceAddress = 585031;
        deviceCode = ea8abb968617a09915ede537;
        deviceNum = 1;
        deviceType = 1;
        hostCode = ea8abb968617a09915ede537;
        icon = "\U53cc\U5411\U706f";
        nickName = "\U706f1";
        roomCode = 54ac36e571f84e61b1c38ffd7dc9078b;
        roomName = "\U5ba2\U5385";
        userCode = 52358774f0684a8aa42cd93200e8b8bf;
    },
        {
        deviceAddress = 585032;
        deviceCode = ea8abb968617a09915ede537;
        deviceNum = 2;
        deviceType = 1;
        hostCode = ea8abb968617a09915ede537;
        icon = "\U53cc\U5411\U706f";
        nickName = "\U706f3";
```

图 7-10　运行输出结果

```
-(NSMutableArray *)GetRoomDevice:(NSArray *)deviceList{
    NSMutableArray *array=[[NSMutableArray alloc] init];
    for(NSDictionary *dic in deviceList){
    if([[dic objectforkey:@"roomCode"] isEqualToString:[self.roomDic objectforkey:
@"roomCode"]]){
    [array addObject:dic];
    }
    }
    return array
    }
```

设备添加信息输出结果以数组形式体现，在 GetDeviceAPIManager 接口成功回调语句中，设计获取过滤后房间对应设备信息数组 self. deviceList = [self GetRoomDevice: array]，将过滤后对应房间的设备信息 deviceList 通过 NSLog（@"%@"，self. deviceList）打印输出。

```
-(void)managerCallAPIDidSuccess:(GLAPIBaseManager *)manager{
    NSArray *array=[manager fetchDataWithReformer:nil];
    self.deviceList=[self GetRoomDevice:array];
    NSLog(@"%@",self.deviceList);
    }
```

再一次运行“KinconyDemo”工程，通过运行虚拟机用户成功登录系统后，进入房间控制主界面，单击客厅按钮，在系统调试结果输出区域（见图7-11）通过过滤将客厅房间对应的设备输出，此时没有将所有房间对应的设备进行输出，输出的客厅房间设备其roomCode是相同的，从而完成房间内设备获取设计功能。

详细操作过程可以扫描如何获取房间内设备操作视频二维码获取。


```
KinconyDemo
    roomName = "\U5ba2\U5385";
    userCode = 52358774f0684a8aa42cd93200e8b8bf;
},
    {
    deviceAddress = 15670042;
    deviceCode = ea8abb968617a09915ede537;
    deviceNum = 1;
    deviceType = 4304;
    hostCode = ea8abb968617a09915ede537;
    icon = "\U7a97\U5e18";
    nickName = "433\U7535\U52a8\U7a97\U5e18";
    roomCode = 54ac36e571f84e61b1c38ffd7dc9078b;
    roomName = "\U5ba2\U5385";
    userCode = 52358774f0684a8aa42cd93200e8b8bf;
},
    {
    deviceAddress = 63385803;
    deviceCode = ea8abb968617a09915ede537;
    deviceNum = 1;
    deviceType = 5314;
    hostCode = ea8abb968617a09915ede537;
    icon = "\U95e8\U9501";
    nickName = "\U5927\U95e8\U95e8\U9501";
    roomCode = 54ac36e571f84e61b1c38ffd7dc9078b;
    roomName = "\U5ba2\U5385";
    userCode = 52358774f0684a8aa42cd93200e8b8bf;
},
    {
    deviceAddress = 24478;
    deviceCode = ea8abb968617a09915ede537;
    deviceNum = 0;
    deviceType = 99;
    hostCode = ea8abb968617a09915ede537;
    icon = "\U7535\U89c6";
    nickName = "\U7535\U89c6\U673a";
    roomCode = 54ac36e571f84e61b1c38ffd7dc9078b;
    roomName = "\U5ba2\U5385";
    userCode = 52358774f0684a8aa42cd93200e8b8bf;
}
```


图7-11 设备信息添加运行结果

获取房间内设备操作视频二维码

7.4 识别房间内设备类型

通过7.3节知识应用用户登录系统成功获取房间内设备，本节在用户获取房间内设备开发技能基础上，继续深入设计如何识别房间内不同设备的类型。

以识别房间内灯控开关设备为案例，通过对“KinconyDemo”工程项目中房间内灯控开关设备类型识别功能进行应用技术开发，选择DeviceListViewController.m文件和LightCell.m文件，依据7.3节知识内容通过设计房间内设备信息获取的接口函数GetDeviceAPIManager进行声明、GetDeviceAPIManager接口参数设置、GetDeviceAPIManager接口函数回调、房间内设备viewDidLoad函数调用以及房间信息roomDic的传递，实现房间内设备获取功能，继续在此基础上对获取的设备进行设备类型识别，设置deviceType值为1则该设备为灯开关设备，否则其他设备均定义为未知设备类型。

首先针对设备类型识别功能导入头文件，#import“DeviceListViewController.h”（导入房间内设备列表视图控制器）、#import“KinconyNetworking/GetDeviceAPIManager.h”（导入Kincony网络静态库/获取设备API管理器），#import“LightCell.h”（灯控单元）。

在 DeviceListViewController. m 文件中设计设备识别代码，通过读取每个设备字典类型变量 NSDictionary * dic = [self. deviceList objectAtIndex: indexPath]，判断 deviceType 值，如果 deviceType 为 1，则该设备识别为灯开关设备“LightCell”，如果 deviceType 不为 1，则该设备识别为未知设备“UnknowCell”。

```
    - ( UITableViewCell * ) tableView: ( UITableView  * ) tableView  cellForRowAtIndexPath:
(NSIndexPath  * )indexPath{
    NSDictionary  * dic = [self. deviceList objectAtIndex:indexPath];
    if( [ [ dic objectForKey:@" deviceType" ] isEqalToString:@"1" ] ) {
LightCell  * cell = [tableView dequeueReusableCellWithIdentifier:@"LighCell"];
        [cell setDevice:dic];
        return cell;
        } else{
UITableViewCell  * cell = [tableView dequeueReusableCellWithIdentifier:@"UnknowCell"];
        return cell;
            }
    }
```

运行“KinconyDemo”工程，通过运行虚拟机用户成功登录系统后，进入房间控制界面，单击展厅按钮，进入展厅设备列表选项界面，对设备类型 deviceType 为 1 的房间灯开关设备进行识别，系统识别出办公室灯和样品室灯，当设备类型 deviceType 不为 1 情况下房间内的设备识别认为未知设备，从而完成房间内灯控开关设备类型识别功能如图 7-12 所示。

详细操作过程可以扫描如何识别房间内设备类型视频二维码获取。

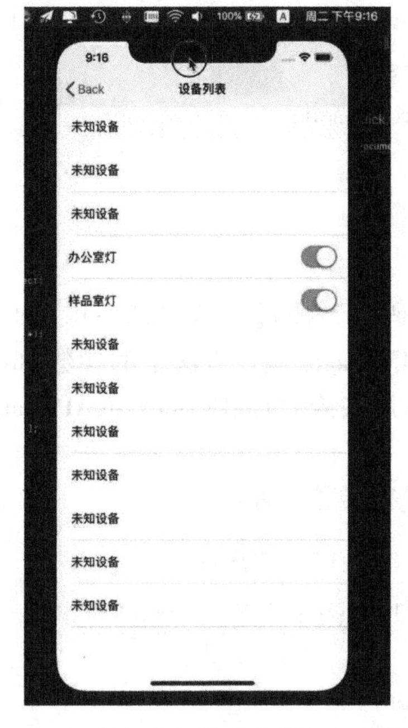

图 7-12　房间内灯控开关设备识别结果

识别房间内设备类型
视频操作二维码

7.5 获取房间内设备状态

基于“KinconyDemo”工程项目采用7.4节设计方法识别房间内设备类型，本节在7.4节设备类型识别基础上对房间内设备状态获取方法进行设计。

以获取房间内灯控开关设备状态为案例，通过对“KinconyDemo”工程项目中房间内灯控开关设备状态获取功能进行技术开发，选择DeviceListViewController. m文件和LightCell. m文件，通过设计房间内设备状态信息获取接口函数GetDeviceStateAPIManager进行声明、roomCode参数设置、GetDeviceStateAPIManager接口函数回调、房间内设备viewDidLoad函数调用，以及通过对房间内设备类型变量deviceType值识别设备类型，获取房间内设备状态信息。

首先针对设备状态信息获取功能导入头文件，#import“DeviceListViewController. h”（导入房间内设备列表视图控制器）、#import“KinconyNetworking/GetDeviceAPIManager. h”（导入Kincony网络静态库/获取设备API管理器），#import“KinconyNetworking/GetDeviceStateAPIManager. h”（导入Kincony网络静态库/获取设备状态API管理器），#import“LightCell. h”（灯控单元）。其中关于获取设备状态API管理器（GetDeviceStateAPIManager）接口方法传输参数设计为kGetDeviceStateAPIManagerParamsKeyRoomCode（即RoomCode），用于获取设备状态时调用。

1）对GetDeviceStateAPIManager获取设备状态接口进行声明：

```
@property (nonatomic,strong)GetDeviceStateAPIManager
 * GetDeviceStateAPIManager;
-(GetDeviceStateAPIManager * )GetDeviceStateAPIManager{
if (_GetDeviceStateAPIManager == nil) {
   self. GetDeviceStateAPIManager = [[GetDeviceStateAPIManager alloc]init];
   self. GetDeviceStateAPIManager. delegate = self;
   self. GetDeviceStateAPIManager. paramSource = self;
   }
return_GetDeviceStateAPIManager;
}
```

GetDeviceStateAPIManager接口方法声明代码中，通过设置协议self. GetDeviceStateAPIManager. paramSource用来传输GetDeviceStateAPIManager接口方法中的参数RoomCode；通过设置协议self. GetDeviceStateAPIManager. delegate用来传输GetDeviceStateAPIManager接口调用成功或者失败的回调。

2）对GetDeviceStateAPIManager接口方法进行参数设置：

```
#parama mark-GLAPIManagerParamSource      接口参数声明
-(NSDictionary * )paramsForApi:( GLAPIBaseManager  * )manager{
NSDictionary  * params = @ { } ;
if(manager == self. GetDeviceStateAPIManager) {
params = @ {
```

```
    kGetDeviceStateAPIManagerParamsKeyRoomCode:[self. roomDic objectForKey:@" room-
Code"]
    };
    }
    return params;
}
```

GetDeviceStateAPIManager 接口参数设计代码中，采用字典类型 NSDictionary 设计设备状态信息传输参数 RoomCode，从房间信息 roomDic 中读取 RoomCode 用于设备状态获取。

3）对 GetDeviceStateAPIManager 接口方法调用成功时的回调代码设计：

```
#parama mark-GLAPIManagerCallBackDelegate        接口回调声明
-(void)managerCallAPIDidSuccess:(GLAPIBaseManager *)manager{
    if(manager == self. GetDeviceAPIManager)    获取设备接口
    {
    NSArray *array = [manager fetchDataWithReformer:nil];
    self. deviceList = [self GetroomDevice:array];
    NSLog(@"%@",self. deviceList);
    [self. tableView reloadDate];
    }
    else if(manager == self. GetDeviceStateAPIManager) 获取设备状态接口
    {
    NSLog(@"%@",[manager fetchDatawithReformer:nil]);
        }
    }
```

如果 manager 获取设备 API 接口为 GetDeviceAPIManager，通过 NSLog 方法打印 GetDeviceAPIManager 接口返回的设备列表信息。如果 manager 获取设备状态 API 接口 GetDeviceStateAPIManager，通过 NSLog 方法打印 GetDeviceStateAPIManager 接口返回的字典类型数据。

4）对房间内设备列表界面设计 GetDeviceStateAPIManager 接口调用方法［self. GetDeviceStateAPIManager loadDate］：

```
-(void)viewDidLoad{
[super viewDidLoad];
[self. deciveList = [[NSMutableArray Array alloc] init];
[self. GetDeviceAPIManager loadDate];
[self. GetDeviceStateAPIManager loadDate];}
```

运行“KinconyDemo”工程，打开虚拟机系统，用户在虚拟机系统中登录区输入用户手机号码和密码，单击登录进入系统，房间列表中选择展厅按钮单击显示设备列表数据，在“KinconyDemo”工程界面下方调试区显示获取设置状态 GetDeviceStateAPIManager 接口返回数据，包括设备地址信息（deviceAddress）和状态（state）。

通过图 7-13 获取设置状态 GetDeviceStateAPIManager 接口返回数据，即设备地址信息（deviceAddress）找到其对应的设备类型，将设备状态传输给该地址信息对应的设备，从而实现设备状态获取功能，设计步骤如下：

```
        deviceType = 99;
        hostCode = 4a81f0670f4497bf49360ffd;
        icon = "\U7acb\U5f0f\U7a7a\U8c03";
        nickName = "\U7a7a\U8c03";
        roomCode = 4dc2ce0471d44111aeb0028fcffa8678;
        roomName = "\U5c55\U793a\U5385";
        userCode = U000000005;
    }
)
2018-10-17 21:03:36.725736+0800 KinconyDemo[1119:145954] (
        {
        deviceAddress = 612312;
        state = 0;
    },
        {
        deviceAddress = 612311;
        state = 0;
    }
)
```

图 7-13 设备状态接口运行结果

1）在 DeviceListViewController. m 文件中，声明数组变量 deviceStateList 存放设备状态信息：

```
#property (nonatomic,strong) NSArray * deviceStateList。
```

2）在 GetDeviceStateAPIManager 接口调用方法 viewDidLoad{} 中加载设备状态信息 deviceStateList：

```
self. deciveStateList = [[NSArray alloc] init]。
```

3）在 GetDeviceStateAPIManager 接口方法调用成功时 managerCallAPIDidSuccess {} 的回调代码中，当获取设备状态接口 GetDeviceStateAPIManager 时，设置设备状态信息返回的字典类型数据：

```
[self. deviceStateList = [manager fetchDatawithReformer:nil]。
```

4）设计从设备列表中根据设备地址获取设备状态信息的方法，采用 for 语句遍历设备地址一致性特征，根据传入的设备地址参数 deviceAddress 判断与设备状态列表 deviceStateList 中的设备地址 deviceAddress 是否一致，如果一致则返回设备状态信息 state，如果遍历后未能匹配对应的设备地址，则返回空字符串。

```
-(NSString *)GetDeviceStateBydeviceAddress:(NSString *)deviceAddress{
for(NSDitionary *dic in self. deviceStateList){
if([deviceAddress isEqualToString:[dic objectForKey:@"deviceAddress"]])
{
return [dic objectForKey:@"state"]
}
}
```

```
        Return @"";
    }
```

5）在LightCell. h文件中，设置字符串类型变量deviceState存放设备状态：

```
    #property ((nonatomic,strong) NSString * deviceState。
```

6）在LightCell. m文件中，设计设置设备状态setDeviceState方法，设置设备状态deviceState为0，则灯控制开关关闭；设置设备状态deviceState为100，则灯控制开关打开。

```
    -(void)setDeviceState:(NSString * )deviceState{
    if([deviceState isEqualToString:@"0"])
    {
    self. LightSwitch. on = NO;
    }
    else if([deviceState isEqualToString:@"100"]){
    self. LightSwitch. on = YES;
      }
    }
```

7）将LightCell. m文件中设计的设备状态deviceState信息传递到DeviceListViewController. m文件识别房间内设备类型方法中，通过添加灯控开关设备地址信息获取灯控开关设备状态cell. deviceState = [self GetDeviceStateByDeviceAddress:[dic objectForKey:@"deviceAssress"]]。

```
    -(UITableViewCell * )tableView:(UITableView * )tableView cellForRowAtIndexPath:
(NSIndexPath * )indexPath{
    NSDictionary * dic = [self. deviceList objectAtIndex:indexPath];
    if([[dic objectForKey:@" deviceType"]isEqalToString:@"1"]){
LightCell * cell = [tableView dequeueReusableCellWithIdentifier:@"LighCell"];
        [cell setDevice:dic];
        cell . deviceState = [self getDeviceStateByDeviceAddress:[dic objectForKey:@"deviceAssress"]];
        return cell;
        }else{
UITableViewCell * cell = [tableView dequeueReusableCellWithIdentifier:@"UnknowCell"];
        return cell;
            }
    }
```

刷新TableView中的数据，再一次运行“KinconyDemo”工程，通过运行虚拟机用户成功登录系统后，单击展厅房间，进入设备列表项目，设置状态GetDeviceStateAPIManager接口返回数据deviceState为0，则运行灯控制设备为关的状态（见图7-14），实现房间内灯控开关设备关状态的获取功能。

详细操作步骤可以参考灯控设备开与关状态操作视频二维码获取。

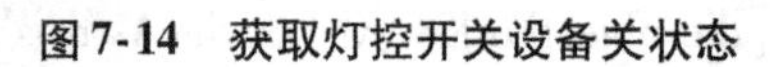

图 7-14 获取灯控开关设备关状态

灯控设备开与关状态
操作视频二维码

7.6 改变房间内设备状态

基于“KinconyDemo”工程项目采用 7.5 节设计方法获取房间内设备状态，本节在 7.5 节设备状态获取基础上改变房间内设备状态进行设计开发。

以改变房间内灯控开关设备状态为案例，通过对“KinconyDemo”工程项目中房间内灯控开关设备状态改变功能进行开发，选择 LightCell. m 文件，通过设计改变设备状态接口函数 DeviceCommadAPIManager 进行声明、设备地址与控制命令参数设置、改变灯控状态监听事件方法设计、DeviceCommadAPIManager 接口函数回调、实现房间内设备状态信息改变功能。

首先针对改变设备状态功能导入头文件，#import“LightCell. h”（灯控单元）、#import“KinconyNetworking/DeviceCommadAPIManager. h”（导入 Kincony 网络静态库/改变设备状态 API 管理器接口），其中关于改变设备状态（DeviceCommadAPIManager）接口方法传输参数设置 kDeviceCommadAPIManagerParamsKeyDeviceAddress（DeviceAddress），用于获取设备地址；设置 kDeviceCommadAPIManagerParamsKeyCommad（Commad），用于获取设备控制命令。

1）对 DeviceCommadAPIManager 改变设备状态接口进行声明：

```
@property (nonatomic,strong) DeviceCommadAPIManager * DeviceCommadAPIManager;
-(DeviceCommadAPIManager *)DeviceCommadAPIManager{
```

```
if (_DeviceCommadAPIManager == nil) {
    self. DeviceCommadAPIManager = [[DeviceCommadAPIManager alloc]init];
    self. DeviceCommadAPIManager. delegate = self;
    self. DeviceCommadAPIManager. paramSource = self;
    }
return  _DeviceCommadAPIManager;
}
```

DeviceCommadAPIManager 接口方法声明代码中，通过设计协议 self. deviceCommadAPIManager. paramSource 用来传输 DeviceCommadAPIManager 接口方法中的参数设备地址 DeviceAddress 和控制命令 Commad；通过设置协议 self. DeviceCommadAPIManager. delegate 用来传输 DeviceCommadAPIManager 接口调用成功或者失败的回调。

2）声明放置改变设备状态的全局变量 commadStr：

```
@property (nonatomic,strong) NSString *commadStr;
```

3）对 DeviceCommadAPIManager 接口方法进行参数设置：

```
@interface LightCell() <GLAPIManagerParamSource,GLAPIManagerCallBackDelegate>
#parama mark-GLAPIManagerParamSource      接口参数声明
-(NSDictionary *)paramsForApi:( GLAPIBaseManager *)manager{
NSDictionary *params = @{};
if(manager == self. deviceCommadAPIManager){
params = @{
kDeviceCommadAPIManagerParamsKeyDeviceAddress:[self. dic objectForKey:@"deviceAddress"],
kDeviceCommadAPIManagerParamsKeyCommad:[self. commadStr]
};
}
return params;
}
```

DeviceCommadAPIManager 接口参数设计代码中，采用字典类型 NSDictionary 设计改变设备状态信息传输参数，通过 if 语句判断调用接口是否是 DeviceCommadAPIManager，设置 DeviceCommadAPIManager 接口方法中两个参数，即设备地址（deviceAddress）和设备控制命令（commadStr）。

4）设计改变灯控开关状态事件监听方法 LightSwitchChanged {}，如果灯控设备状态设置开状态，则控制命令 commadStr 设置为 100，如果灯控设备状态设置关状态，则控制命令 commadStr 设置为 0。

```
-(IBAction)lightSwitchChanged:(id)sender{
    if(self. lightSwitch. isOn){
      self. commadstr = @"100";
    }else{
```

```
        self.commadstr = @"0";
    }
        [self.deviceCommadAPIManager loadData];
    }
```

5）对 DeviceCommadAPIManager 接口方法调用成功时的回调代码设计：

```
#parama mark-GLAPIManagerCallBackDelegate    接口回调声明
-(void)managerCallAPIDidSuccess:(GLAPIBaseManager *)manager{
    NSLog(@"%@",[manager fetchDatawithReformer:nil]);
    }
```

通过 NSLog 方法打印 DeviceCommadAPIManager 接口返回的字符串类型数据。

对 DeviceCommadAPIManager 接口方法调用失败时的回调代码设计：

```
-(void)managerCallAPIDidFailed:(GLAPIBaseManager *)manager{
    NSLog(@"error %@",manager.managerError.domain);
    }
```

通过 NSLog 方法打印 DeviceCommadAPIManager 接口返回错误信息 managerError.domain。

运行“KinconyDemo”工程，打开虚拟机系统，用户在虚拟机系统中登录区输入用户手机号码和密码，单击登录进入系统，在房间列表中选择展厅按钮，单击显示办公室灯和样品室灯处于关闭状态，如图 7-15 所示，此时控制设备命令 commadStr 值为 0，向左滑动办公室灯控按钮进行事件监听，办公室灯此时处于打开状态，如图 7-16 所示，此时控制设备命令 commadStr 值为 100，实现对灯控设备开与关状态的改变。

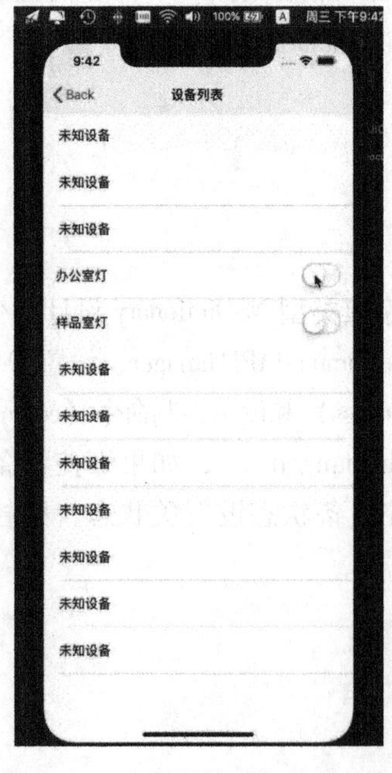

图 7-15　改变灯控设备关闭状态

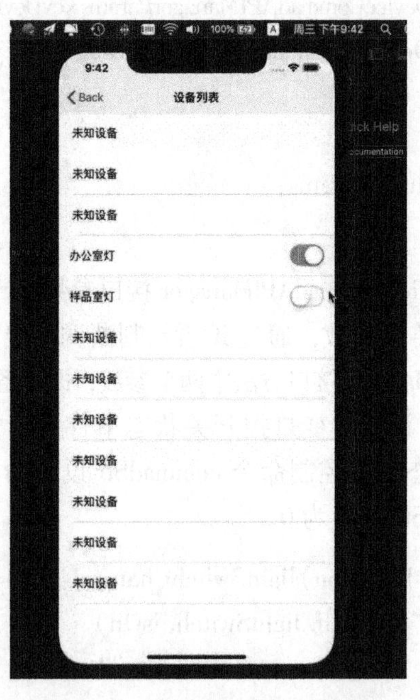

图 7-16　改变灯控设备打开状态

详细操作步骤可以参考改变灯控设备开关状态操作二维码获取视频信息。

改变灯控设备状态操作视频二维码

7.7　情景模式控制

情景模式控制是一种联合调控多个设备实现不同情景而选择的应答模式。以设计情景模式中模式名字 modelName 为案例，通过对“KinconyDemo”工程项目中情景模式控制功能设计进行开发。在“KinconyDemo”工程项目 UI 界面右上角添加 Button 按钮作为情景模式按钮，通过对情景模式按钮设置监听事件，完成情景模式控制功能设计。

在“KinconyDemo”工程项目文件夹中，选择 GainModelView. m 文件，通过情景模式接口函数 GetGainModelAPIManager 进行声明、模式 Id 参数设置、GetGainModelAPIManager 接口函数回调以及情景模式监听事件 viewDidLoad 函数调用，实现情景模式控制信息的二次开发功能。

首先针对情景模式功能导入头文件，#import“GainModelViewController. h”（情景模式视图控制器）、#import“KinconyNetworking/GetGainModelAPIManager. h”（导入 Kincony 网络静态库/获得情景模式 API 管理器接口），其中关于获取情景模式接口 GetGainModelAPIManager 使用，用户登录系统后 KinconyNetworking 网络静态库已将情景模式控制信息进行封装并集成到 KinconyNetworking 网络静态库中，系统调用时直接调用 GetGainModelAPIManager 接口。

1）对 GetGainModelAPIManager 获取情景模式 API 接口进行声明：

```
@property (nonatomic,strong) GetGainModelAPIManager * GetGainModelAPIManager;
-(GetGainModelAPIManager *) GetGainModelAPIManager {
if (_GetGainModelAPIManager == nil) {
    self. GetGainModelAPIManager = [[GetGainModelAPIManager alloc]init];
    self. GetGainModelAPIManager. delegate = self;
    self. GetGainModelAPIManager. paramSource = self;
    }
return    _GetGainModelAPIManager;
}
```

GetGainModelAPIManager 接口方法声明代码中，通过设置协议 self. GetGainModelAPIManager. paramSource 用来传输 GetGainModelAPIManager 接口方法中的参数；通过设置协议 self. GetGainModelAPIManager. delegate 用来传输 GetGainModelAPIManager 接口调用成功或者失败的回调。

2）对 GetGainModelAPIManager 接口方法进行参数设置：

```
    @ interface GetGainModelAPIManager ( ) < GLAPIManagerCallBackDelegate, GLAPIManagerParamSource >
    #parama mark- GLAPIManagerParamSource      接口参数声明
    - (NSDictionary * ) paramsForApi: ( GLAPIBaseManager * ) manager{
    NSDictionary * params = @ { } ;
    return params;
}
```

获取情景模式 GetGainModelAPIManager 接口参数设置代码中，采用字典类型 NSDictionary 设计参数，因为情景模式控制信息封装并集成到 KinconyNetworking 网络静态库中，故参数 params 设置空参。

3）对 GetGainModelAPIManager 接口方法调用成功时的回调代码设计：

```
    #parama mark- GLAPIManagerCallBackDelegate      接口回调声明
    - (void) managerCallAPIDidSuccess: (GLAPIBaseManager * ) manager{
            NSLog(@" %@", [manager fetchDatawithReformer:nil]);
            }
```

通过 NSLog 方法打印 GetGainModelAPIManager 接口返回的数据信息。

对 GetGainModelAPIManager 接口方法调用失败时的回调代码设计：

```
    - (void) managerCallAPIDidFailed: (GLAPIBaseManager * ) manager{
            NSLog(@"error %@", manager. managerError. domain);
            }
```

通过 NSLog 方法打印 GetGainModelAPIManager 接口返回错误信息 managerError. domain。

4）在情景模式控制监听事件中，设计 GetGainModelAPIManager 接口调用方法 [self. GetGainModelAPIManager loadData]：

```
    - (void) viewDidLoad{
    [super viewDidLoad];
    [self. GetGainModelAPIManager loadData];
    }
```

运行“KinconyDemo”工程，用户登录系统后，在“KinconyDemo”工程界面下方调试区，打印输出结果如图 7-17 所示，GetGainModelAPIManager 接口返回的数据信息包括启动图标（ico）、情景模式 Id 号（modelId）和情景模式名字（modelName）。

通过图 7-17 运行结果，情景模式 UI 界面是空的，但是在“KinconyDemo”工程界面下方调试区已获得情景模式 Id 号和情景模式名字 modelName，继续设计将 modelName 在情景模式 UI 界面中显示。设计步骤如下：

1）在 GainModelView. m 文件中，声明数组变量 modelList 存放情景模式信息：

```
    #property (nonatomic,strong) NSArray * modelList。
```

```
2018-10-18 21:36:56.931942+0800 KinconyDemo[1406:146801] (
        {
        ico = "icon1.png";
        modelId = WL0A8X;
        modelName = 222;
    }
)
All Output
```

图 7-17　情景模式接口返回数据

2）在 GetGainModelAPIManager 接口调用方法 viewDidLoad { } 中，加载情景模式信息 modelList：

```
[self. modelList = [[NSArray alloc] init]。
```

3）在 GetGainModelAPIManager 接口方法调用成功时，managerCallAPIDidSuccess { } 的回调代码中，当获取情景模式接口 GetGainModelAPIManager 时，设置情景模式下返回的数据信息即情景列表选项 modelList：

```
self. modelList = [manager fetchDatawithReformer:nil]。
```

4）通过对情景模式 UI 界面以 tableView 布局方式，设计显示的情景模式参数数量 modelList. count：

```
-(NSInteger)tableView:(UITableView *)tableView numberOfRowsInSection:(NSInteger)
section{
    return self. modelList. count;
}
```

5）根据设置情景模式参数数量，对 UI 界面以行（row）的形式划分成可以添加文本信息（textLabel）的单元块，将情景模式参数情景名字（modelName）进行添加 Cell. textLabel. text = [dic objectForKey:@"modelName"]。

```
-(UITableViewCell *)tableView:(UITableView *)tableView cellForRowAtIndexPath:
(NSIndexPath *)indexPath{
    UITableViewCell * cell = [TableViewCell dequeueReusableCellwithIdentifier:@"model-
Cell" forIndexPath:indexPath];
    NSDictionary * dic = [self. modelList objectAtIndex:indexPath. row];
    Cell. textLabel. text = [dic objectForKey:@"modelName"];
    return cell;
}
```

刷新 TableView 中的数据，运行“KinconyDemo”工程，打开虚拟机系统，用户成功登录系统后，单击界面中情景模式按钮进入情景模式后，调试打印区域情景模型名字 modelName = 222 已被添加到情景模式 UI 界面中并显示如图 7-18 所示。

图 7-18 情景模式参数 modelName 添加

图 7-18 中已完成将情景模式参数 modelName，在 UI 界面中添加并显示，在此基础上继续设计对情景模式的控制功能，设计步骤如下：

1）在 GainModelView. m 文件中，继续导入头文件

```
#import"KinconyNetworking/CommandModelAPIManager. h"(导入 Kincony 网络静态库/情景模式控制命令 API 管理器接口)。
```

2）声明 CommandModelAPIManager 接口类型变量 CommandModelAPIManager 存放情景控制命令：

```
#property (nonatomic,strong) CommandModelAPIManager * CommandModelAPIManager。
```

3）对情景控制命令 CommandModelAPIManager API 接口进行声明：

```
-(CommandModelAPIManager *) CommandModelAPIManager {
if (_CommandModelAPIManager == nil) {
    self. CommandModelAPIManager = [[CommandModelAPIManager alloc] init];
    self. CommandModelAPIManager. delegate = self;
    self. CommandModelAPIManager. paramSource = self;
    }
return   _CommandModelAPIManager;
}
```

CommandModelAPIManager 接口方法声明代码中，通过设置协议 self. CommandModelAPIManager. paramSource 用来传输 CommandModelAPIManager 接口方法中的参数情景模式 Id 号（ModelId）；通过设置协议 self. CommandModelAPIManager. delegate 用来传输 CommandModelAPIManager 接口调用成功或者失败的回调。

4）声明字典类型变量 CommandModelDic 存放情景模式控制信息：

```
#property (nonatomic,strong) NSDictionary * CommandModelDic。
```

5）在情景模式 UI 界面设计时单击情景模式列表信息 modelList，获取对应的情景模式信息存储到字典类型变量 CommandModelDic：

```
-(void)tableView:(UITableView *)tableView didSelectRowAtIndexPath:(NSIndexPath
*)indexPath{
NSDictionary * dic = [self. modelList objectAtIndex:indexPath. row];
self. CommandModelDic = dic;
}
```

6）对 CommandModelAPIManager 接口方法中的参数，即情景模式 Id 号（ModleId）进行设计：

```
-(NSDictionary *)paramsForApi:(GLAPIBaseManager *)manager{
NSDictionary * params = @{};
if(manager == self. CommandModelAPIManager){
  params = @{
  kCommandModelAPIManagerParamsKeyModelId:[self. CommandModleDic objectForKey:
@"modelId"]
  };}
return params;
}
```

CommandModelAPIManager 接口参数设计代码中，采用字典类型 NSDictionary 设计情景控制参数情景模式 Id 号 kCommandModelAPIManagerParamsKeyModelId：[self. CommandModleDic objectForKey:@"modelId"]。

调用 CommandModelAPIManager 接口并加载数据 loadData，完成情景控制功能实现。

详细视频可参考获取情景模式控制视频二维码获取。

获取情景模式控制视频二维码

7.8　本章小结

本章通过采用轻量级 iOS APP 开发框架 AFNetworking，依托杭州晶控电子有限公司智能家居控制主机 KC868 对智能家居客户端 APP 进行应用开发，包括用户登录功能实现，如何获取房间信息，如何获取设备信息，识别设备类型，获取设备状态，改变设备状态以及如何设计情景模式控制，用户根据自身的需求个性化配置智能家居功能操作，方便用户使用（注：本章用到的 demo 代码可以直接登录杭州晶控电子有限公司官网下载 https://www.hificat.com/）。本章所有视频二维码面向读者免费开放，通过微信、支付宝、QQ 等扫一扫均可免费观看相关项目视频，本章通过视频 + 音频 + 二维码等互动模式多位立体式实现线上与线下混合式学习新方式，突破传统自学书籍的技术形态。

第三篇 智能家居综合案例的开发

智能家居综合案例开发篇是在智能家居工程应用的基础上对智能家居的进一步需求进行智能家居智能化方案的设计与开发，让读者从智能家居工程应用的水平升华到智能家居技术产品开发能力，通过智能家居案例开发内容的学习，使读者具备初步智能家居产品的开发水平，能够更加灵活的让读者在掌握理论与实践的知识后，解决智能家居在生活、工作中的一些痛点问题。智能家居综合案例开发篇由 5 个章节内容构成。

第 8 章

基于ZigBee技术的LED调色温调光灯

本章以 LED 照明系统智能化升级需求为背景，采用基于 ZigBee 技术的 LED 恒流驱动方案设计 LED 调色温调光，通过分析 ZigBee 协议栈完成系统软硬件的设计，实现了基于 ZigBee 技术的 LED 调色温调光灯。

8.1 项目立项思路

8.1.1 LED 照明系统智能化升级的必要性

1. 传统照明系统已无法满足现代人家居生活的需求

在移动互联网与智能手机突飞猛进的今天，智能家居已经摆脱了“只叫好、不叫座”，“有概念、没体验”的魔咒，智能产品一步步地走向成熟，价格也逐渐变得亲民。

随着人们对家居生活网络化、智能化、节能化需求的日益强烈，智能照明系统已成为智能建筑与家庭自动化必不可少的环节。而传统照明系统，因布线繁琐、扩展性差、功能单一、人工管理、“长明灯”耗电严重等诸多缺陷，已无法满足现代人对生活与品质的需求，由此 LED 智能照明系统应运而生。

2. LED 智能照明系统节能环保，经济效益显著

舒适、便捷、节能作为智能建筑、智能家居控制系统追求的目标，在智能照明系统中尤为明显。近年来，由于我国能源效率低下，能源紧张问题日益突出，能源危机逐渐上升到国家的战略高度，国家在“十二五”规划中制定了重要目标——单位 GDP 能源消耗比“十一五”末期减少 20%。目前，照明耗能约占总能耗的 20%，若能以高效率的 LED 智能照明系统取代全国 30% 低效率、高耗电的传统照明系统，照明终端将节电 220 亿 kW · h（度），减排二氧化碳 2420 万 t（吨）。因此，LED 智能照明技术对缓解当前紧迫的能源问题具有举足轻重的作用，更突显出巨大的经济效益。

相比白炽灯、荧光灯、节能灯等传统照明灯具，LED 是一种光效高、耗能少、对环境无污染、工作寿命长达 10 万 h（小时）的新型照明技术。LED 智能照明技术实现了在合适的时间，给需要的地方以舒适和高效的照明度，在提升照明质量的同时，使智能家居照明进一步向绿色环保和低碳节能的方向发展。

3. LED 智能照明系统是未来发展趋势

智能照明系统与传统照明系统都具备照明、开关、调光等基本功能，但传统照明选用现场总线、电力载波等控制方式，均需要敲墙砸洞、综合布线，严重影响建筑美观，工作繁琐且改装费用昂贵；而智能照明系统以无线传感网络的智能控制为主，手动控制为辅，实现照明现场 LED 的远程控制与调节。LED 智能照明控制系统的核心即改善建筑照明质量，满足多元化的用户体验，其集中控制管理克服了传统照明单一控制、管理落后和“长明灯”现象等诸多缺陷，是未来发展的主流。

8.1.2　基于 ZigBee 的 LED 智能照明系统定制背景

ZigBee 短距离双向无线通信技术，主要适用于自动控制和远程控制领域，可以嵌入各种设备，在工业自动化控制、智能建筑、消费电子和自动抄表等领域都有着广泛的应用前景，是目前嵌入式应用的一个热点。基于 ZigBee 技术的 LED 调色温调光灯，就是上述 ZigBee 模块定制的实例之一。首先，LED 照明系统要实现智能化，必须实现其网络化，而 ZigBee 无线传感网络技术以 IEEE 802.15.4 协议标准为基础，具有全自动组网、近距离、低速率、低成本、低功耗等诸多优势，是 LED 照明系统智能化升级的首选。LED 灯正是基于 ZigBee 无线传感网络的 LED 智能照明系统的研究，实现了“LED 无级调色温、LED 无级调光、ZigBee 无线自组网、APP 客户端集中管理”等设计目标。升级完成后即可通过手机端、PC 端对产品进行远程控制，并能实时地查看产品的工作状态，有效提升了产品的附加值。

LED 与 ZigBee 无线传感网络技术的结合，将给照明系统“网络化、智能化、节能化”的数字家园带来了广阔的发展空间和应用前景。随着用户对 LED 照明品质要求的日益提高，该案例技术在智能建筑、智能家居行业具有市场竞争力，应用前景广阔。总而言之，基于 ZigBee 的 LED 智能照明控制系统是我们生活中常用、基础的系统之一，它的无线化、网络化、智能化与绿色节能无疑会给我们的社会和生活带来深远的影响，下面将详细地剖析设计产品的研发及技术情况。

8.2　LED 照明光源技术动态

照明光源（Illumination Source）是指用于楼宇建筑物内外照明的人工光源。根据光产生原理的不同将照明光源分为热辐射、气体放电和半导体三大类。第四代新型光源 LED 与传统照明光源综合性能比较见表 8-1，LED 与传统照明光源的光效对比如图 8-1 所示。

表 8-1　第四代新型光源 LED 与传统照明光源的综合性能比较

性能	白炽灯	卤素灯	荧光灯	节能灯	LED 灯
光源效率/(m/W)	15	20	70	55	80～130
电源效率	100%	100%	80%～87%	80%～90%	95%
光源定向效率	50%	50%	70%	60%	95%
系统发光效率/(m/W)	7.5	10	42	30	41.8
功率/W（以 800m 为基准）	107	80	19	27	19.1
寿命	1000h 167d	3000h 500d	8000h 1333d	8000h 1333d	100000h 4166d

热辐射光源利用光辐射原理，将辐射体钨丝通电加热至高温热辐射发光，包括白炽灯、卤钨灯，色温在 2800～2900K，额定寿命短（约 1000～1500h），灯丝极易氧化，耗能严重，

有用功仅为10%左右，其余均转化为热能。但灯具结构简单、使用方便、价格低廉，目前市场普及率仍然非常高，年生产数量巨大。

气体放电光源利用气体放电原理，在电场作用下使电流通过气体时发光，包括荧光灯、高压钠灯、高压汞灯等，其中荧光灯发光效率最高，额定寿命为1500～10000h，且体积小、结构紧凑，是室内照明的良好选择；后两者发光功率大，额定寿命为5000～12000h，但由于它们均存在高温辐射，长期热沉积使灯具光照衰减，且灯具内含有汞、钠等污染元素。

半导体光源LED（Light Emitting Diode）是将有机树脂和半导体材料、金属材料封装的固态器件，是低压直流驱动的冷光源，属于第四代新型光源。其具体优势：

图8-1 LED与传统照明光源的光效对比

1）LED光源发光效率高，可达到50～200lm/W，且无须过滤，单色性好、无色差；

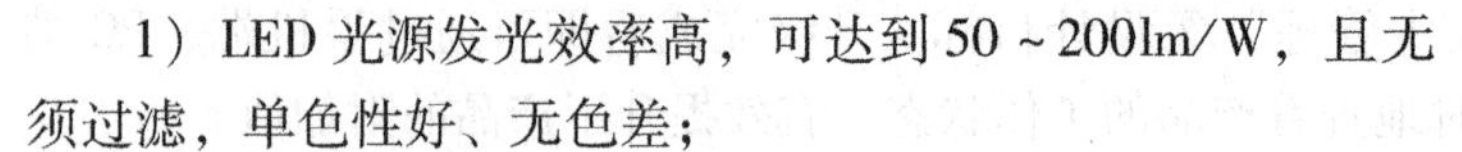

2）LED节能环保，单管功率仅为0.03～0.06W，同等照度下耗能仅为白炽灯的1%、荧光灯的50%；

3）LED封装结构抗震抗碎，且照明寿命长久，平均可达10万h以上；

4）LED安全环保，无热辐射、冷光源、低压直流驱动，无汞钠等污染。

鉴于LED光源在绿色低碳、节能环保方面的明显优势，无论全球国际半导体巨头，还是中国市场的照明厂商都纷纷进入LED光源照明领域，瞄准LED智能照明控制系统的解决方案，欧美国家的智能建筑、家庭自动化早已开始普及和推广成熟的LED智能照明控制系统。

8.3 ZigBee无线自组网络的技术性能比较

无线传感网络（Wireless Sensor Network，WSN）是由大规模、自组织、多跳、动态性的传感器节点所构成的无线网络。无线通信（Wireless Communication）是利用空间中的电磁波信号实现数据信息的交互方式，按传输媒介分为光通信、微波通信、声波通信等；按频段分为卫星频段、ISM频带、陆地频段、航空频带等；按协议标准分为ZigBee、Wi-Fi、WLAN、Bluetooth、WiMAX、UWB、WUSB、GPRS等。无线传感网络具体如何选择协议标准，需从应用场合、应用目的等多角度考虑，综合比较它们的性能、成本、功耗等各方面的优劣势。短距离无线通信技术性能比较见表8-2。

表8-2 短距离无线通信技术性能的比较

性能参数	Wi-Fi 802.11b	Bluetooth 802.15.1	UWB 802.15.3a	ZigBee 802.15.4
网络节点	30	7	10	65535
通信距离/m	10～100	10	<10	10～3k
传输速率 Mbit/s	11	<1	100以上	20/40/250

（续）

工作频段/GHz	2.4	2.4	1 以上	2.4
抗干扰性	较强	弱	较强	强
系统开销	高	较高	低	极低
电池寿命	>1W	1 ~ 100W	<1W	1μW ~ 1mW

ZigBee 国际联盟成立于 2001 年 8 月，该联盟制订了基于 IEEE 802.15.4 协议的 ZigBee 双向无线通信技术，安全可靠，适用于 868MHz、915MHz 或 2.4GHz 的 ISM 频段。我国均采用 2.4GHz 频段，该频段是全球通用、免付款、无须申请，传输速率为 250kbit/s，增加 RF 前端功率芯片后，通信距离达 1 ~ 3km，具有广泛的应用前景。

无线通信技术的信噪比抗干扰性能测试如图 8-2 所示，横坐标为信噪比（SNR dB），纵坐标为误码率（Bit Error Rate），误码率—信噪比曲线足以说明在低信噪比的环境下，ZigBee 无线传感网络具有超强的抗干扰性能。与 Wi-Fi、蓝牙（Bluetooth）等其他无线通信技术相比，ZigBee 起步较晚，不过却是“后起之秀”。

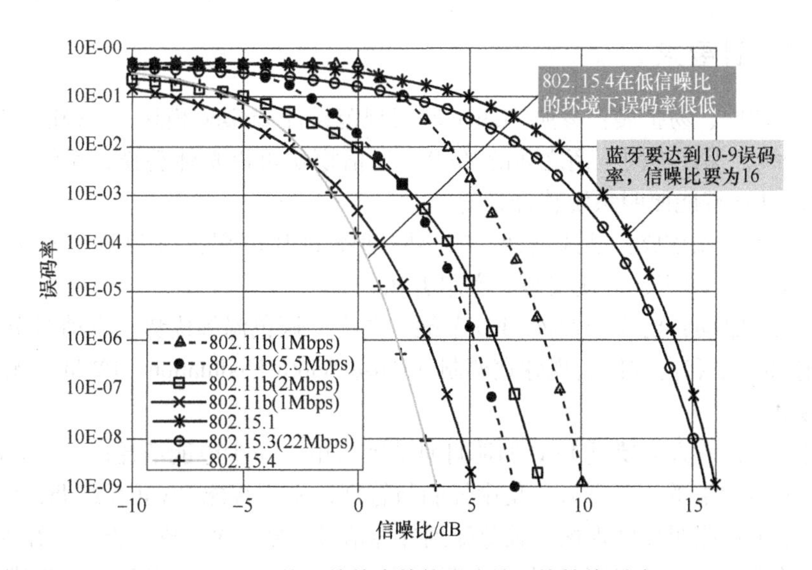

图 8-2　无线通信技术的信噪比抗干扰性能测试

ZigBee 凭借自身具备近距离、自组织、低速率、低成本、低功耗等独特优势，必将成为无线传感网络的选择之一。ZigBee 无线传感网络技术优势如下：

1）低速率、自由频段：三个 ISM 可选工作频段，欧洲采用 868MHz 频段，速率为 20kbit/s；美国选用 915MHz 频段，速率为 40kbit/s；而我国选用 2.4GHz 频段，速率为 250kbit/s，全球通用、免付费、无须申请。

2）网络节点无限扩展：网络层分配地址采用分布式寻址方案，一种 64 位 MAC 长地址，由 IEEE 分配，全球唯一，可以容纳 65535 个节点；另一种是 16 位网络短地址，由父节点分配，当前网络中唯一，可容纳 255 个节点。

3）短距离、覆盖面广：RF 收发天线可采用单端非平衡倒 F 型 PCB 天线，室内有障碍空间端到端的通信距离约为 10 ~ 100m，若附加 CC2591 距离扩展器模块可增加至 1 ~ 3km，且满足多节点自组网实现数据多跳传输，满足收发距离要求。

4）低功耗：收发模式均为mW级别，非工作时间为超低功耗休眠模式，使用普通5号电池即可长时间连续续航，这是其他无线通信技术望尘莫及的。

5）安全可靠：采用冲突避免载波多路侦听技术（CSMA-CA），避开数据传输的竞争与冲突；模块采用自组网、动态路由的通信方式，保证了数据传输的可靠性；采用全球唯一的64位身份识别，并支持AES-128加密，具有高保密性。

6）时延短：休眠激活时延仅为15ms，设备搜索时延仅为30ms，信道接入时延仅为15ms，保证了数据传输的正确性，进一步降低了设备模块的功耗。

ZigBee无线传感网络的显著优势使它在工业自动化、远程控制等拥有大量终端节点的设备网络中得到广泛的应用，在其他相关领域也得到辐射与普及，例如智能建筑、家庭自动化、社区安防、环境检测和煤气水电抄表等应用。

8.4 基于ZigBee的LED定制案例的功能需求

8.4.1 硬件设计要求

1）标准化硬件、易扩展：参照ZigBee联盟规范设计ZigBee模块、PWM调光、RF射频电路和PCB天线，保证不同厂商之间的ZigBee通信模块可以整体替换，系统完全兼容，扩展性好，降低LED智能照明系统整合难度。

2）LED驱动调光集成：贴片设计，缩小驱动器PCB体积，与LED灯具集为一体，满足用户即插、即换、即用，方便安装、实用美观。

3）脉冲恒流驱动：要充分发挥LED节能、调光、调色温等优势，驱动器至关重要，精准控制电流脉冲频率和占空比实现脉宽调制（Pulse Width Modulation，PWM）无极调光，达到合理的照明度。

4）稳定节能：一方面要求LED照明灯具节能省电，减少电能消耗；另一方面要求LED实现PC或手机客户端的远程登录，集中控制与管理，实现智能PWM无级调色温和调光。

5）可靠稳定：照明环境现场，难免受到外界信号干扰（Wi-Fi、蓝牙、红外等），要求ZigBee模块的信噪比抗干扰能力突出，也要求无线发射和接收模块的通信距离满足室内无线组网条件，保证通信稳定。

8.4.2 软件设计要求

1）遵循协议规范：ZigBee模块的软件完全遵循ZigBee协议规范和模块化设计，具备良好系统的兼容性；数据格式一致，提高了传输质量和稳定性，减少时延。

2）全自动组网：ZigBee无线传感网络实现全自动组网，组网灵活方便，具备自我修复能力；用户可以任意添加、删除ZigBee模块，所有模块均可设置为协调器、路由器或终端设备；模块合理布局，保证了网络覆盖面积较广，无通信盲区。

3）时钟控制：利用CC2530芯片时钟管理单元，实现对LED智能照明系统中的LED灯具进行分组同步控制（同步性好、无滞后）和延时控制（延时指定时间）。

4）动态路由：路由器依照路由查询、路由维护等命令动态维护路由表，源节点和目标节点之间数据传输路线不唯一，具备“路由重选”功能，提高了通信可靠性，降低了路由开销和能量开销，缩短了平均时延，提高了环境适应能力。

8.4.3　功能设计要求

1）PWM 无级调色温：可以从 3000（暖色）~6000K（冷色白光）之间进行无级调色温，根据不同的场景要求任意切换并满足想要达到的灯光色彩效果，LED 产品亮度高、功率低，更节能环保并省电。

2）PWM 无级调光：实现 PWM 线性无级调光，避免现场光照度发生大幅度突变，有利于营造舒适的照明环境，节约电能，延长 LED 额定寿命，保证光照度始终维持在用户预设值附近，改善照明质量。

3）情景模式设置：根据用户个性需求，通过灵活多变的情景模式，对 LED 灯具进行任意百分比色温、百分比亮度、情景模式分组的设置，变化出绚丽多彩的照明模式，包括全开、全关、延时、小夜灯、节日和会客等复杂模式，展现了 LED 智能照明系统的优势。

8.5　基于 ZigBee 的 LED 定制案例的方案选择

8.5.1　LED 驱动实现

作为绿色环保、节能的第四代新型光源，LED 是低电压（2~3.6V）、大电流（200~1500mA）的半导体器件，其发光强度取决于 LED 光源的正向电流，当正向电流过大将导致 LED 芯片结温大幅升高，光通量大幅衰减，寿命也大打折扣；当正向电流过小将导致 LED 发光强度大幅下降，严重影响了 LED 照明质量。

LED 驱动器的方案设计是核心技术，至关重要，虽然只占控制系统的很小比例，但其综合性能的好坏直接影响整个 LED 智能照明系统的稳定性。LED 驱动电路除了满足安全可靠性外，对效率的要求也十分苛刻，要充分体现出其高效节能与长寿命的独特优势。目前，国内外市场上 LED 普遍采用直流驱动方案如下：

1. 方案一：LED 电阻限流驱动

在 LED 电源回路中串接可调电阻 R，通过改变其阻值实现限流驱动。该方案电阻耗能大，节能效率低，受电源变动影响较大，不适合驱动大功率 LED。

2. 方案二：LED 恒压驱动

在 LED 电源回路中使用稳压元件，端电压不变，输出电流随 LED 负载变化；通过调节串接电阻的阻值保证 LED 照明度一致，该方案耗能严重，不宜采用。

3. 方案三：LED 恒流驱动

LED 的端电流恒定不变，端电压随负载变化；精确控制 LED 正向电流的脉冲频率与占空比，实现恒流驱动；间歇脉冲供电，延长了大功率 LED 额定寿命。

综上所述，LED 恒流驱动方案最佳，因此基于 ZigBee 的 LED 定制方案选择方案三。

8.5.2　LED 调光实现

调光技术对于 LED 智能照明控制系统至关重要，随着环境参数的变化，通过智能调节

LED 光照度有利于营造舒适的照明环境，减少“长明灯”现象，节约电能，延长 LED 的额定寿命。

1. 方案一：直流电源正向电流调光

LED 照明度是与正向电流近似成正比，改变与 LED 负载串联的电流检测电阻值实现调光。该方案在调光瞬间会导致色谱偏移、色温变动，且无法实现精确调光；LED 长时间工作于低亮度状态将导致效率大幅下降，LED 温度骤增将使其报废。

2. 方案二：交流电源双向晶闸管调光

适用于白炽灯、荧光灯等传统灯具调光，切割交流电正弦波改变其有效值，实现 LED 调光。该方案的缺陷在于导通瞬间对电网造成严重的高次谐波干扰，且高次谐波抑制电感开通瞬间产生音频噪声污染。

3. 方案三：直流电源 PWM 脉冲调光

LED 属于二极管，可实现高频开与关操作，实现 PWM 脉冲调光。PWM 调光无色谱偏移，调光准确度高达万分之一，且无 LED 闪烁现象；PWM 调光维持恒流源驱动，无过热现象。

综上所述，PWM 调光方案最佳，因此该 ZigBee 版 LED 定制方案应选择方案三。

8.5.3 ZigBee 协议栈实现

1. ZigBee 节点类型与网络拓扑

(1) ZigBee 节点类型

在 ZigBee 无线传感网络中存在两种物理设备类型：全功能设备（Full Function Device，FFD）和精简功能设备（Reduced Function Device，RFD），两者相辅相成，紧密配合，共同完成无线传感网络的通信。

FFD 具备的功能特性完整、齐全，支持 ZigBee 协议标准规范的所有性能特征。FFD 可作为协调器节点或路由器节点模块使用，具备控制器的存储、计算能力，实现数据发送、数据接收和路由选择等功能，与任何其他设备节点进行双向无线通信，所以 FFD 将消耗更多的能量和内存资源。

RFD 只具备局部特性。RFD 只能作为终端设备节点模块使用，只负责终端的数据采集并将其转发至上级 FFD 节点，只能与 FFD 节点完成通信，禁止与 RFD 节点通信，内存资源要求不高。

ZigBee 节点模块按组网功能可分为 Coordinator、Router 和 End-Device。ZigBee 网络由一个 Coordinator 以及若干 Router 和 End-Device 组成，ZigBee 网络节点类型如图 8-3 所示。

协调器节点（ZigBee Coordinator，ZC）包含 ZigBee 网络的所有数据信息，存储容量大，数据处理能力强；在整个网络中具有唯一性，且必须为全功能设备（FFD），负责节点上电、网络启动与配置，选择网络标示符（PAN ID）和通信信道（Channel），建立 ZigBee 网络，等待新节点入网，并分配 16 位短地址。

路由器节点（ZigBee Router，ZR）必须是全功能设备（FFD），成功入网后获取 16 位网络短地址；负责路由发现与选择，路由建立与维护，允许其他设备节点入网或离网，可作为远距离通信的数据中转站，实现数据的多跳透传。

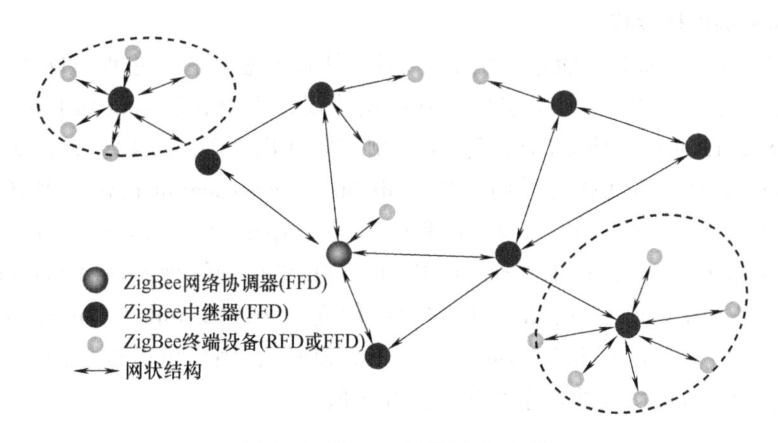

图8-3 ZigBee网络节点类型

终端设备节点（ZigBee End-Device，ZE）为精简功能设备（RFD）或全功能设备（FFD），无路由功能，只能加入或离开ZigBee网络，只能与上级父节点实现双向通信、获取或转发相关信息，常处于睡眠或激活工作模式，超低功耗。

（2）ZigBee网络拓扑方案

ZigBee无线传感网络支持多种网络拓扑结构如图8-4所示，包括星形（Star）、树形（Tree）、网状（Mesh），且仅有一个全功能设备（FFD）作为协调器节点，路由节点和终端设备节点的数量若干，由用户自行配置。

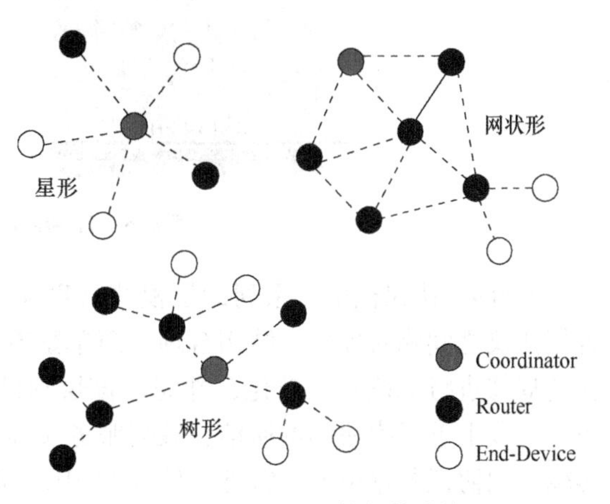

图8-4 ZigBee网络拓扑结构

星形拓扑结构由中心向四周辐射，只包含唯一的Coordinator和若干End-Device。Coordinator作为控制核心负责ZigBee网络的启动、配置与维护；End-Device负责数据采集。星形拓扑网络结构简单，无需执行大量上层协议与路由操作，便于管理，但要求所有End-Device必须在Coordinator通信半径之内，极大地限制了网络覆盖面积，且路由路线单一，极易导致网络拥堵与数据包丢失。

树形拓扑结构包含唯一的Coordinator和若干星形拓扑，是对星形拓扑的扩展与延伸，数据转发均通过树形路由完成，该结构继承了星形拓扑的简单性、路由操作少、存储器要求不高等优势，同时又增强了数据多跳传输，避免了星形拓扑覆盖面积不足的劣势。但树形拓扑仅依靠树形路由作为唯一骨干网络，也极易造成拥堵或瘫痪。为此，树形拓扑定期进入休眠模式，降低功耗，延缓拥堵。

网形拓扑结构包含唯一的Coordinator以及若干Router和End-Device，是对树形拓扑的升级与完善，允许通信半径内的FFD两两任意通信，Router均具备“路由重选”功能，动态维护路由表，提高了网络的环境适应能力，缩短了平均时延，数据转发更加安全可靠，但必然将花费设备节点更多的内存资源。

2. Z-Stack 协议栈架构

Z-Stack 协议栈是 ZigBee 无线传感网络中各层协议的总和，形象地反映了无线传感网络中数据文件传输的完整过程：由上层协议到底层协议，再由底层协议到上层协议。Z-Stack 是基于 IEEE 802.15.4 标准协议的精简网络模型，即 IEEE 802.15.4 定义了最底层的物理层（Physical Layer，PHY）和媒体介质访问层（Medium AccessControl Layer，MAC）；ZigBee 联盟定义了网络层（Network Layer，NWK）和应用层（Application Layer，APL）。其中，网络层实体包含数据实体（Network Layer Data Entity，NLDE）和管理实体（Network Layer Management Entity，NLME）两部分；应用层包含应用支持子层（Application Support Sub-layer，APS）和 ZigBee 设备对象（ZigBee Device Object，ZDO），用户可以根据终端需要对应用层进行定制开发。Z-Stack 协议栈体系结构如图 8-5 所示。

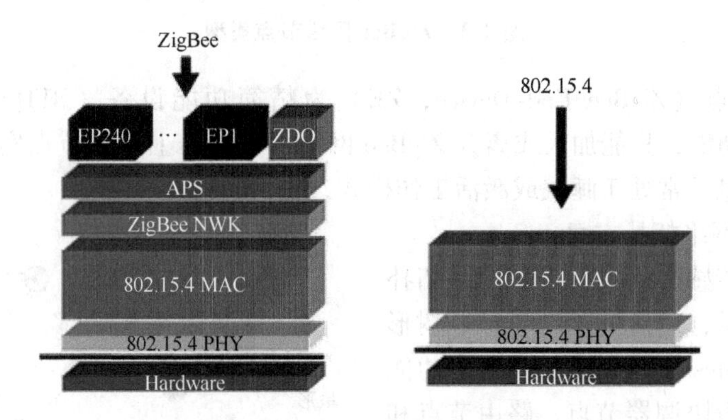

图 8-5 Z-Stack 协议栈体系结构

Z-Stack 协议栈由一系列的层模块（PHY、MAC、NWK、APS）搭建而成，分层结构使各层协议之间相对独立、结构合理、简单紧凑、脉络清晰。每个层模块负责对 Z-Stack 协议栈的局部进行规范和标准化，并完成该层辖区内规定的任务，也向上一层模块提供特定服务，完成上下层模块间的通信：数据服务实体（NLDE）提供数据传输服务，允许应用程序传输应用协议数据单元；管理实体（NLME）提供其他剩余管理服务，如配置设备、启动网络、节点入网或离网、地址分配等。每个服务实体凭借对各层模块的服务接入点（Service Access Point，SAP）为其上层模块提供服务接口，每个服务接入点均通过一系列的服务原语实现所对应的功能。

3. ZigBee 原语与操作系统任务调度 OSAL 方案

（1）ZigBee 原语

ZigBee 协议栈标准规范定义了一系列服务原语，其分层结构要求各层模块，通过相应的服务接入点（Service Access Point，SAP），为上一层模块提供唯一的服务接口，又通过对服务原语的调用实现具体的服务内容。一方面分层结构要求协议栈的各层模块相对独立的运行，结构清晰明朗；另一方面 ZigBee 协议栈又是一个有机的整体，各层模块的独立运行并不代表各层之间失去所有联系。服务原语的调用实现了协议栈层与层之间的信息共享、信息交互，为 ZigBee 设备准确无误地协同作业提供了条件。ZigBee 协议栈原语如图 8-6 所示。

1）Request（请求原语）：是上层 N1 用户向本层 N 用户请求指定的服务。

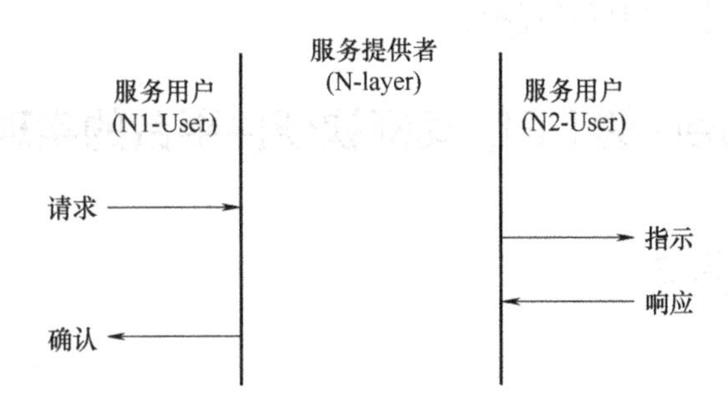

图 8-6　ZigBee 协议栈原语

2）Confirm（确认原语）：是本层 N 用户对上层 N1 用户发出的请求原语的确认。

3）Indication（指示原语）：是本层 N 用户发给上层 N2 用户，指示 N 的内部事件。

4）Response（响应原语）：是上层 N2 用户对本层 N 用户的指示原语的响应。

（2）ZigBee 操作系统任务调度 OSAL 方案

Z-Stack 协议栈中各层的服务原语多达数十或上百条，是一个多任务软件程序，需要设计一个操作系统抽象层 OSAL 的协议栈调度程序，并采用操作系统的思维与任务轮转查询机制完成多任务的调度，避免任务间的紊乱。操作系统任务调度 OSAL 是一种多任务的分配资源机制，搭建简单的多任务操作系统。ZigBee 操作系统任务调度 OSAL 方案如图 8-7 所示。

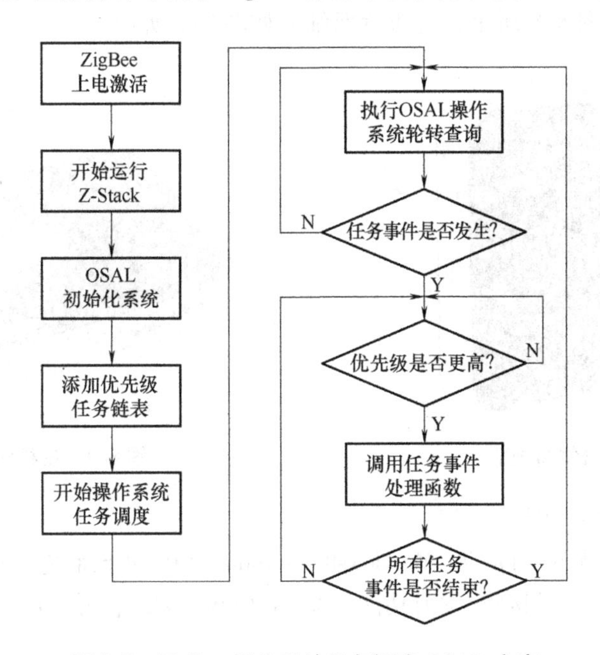

图 8-7　ZigBee 操作系统任务调度 OSAL 方案

首先，OSAL 初始化系统，包括系统初始化和资源初始化，其中系统初始化是 OSAL 任务表、任务结构体、序列号等变量初始化；资源初始化是对内存、中断、NV 等设备资源初始化。再则，OSAL 通过 osal_add_task 添加任务事件到任务表中，形成一个以高低优先级排序任务链表。最后，OSAL 开始执行轮转查询机制，以死循环模式不断地查询任务事件的发生，并根据软件预设的任务优先级高低依次进入中断程序处理对应事件；若没有任务事件准备就绪，ZigBee 系统将进入超低功耗模式。

8.6 基于 ZigBee 的 LED 案例软硬件平台的实现

8.6.1 硬件平台的搭建

1. 智能家居性能

（1）智能家居主机参数

产品尺寸：205mm×150mm×30mm；

工作电压：DC 9V；

静态功耗：<0.5W；

材质：阻燃 ABS；

通信距离：RF（射频）315MHz，空旷环境距离>4000m；

射频协议：2262 编码和 1527 编码；

GSM 网络：850/900/1800/1900MHz、四频网络，全球通用；

工作温度：-20～70℃

工作湿度：20%～90% RH。

主机侧面细节如图 8-8 所示，主机背面细节如图 8-9 所示。

图 8-8 主机侧面细节

图 8-9 主机背面细节

（2）智能家居主机功能

多运行平台：支持 Windows7、Windows8、WindowsXP、iOS 系统、安卓系统；

315MHz 无线射频信号接收/发射功能、2.4G ZigBee 无线信号接收/发送；

情景模式功能；

无线传感器触发联动功能；

触发联动、定时联动模式功能；

RS232 串口，发送指令控制。

（3）主机与路由器的连接方式

第一次使用主机时，将主机插上标配电源。当主机的黄灯常亮后，表示主机启动成功。用平行网线将主机接入路由器。主机网线连接如图 8-10 所示。

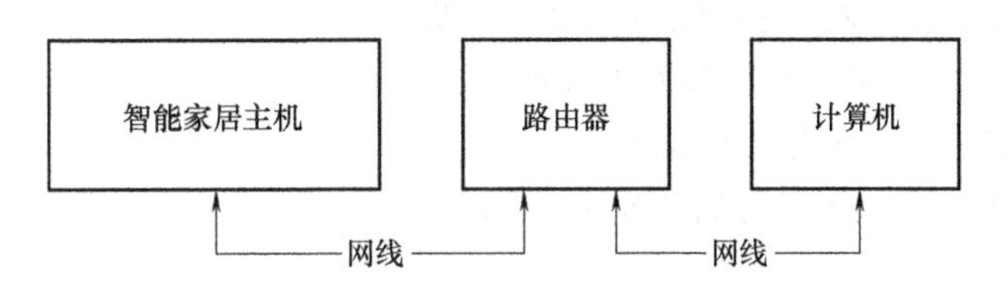

图 8-10　智能家居主机网线连接图

2. ZigBee 标准化通信模块

（1）主要特性

图 8-11　ZigBee 标准化通信模块正面与背面细节图

供电方式可选：
3.3V 直流供电；
5V 直流供电；
高性能，低成本：
载频频率 2405～2480MHz，为全球免费频段；
发射功率可达 100mW（20dBm），发射功率软件可调；
接收灵敏度 -103dBm（BER = 1%）；
空中传输速率高达 250kbit/s；
视距情况下，可靠传输距离可达 1000m。
高级网络和安全：
丢包重发机制和 ACK 机制；
多通道通信，根据环境自动选择可靠频道通信；
DSSS（直接序列扩频技术），有效地抗同频窄带干扰；
每个直接序列通道覆盖 65000 个唯一网络地址；
自带 16 位 CRC 校验，能有效检错；
基于 QPSK 的调制方式，采用高效前向纠错信道编码技术，提高了抗干扰的能力；
支持点对点，点对多点和对等网络；
实现自组网，自动路由，自我诊断，容错网状网络。使用简易模块提供 UART 接口；
波特率出厂为 9600bit/s，8 位数据位，1 位停止位，无校验；
体积小、重量轻；

采用 SOC，外围电路少，可靠性高，故障率低；
鞭状天线，IPX 天线连接座等多种天线连接方式。
（2）ZigBee 标准通信模块引脚定义
ZigBee 标准通信模块 IO 引脚如图 8-12 所示。

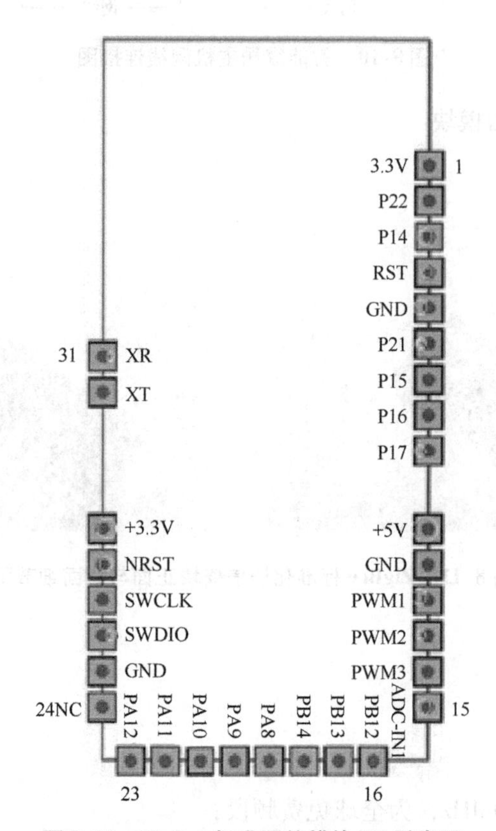

图 8-12 ZigBee 标准通信模块 IO 引脚图

ZigBee 标准通信模块引脚定义见表 8-3。

表 8-3 ZigBee 标准通信模块引脚定义

序号	引脚名称	说明
1	3.3V	3.3V 电源
2	P22	ZigBee 芯片 Pin02，DC—Debug Clock（调试时钟）
3	P14	ZigBee 芯片 Pin03，CSn（片选）
4	RST	ZigBee 芯片 Pin04 RESETn（复位）
5	GND	GND
6	P21	ZigBee 芯片 Pin06，DC—Debug Clock（调试时钟）
7	P15	ZigBee 芯片 Pin07，SCLK
8	P16	ZigBee 芯片 Pin08，MOSI
9	P17	ZigBee 芯片 Pin09，MISO
10	+5V	5V 电源

（续）

序号	引脚名称	说　　明
11	GND	GND
12	PWM1	PA1，IO 引脚，也可输出 PWM 信号
13	PWM2	PA6，IO 引脚，也可输出 PWM 信号
14	PWM3	PA7，IO 引脚，也可输出 PWM 信号
15	ADC_IN1	PA0，IO 引脚，也可输入模拟信号
16	PB12	PB12，IO 引脚
17	PB13	PB13，IO 引脚
18	PB14	PB14，IO 引脚
19	PA8	PA8，IO 引脚
20	PA9	PA9，IO 引脚
21	PA10	PA10，IO 引脚
22	PA11	PA11，IO 引脚
23	PA12	PA12，IO 引脚
24	NC	悬空
25	GND	JTAG 下载线 GND
26	SWDIO	JTAG 下载线 SWDIO
27	SWCLK	JTAG 下载线 SWCLK
28	NRST	JTAG 下载线 NRST
29	+3.3V	JTAG 下载线 3.3V
30	TX	ZigBee 芯片 Pin30，串口 TX
31	RX	ZigBee 芯片 Pin31，串口 RX

3. LED 驱动器与 ZigBee 控制转接小板

LED 驱动器的 ZigBee 控制转接小板背面如图 8-13 所示，正面如图 8-14 所示。

图 8-13　LED 驱动器的 ZigBee 控制转接小板背面图

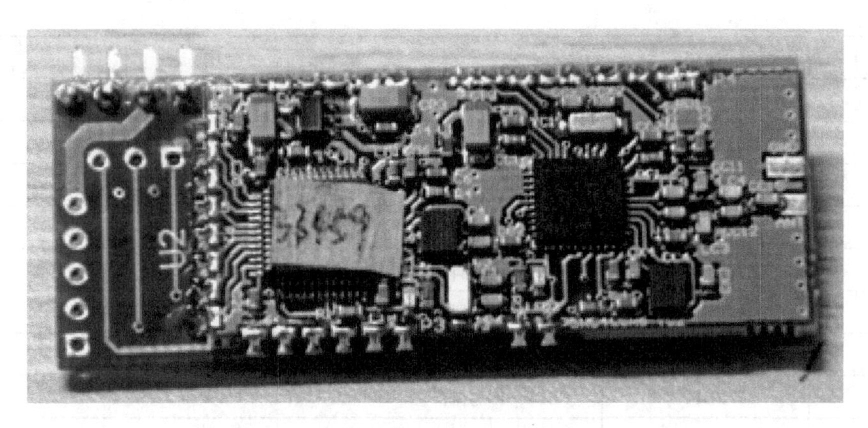

图 8-14　LED 驱动器的 ZigBee 控制转接小板正面图

LED 驱动器的 ZigBee 控制转接小板上用以焊接 ZigBee 标准模块，4 个 Pin 引脚分别为 GND、PWM1、PWM2、+5V。转接小板为 ZigBee 标准模块提供 5V 直流电源，同时 ZigBee 标准模块通过两路可调节 PWM 信号，对 LED 进行无级调色温和无级调光。LED 调光调色驱动电源 PCB 正面图如图 8-15 所示。

图 8-15　LED 调光调色驱动电源 PCB 正面图

LED 调光调色驱动电源输入 100 ~ 240V，50/60Hz，为 ZigBee 控制转接小板提供 12V 直流电源，也为 LED 灯珠提供 12V 电源；同时 LED 调光调色驱动电源还将 ZigBee 控制转接小板引出的两路 PWM 信号传输给 LED 灯珠，进行 LED 无极调色温和无极调光。LED 调光调色驱动电源外壳正面图如图 8-16 所示。LED 调光调色总装配图如图 8-17 所示。

图 8-16　LED 调光调色驱动电源外壳正面图

图 8-17　LED 调光调色总装配图

8.6.2　软件平台的搭建

PC 客户端的主机登录界面如图 8-18 所示。

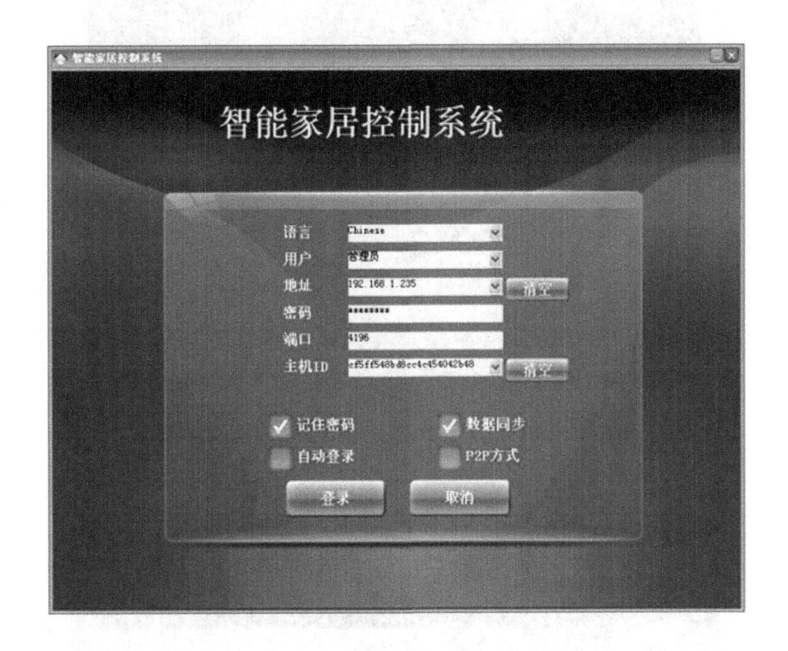

图 8-18　PC 客户端的主机登录界面

登录界面填写内容如下：

1）语言：Chinese（简体中文）和 English。

2）用户：管理员或普通用户。

管理员拥有 PC 客户端软件的全部功能权限；普通用户只能进行设备的控制操作；PC 客户端登录方式可以选择管理员和普通用户；手机或平板客户端登录方式只能选择普通用户。

3）地址：填入主机网络参数中的 IP 地址，默认：192.168.1.200（必填）。

4）密码：出厂设置默认密码：12345678（必填）。

5）端口：填入主机网络参数中的端口号，默认：4196（必填）。

6）主机 ID：填入主机包装壳上 ID 序列号（必填）。

7）记住密码：被勾选，即可让客户端记住密码，下次登录无须重复输入。

8）自动登录：被勾选，双击控制软件图标后，自动进行登录，而无须手动再次单击【登录】按钮。

9）数据同步：被勾选，登录时，将主机内的配置数据读出至 PC 客户端，使 PC 客户端与主机内的信息同步。

PC 客户端的主机登录成功后的主界面如图 8-19 所示。

ZigBee 版 LED 调色温调光控制主界面如图 8-20 所示。

图 8-19 PC 客户端的主机登录成功后的主界面

图 8-20 ZigBee 版 LED 调色温调光控制主界面

8.7 本章小结

本章从 LED 照明系统智能化升级需求为背景，设计采用 LED 恒流驱动方案，依据 LED 恒流驱动过程中，LED 端电流恒定不变，端电压随负载变化，精确控制 LED 正向电流的脉冲频率与占空比，实现恒流驱动，间歇脉冲供电，延长大功率 LED 额定寿命。选择基于 ZigBee 技术的 LED 恒流驱动方案设计 LED 调色温调光，通过分析 ZigBee 协议栈对设计系统的硬件平台和软件平台进行搭建，完成基于 ZigBee 技术的 LED 调色温调光灯的项目研制。

1. 请阐述ZigBee节点模块按组网功能可分为几种？每种节点的具体功能是什么？
2. 请阐述ZigBee操作系统任务调度OSAL的方案。
3. 请阐述基于ZigBee技术的LED调色温调光系统硬件方案是什么？

第 9 章

室内智能空气质量检测系统

随着现代工业文明的不断发展，现代化建设节奏也越来越快，由此引发众多环境污染等问题。尤其近几年，国内环境污染特别是空气污染引起人们的极大重视。伴随物联网技术的蓬勃发展和智慧手机以及便携式智能终端的普及率越来越高，本章针对普通用户需求开发并设计了一款空气质量监测系统，通过运用物联网技术手段将设备的数据呈现在智慧终端，用户不仅可以获得实时的室内空气质量监测数据，还可以根据自身的需求与空气处理设备联动，充分体现了物联网与移动互联网技术的优势融合。

9.1 项目立项思路

随着生活水平的日益提高，人们对于绿色健康生活的意识也在逐年提升，与此同时人们对室内空气质量监测的需求也越来越大，如今室内装修材料大多会散发出甲醛等有害物质，加上当前各大城市居高不下的 $PM_{2.5}$，都对室内空气造成严重的污染，虽然各地都在 Internet 上建立空气质量实时发布系统，但是对室内空气质量的监测还需要专用的室内监测设备来实现。

国内外很多研究结果都表明，室内空气污染会引起人类的各种疾病，包括头痛头晕、五官不适、嗜睡烦躁以及注意力难于集中等，严重影响了人们的工作和生活。因此，有必要设计一种针对甲醛、粉尘等有害物质的浓度以及室内温湿度进行实时监测，并能结合室内换气系统对有害气体进行及时处理的桌面监测器，通过改善室内空气质量，为人们拥有一个舒适健康的日常生活环境提供保障，给家人和朋友创造一个空气清新、健康生活的环境。

在空气质量监测方面，国外做得比较好的有：美国 Interscan 科技公司生产的 4000 型空气质量分析仪、英国 PPM 公司生产的 PPM-400 甲醛检测仪；国内的有：邯郸派瑞气体设备有限公司研制的“派瑞”系列空气健康表、江西南昌贝谷科技股份有限公司生产的“甲保御”牌室内环境污染标定仪等。通过对上述仪器对比分析，发现目前国内外产品的主要区别集中在功能的完备度、检测精度以及用户体验等方面，国外产品功能比较完备、测量精度较高而且系统交互界面相对人性化，而国内同类产品在价格上具有明显优势但功能单一、用户体验方面欠佳。

总的来说，上述这些仪器都可以实现对空气中有害气体的检测，但设备价格昂贵，测定时间较长，便携性不好，有的还需要专业检测人员进行操作，很难连续测定，最主要的是均没有与室内换气系统关联的功能。从长远角度来看，室内空气监测类产品发展趋势如下。

1）人机交互界面越来越方便，从黑白屏实体按键向高分辨率彩色触摸屏发展；

2）监测器大小朝便携式发展，从传统的大型工业应用设备向适合家居办公等桌面式监测器方向发展；

3）除了传统的监控功能以外，越来越多地通过无线通信与室内换气系统相连，使得空气质量监测器和空气质量净化设备实现自动化连接。

所以，针对现有空气质量监测产品价格昂贵、功能单一以及专用性不强的现状，本系统将以室内空气监测为切入点，重点研究用于室内空气质量监测及改善的便携式监测器。

9.2　系统概述

9.2.1　系统功能

室内智能空气质量检测系统是基于 IEEE 802. 11 标准设计的一款多功能空气检测仪，主要用于检测室内环境的甲醛、$PM_{2.5}$和温湿度值。并且由于系统内置了红外控制模块，可以实现空调、电视等红外设备的智能化控制。

本系统无需对码学习，简单易用，用户可通过手机、计算机、便携式计算机等移动终端，远程实时地查看家中的空气状况；一旦甲醛、$PM_{2.5}$超标即分别显示警示灯如图 9-1、图 9-2 和图 9-3 所示，并联动配合情景模式，如开启空气净化器、空气清新机、新风系统等设备，从而智能优化室内环境，为您和家人的健康保驾护航。

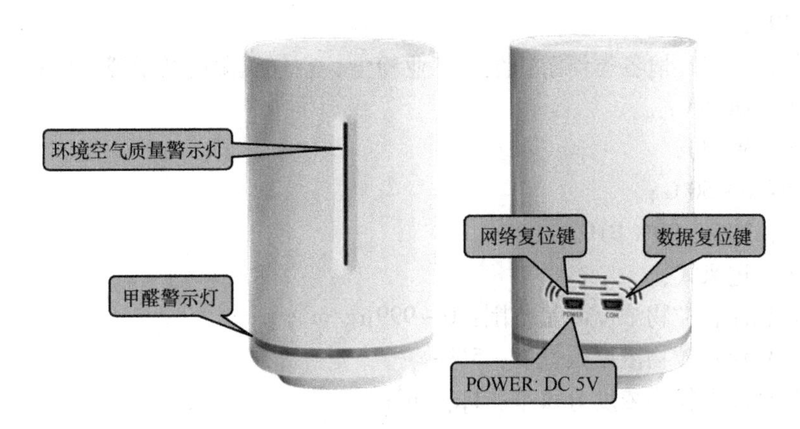

图 9-1　系统外形及功能示意图

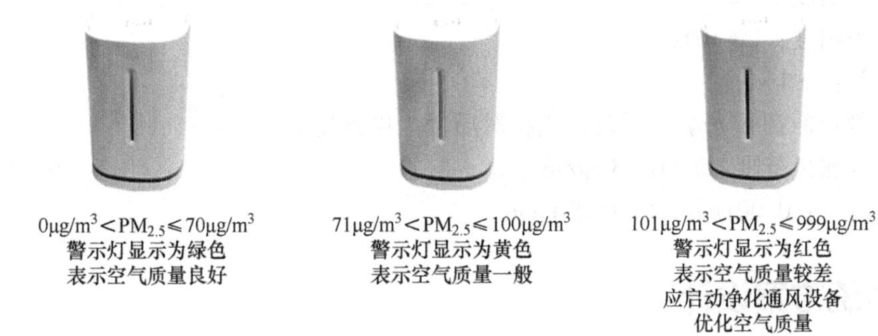

0μg/m³＜PM2.5≤70μg/m³
警示灯显示为绿色
表示空气质量良好
71μg/m³＜PM2.5≤100μg/m³
警示灯显示为黄色
表示空气质量一般
101μg/m³＜PM2.5≤999μg/m³
警示灯显示为红色
表示空气质量较差
应启动净化通风设备
优化空气质量

图 9-2　PM2. 5 浓度警示灯示意图

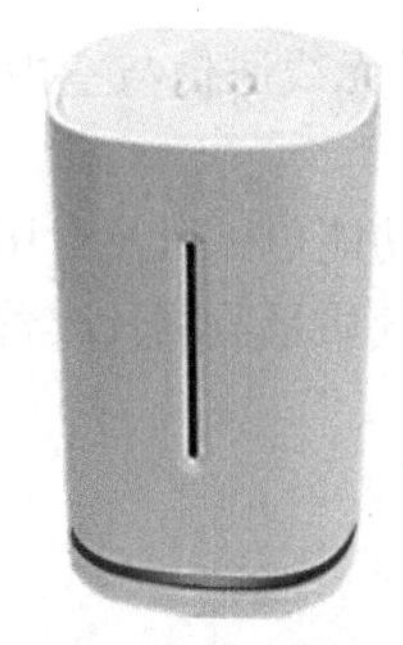

0mg/m³＜甲醛浓度≤0.07mg/m³
底座环形警示灯显示为绿色
表示当前环境甲醛浓度未超标

甲醛浓度＞0.07mg/m³
底座环形警示灯显示为红色
表示当前环境甲醛浓度已超标

图 9-3 甲醛警示灯示意图

室内智能空气质量检测系统应用广泛，特别适用于有孕妇、老人、儿童、婴儿的家庭，有哮喘、过敏性鼻炎、花粉过敏症等敏感人员的居所以及医院、写字楼、会所、酒店等场所。

9.2.2 系统性能指标分析

尺寸：118mm×70mm×70mm；

重量：139g；

测定对象：大气环境各类浮游粉尘、工业粉尘、空气温湿度及甲醛浓度；

工作电压：DC 5V；

通信方式：Wi-Fi；

温度范围：0～50℃；

湿度范围：20%～90%RH；

测试方法：进风式；

PM2.5 等悬浮颗粒物浓度测量范围：0～999μg/m³；

PM2.5 等悬浮颗粒物浓度线性度：5%；

PM2.5 等悬浮颗粒物浓度分辨率：1μg/m³；

PM2.5 测定时间：1s；

PM2.5 测定精度：±5%；

温度最小精度：1℃；

湿度最小精度：1%RH；

湿度误差：±1%；

PM2.5 测定原理：光学漫射散光式相对质量浓度测定；

甲醛浓度测量范围：0～6.13mg/m³；

甲醛分辨率：0.001mg/m³，0.001ppm。

9.3 系统方案设计

根据系统需求分析，本课题设计的室内智能空气质量监测系统的总体结构如图 9-4 所示，该系统主要包括六部分：处理器单元、显示模块单元、传感器单元、报警单元、存储数据单元以及电源模块。

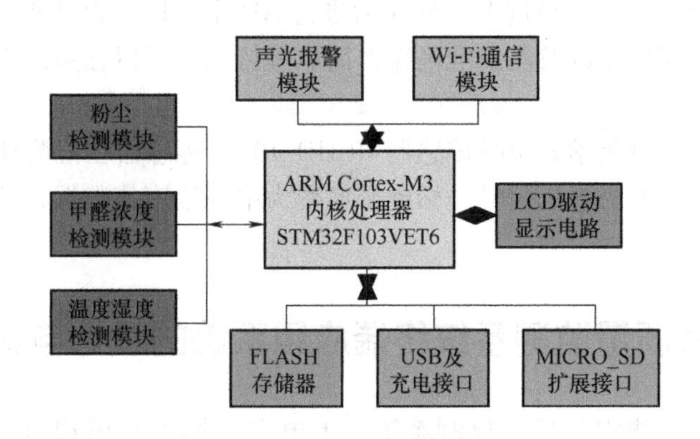

图9-4　系统总体结构图

1. 处理器单元

采用意法半导体生产的STM32F103VET6，该处理器最高主频为72MHz，有3通道串口、3个12位1M的多路复用ADC、带日历功能的RTC、1个USB接口、LCD控制器与触摸屏接口等。

2. 传感器单元

根据室内空气质量监测需求分析，采用甲醛、温湿度以及粉尘检测传感器，其中：

1）数字温湿度传感器芯片SH-203，该芯片广泛应用于冷暖空调、汽车监控、机械电子、室内监测等。该传感器具有以下特点：

① 有较高的集成度，将温度、湿度检测信号转换以及A-D转换集成到单片机上；

② 通过SCK和DATA以数字方式进行串行传输，该接口简单并且传输可靠；

③ 测量精度高，自带12位的模数转换器；

④ 外观小巧且功耗低，测量完成后可以自动转为低功耗模式。

由于该模块采用二线数字串行接口SCK和DATA输出，需要使用处理器的两个I/O口，其接口电路也比较简单，与STM32F103VET6的两个I/O口PB8和PB9相连即可，一根数据线和一根时钟线就能实现串行传输，模块供电电压为3.3V。

2）粉尘浓度也是空气质量检测的一个指标，粉尘浓度检测模块的工作原理：通过传感器模块内置的抽风机将室内空气吸入暗室，空气中的粉尘物质在暗室中被激光照射，粉尘的散射光强与其浓度成正比关系，再将散射光通过光电转换以后形成电流，接着通过电流积分电路得到与光强成正比的脉冲，通过对脉冲个数计算就可以得到采用空气中粉尘的浓度。

选用粉尘浓度检测模块采用I^2C接口输出，处理器STM32F103VET6自带I^2C接口，所以在本设计中粉尘浓度检测模块采用I^2C接口传输数据，与STM32F103VET6的第二个I^2C接口相连即可，PA4_I2C_SDA2为数据线，PC5_I2C_SCL2为时钟线，采用单独的3.3V供电。

3）现在已有的甲醛传感器种类有限，有光化学类传感器、采用声波气体检测的传感器、基于气体自恢复性的传感器、采用甲醛性质测量的传感器以及基于化学反应的电化学传感器等采用电化学式甲醛传感器。其检测原理：当室内甲醛扩散到传感器里后，和内部的溶液发生化学反应，产生电流，经过 I/V 转化后进行 AD 采样即可得到相应的甲醛浓度，这类传感器具有小体积、高精度以及测量准确操作简单等特点，所以在室内空气质量检测中被广泛应用。

在该系统中，选用电化学式甲醛传感器 HCHO-101，传感器在检测到甲醛时输出电流信号，该信号经过电阻转换为电压信号经标度变换变为甲醛浓度值数据，并通过液晶模块实时显示。

9.4 智能空气质量监测系统终端应用系统的设计与实现

步骤一：将室内智能空气质量检测系统插上电源，长按 POWER 电源键边上的复位按键，至少 5s（由于复位按键为内嵌式，可用钢丝/针插入上图中指定出气孔内，即可实现长按），打开手机的 Wi-Fi 功能，等待大概 1min（分钟），当搜索到名称为“HF-LPB100”的无线信号时，单击连接，如图 9-5 所示。

步骤二：打开手机浏览器，输入“10.10.100.254”，用户名和密码均为“admin”，单击登录，如图 9-6 所示。

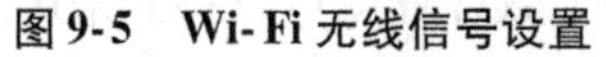

图 9-5 Wi-Fi 无线信号设置

图 9-6 手机登录界面

步骤三：登录成功后，单击主页面左侧导航的【模式设置】选项，模式选择为【STA 模式】，单击【保存】，如图 9-7 和图 9-8 所示，注意此时提示重启时，不要单击重启。

步骤四：单击左侧的【STA 设置】，在弹出的界面中单击【搜索】，即搜索当前局域网内的所有无线网络，如图 9-9 和图 9-10 所示。

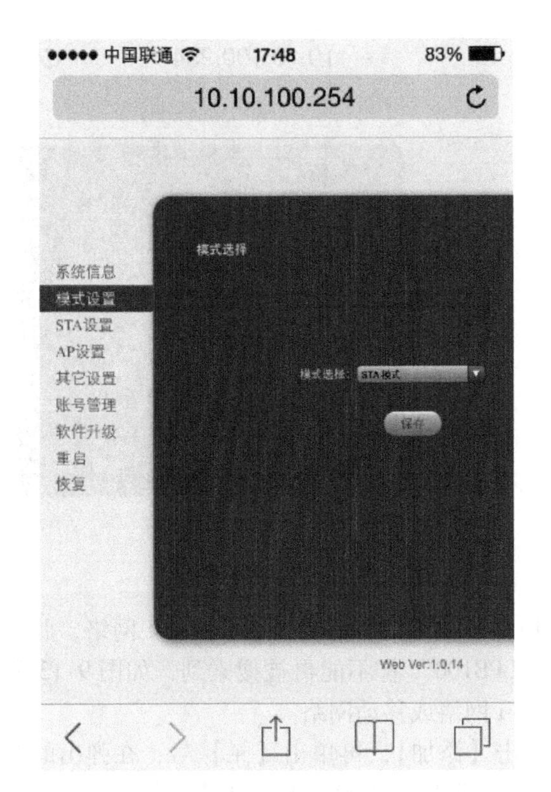

图 9-7　模式设置一

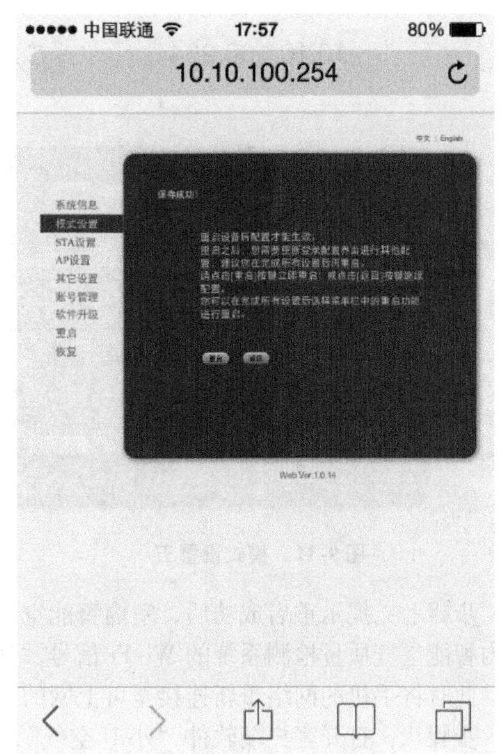

图 9-8　模式设置二

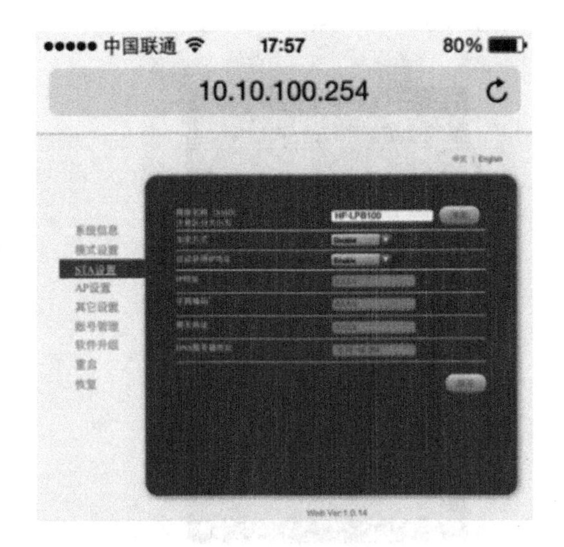

图 9-9　模式设置三

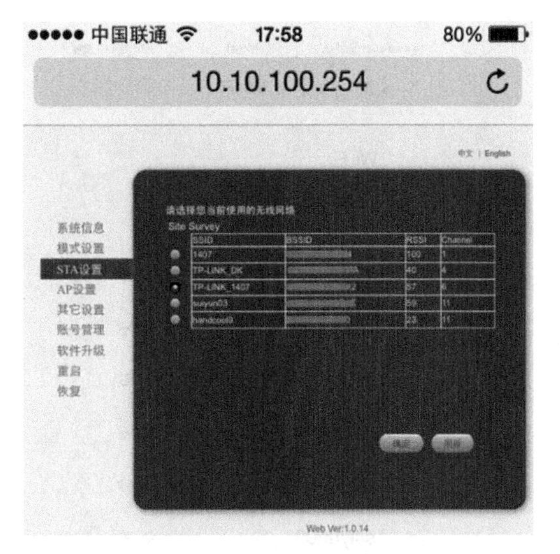

图 9-10　模式设置四

步骤五：选中自身的无线网络后，单击【确定】，此时界面会提示输入路由器密码，完成路由密码输入后，单击【保存】，如图 9-11 所示。

步骤六：界面提示保存成功后，单击【重启】按键，如图 9-12 所示。

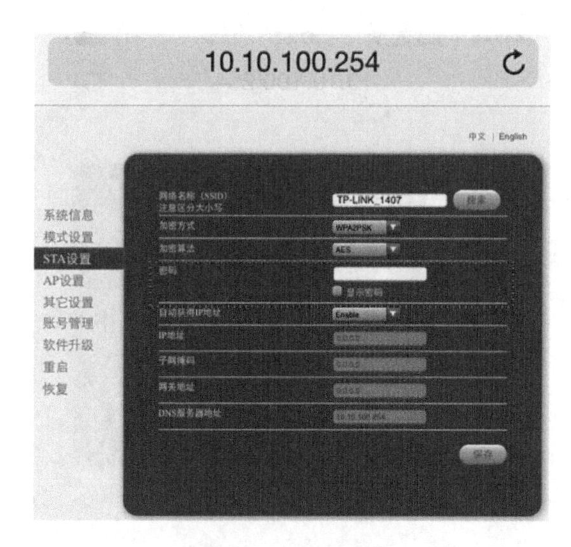

图 9-11　模式设置五

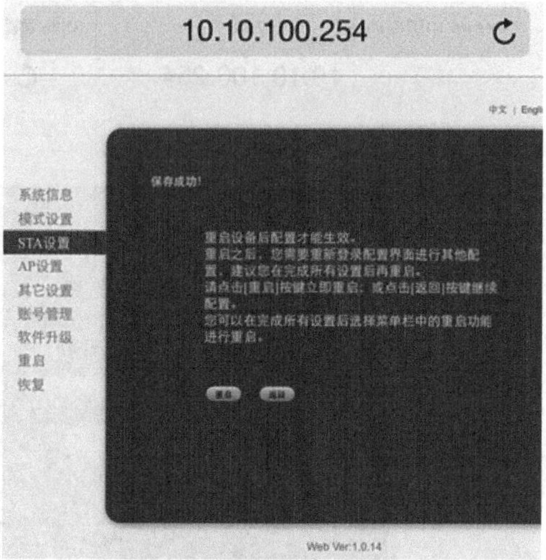

图 9-12　模式设置六

步骤七：提示重启成功后，室内智能空气质量检测系统即已连接上 Internet 网络，此时室内智能空气质量检测系统的 Wi-Fi 信号“HF-LPB100”将不能再被搜索到，如图 9-13 所示，此时将手机的网络重新连接至可上网的 Wi-Fi 网络或移动网络。

步骤八：打开客户端软件“小 U 空气”，单击【添加】，再单击【+】号，在弹出的窗口中，输入名称：自定义　地址：115.29.232.63　端口：9000，单击【确定】，如图 9-14 所示。

图 9-13　网络配置

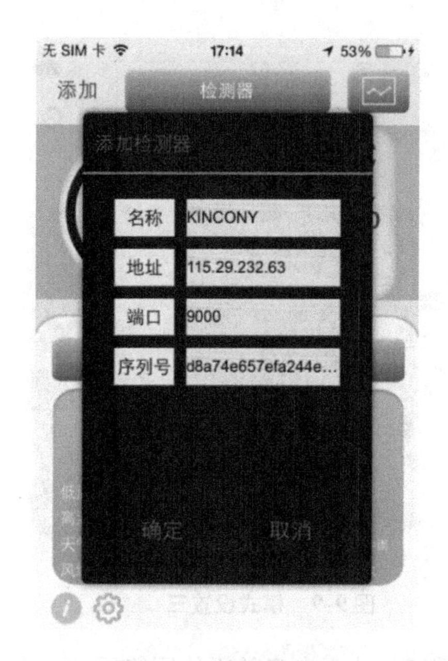

图 9-14　检测器设置

步骤九：创建完成后，等待 5s，即可显示室内智能空气质量检测系统读取的当前环境信息，如图 9-15 所示。

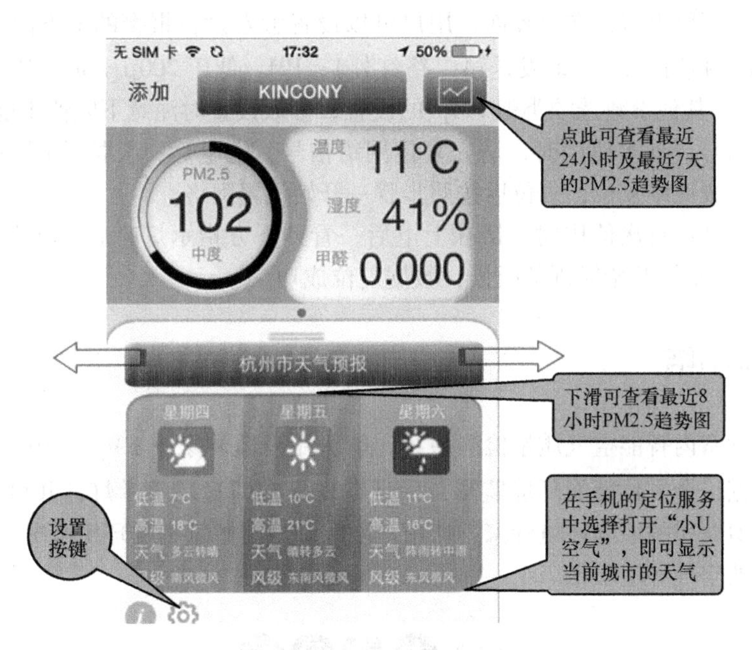

图 9-15　空气质量检测界面

步骤十：单击如图 9-16 中的设置键，即可进入红外设置和报警设置界面，如图 9-17 所示。

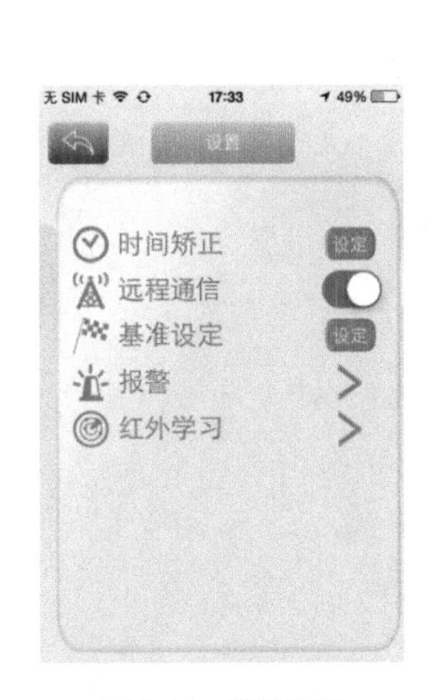

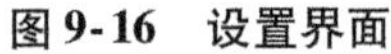
图 9-16　设置界面

图 9-17　设置界面

步骤十一：红外学习，单击【学习第一路】，此时空气质量检测系统中间的竖形指示灯会闪烁，表示设备已经进入学习红外的状态。请在 3s 内，按下遥控器按键，若遥控器按键学习成功，则提示“红外学习成功”；若提示失败，请重新按照步骤十一学习红外按键。学习成功后，将空气质量检测系统对准红外设备，单击【发送第一路】，空气质量检测系统即发出学习成功的按键信号。

步骤十二：报警设置，在此界面，用户可以设置触发设备报警的上下限参数，如 $PM_{2.5}$ 高于 300μg/m³，执行“2”（即发送第二路红外）；$PM_{2.5}$ 低于 200μg/m³，执行“1”（即发送第一路红外）；其他参数选项类似 $PM_{2.5}$ 的设置，参数设置时注意下限值不能大于上限值。

复位网络信号：首次使用时，请先复位网络信号，上电后，长按【网络复位键】20s，重新上电，即完成网络复位，复位后按照步骤一开始设置网络。

清空数据文件：首次使用时，请在上电后，看到下方指示灯亮后，马上按【数据复位键】，当下方的指示灯开始闪烁的时候，数据复位成功。

9.5 本章小结

设计的一款室内智能空气质量检测系统，能为用户监测家中 $PM_{2.5}$、甲醛、温湿度等多种环境污染数据，全方位智能环境监测，一旦发现异常即显示警示灯，并可通过 APP 推送消息报警，类似专属的家庭环境管家，让用户随时随地了解家中的环境情况，在外也能及时通知亲人居住的空气环境质量。

1. 设计一套室内空气质量监测系统的电路结构方案，并对每一个电路功能模块进行阐述。
2. 在空气质量监测系统中，如何进行网络通信配对？
3. 在空气质量监测系统软件设计过程中，如何进行红外学习？

第 10 章

基于窄带物联网的家用远程抄表系统的设计

伴随着物联网在不同领域的不断扩展，给人们生活提供了极大的便利。远程抄表就是其中的一个体现，相比较于以往的人工抄表，远程抄表更加节约了人力成本，并且效率大大的提升。本章主要是利用窄带物联网（NB-IoT）技术，实现一种能够稳定的远程抄表功能设计，该设计以 STM32F103C8T6 单片机为核心控制器，通过电压传感器测量电压，然后通过电流传感器测量电流，计算用户所消耗的电量，最后通过 NB-IoT 上传给中国移动 ONENET 物联网平台，可以实时地远程查看用户用电情况。NB-IoT 技术的运用使得远程抄表实现了低功耗、广覆盖、大连接、低成本、高定位和强穿透的要求。

10.1 项目立项思路

长期以来，供能公司的数据统计都是基于能耗表的手工作业方式，即每月定期派相关人员去各用户家里抄录能耗表数据作为费用计算和收缴的依据，但随着一户一表制的普及，导致供能公司的工作量急剧增大，进而也使资源消费的管理、计量收费工作变得更加困难，因此为了更好地对电能进行管理，自动化抄表的重要性也就越发突显。而所谓的自动化抄表就是利用微处理器、传感器技术对用户的能耗数据进行采集和记录，然后供电公司可以利用物联网技术在远程对这些数据进行统计。

在国外，比较早地提出远程电力抄表的概念，并且已经广泛地应用到每一个家庭用户的抄表，它是在使用电力线载波通信的家庭自动化方向上开发的。在电力线载波通信领域，国际电工委员会提出统一的 IEC 62056《电能计量-用于抄表、费率和负荷控制的数据交换》系列国际标准，其中 DLMS/COSEM（Device Language Message Specification/Companion Specification for Energy Metering）通信协议是国际电工委员会为解决自动抄表系统和计量系统中的数据采集，仪表安装、维护，系统集成等问题提出的新的电能表通信标准。它以良好的系统互连性和互操作性成为迄今为止较为完善的电表通信协议标准，这使得远程功率计读取系统的开发更加标准化和可互操作，从而实现远程功率计读取系统。

现阶段，电力远程抄表系统种类比较多，在国内应用较为广泛的主要有电话线远程抄表、电力载波远程抄表、无线远程抄表、有线电视网（CATV）远程抄表、电缆线远程抄表和宽带远程抄表等，下面将从维护成本、传输速度、可靠性等方面对以上几种电力远程抄表进行比较。

1. 电话线远程抄表

电话线远程抄表的优点：能够有效地抄读数据，而且成功率比较高，具有稳定可靠的特点。电话线远程抄表的缺点：依靠电话线对传输数据具有一定的依赖性，传输速度较慢，应用于数量较少的数据传输。

2. 电力载波远程抄表

目前，针对电力载波远程抄表系统的研究较多，然而这种技术的实用性较差，往往是以低压电力线路进行传输，用户终端的用电数据通过电力线路载波技术进行远程抄表，传输给通信控制器，而无需另外其他通信线路，这种抄表方式容易对现有线路进行改造，维护成本较为简单。

3. 无线远程抄表

无线远程抄表利用原有的无线服务运营商的网络，也就是 GSM 和 GPRS 网可以实现远程抄表，这种方式的使用范围比较广泛，通信的成功率比较高，也不用再申请其他的频段，缺点是如果网络布局不好，则会受到限制。

4. 有线电视网（CATV）远程抄表

现阶段，对有线电视网远程抄表系统进行研究的人不在少数，但是大多却无法投入使用。远程抄表系统实际上就是将用户的用电数据，利用特殊的电视信号并对其进行转换，将其转换成能够在有线网络上进行传输的信号，对其进行调节。通过这种信息通信方式，用户的用电数据可以快速有效地进行传输，而且错误率较低，然而存在比较大的技术难度，操作性比较差，还有待从理论上和技术上的突破。

5. 电缆线远程抄表

目前，有线总线技术已经比较成熟和简单，如果在通信信道比较正常的情况下，通信能够实现稳定可靠的传输，即实时通信。然而这种实时通信需要另外铺设一条专用电缆线，于是施工增大成本，布线工作量加大，而且通信信道容易被人损坏，一旦发生故障难以排除，恢复起来也比较慢，通信信道后期维护的成本将加大。

6. 宽带远程抄表

宽带远程抄表系统是采用基于 TCP/IP 的以太网进行数据传输，其特点是无需进行单独布线，传输容量大，不易受到外界干扰。

随着科学技术的发展，电力远程抄表的智能化趋势已是必然，尤其是智能型直读表抄表系统将会成为远程电力抄表系统在未来几年的发展趋势。在以上几种抄表系统中，电力载波远程抄表和无线远程抄表优势明显，是未来远程抄表技术发展的方向。

10.2 系统概述

本节主要利用窄带物联网无线通信技术，实现一种能够稳定的远程抄表功能。该设计以 STM32F103C8T6 单片机为核心控制器，使用 UCOSIII 操作系统，通过 NB-IoT 上传给中国移动 OneNET 物联网平台；通过电压传感器测量电压，然后通过电流传感器测量电流，计算用户所消耗的电量，并上传到 OneNET 物联网平台，可以远程实时地查看用户用电情况。主要功能如下：

1）电压检测：通过 Voltage Sensor（电压检测模块），测量电压大小。

2）电流检测：通过 ACS712 电流传感器模块，测量电流大小。

3）功率计算，电压电流值计算功率，再通过对时间域的积分计算耗电量。

4）显示屏显示：能够通过 OLED 显示当前耗电、功率，方便用户查看。

5）数据上报：可以通过 NB-IoT 模块将采集到的耗电量、功率上报给中国移动 OneNET 物联网平台，可以直接在网页上查看耗电量。

6）第三方网页开发：通过 OneNET 支持的第三方网页开发工具，制作一个简单的网页，查看当前设备的信息。

10.3　系统方案设计

根据本系统所要实现的功能，基于 NB-IoT 的远程自动化抄表系统，系统结构图如图 10-1 所示，该系统采用 NB-IoT 模块与互联网进行互联，整个系统能够实现电压、电流检测功能，并且完成功率计算，最后将结果结算成耗电量，上报给物联网平台，在平台上即可查看用户的耗电量，省去了人工抄表的麻烦，大大节约了人工成本。

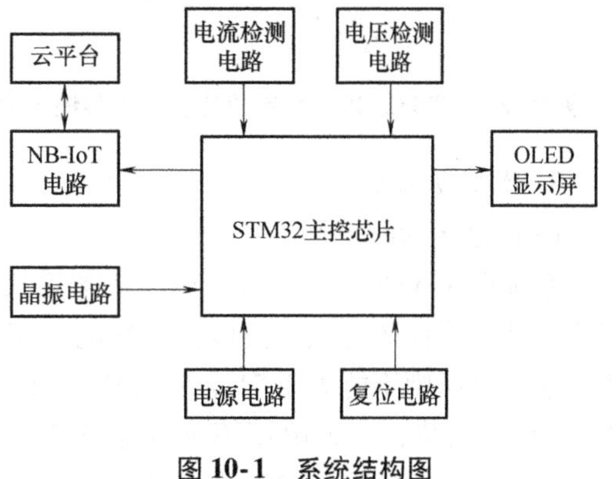

图 10-1　系统结构图

1. 控制单元

在确保各模块正常工作和系统功能实现的情况下，对单片机与各模块实现数据传输所需的硬件资源进行了简要的分析：

1）电压采集和电流采集模块在测得电压电流后，均需要单片机对其输出引脚进行 ADC 检测，所以主控芯片至少拥有两个 ADC 检测电路。

2）系统采用 0.96in OLED 显示屏，主要是通过 I^2C 的通信方式接收单片机要显示的信息，所以主控芯片要具备 I^2C 通信能力。

3）NB-IoT 模块主要是通过封装好的 USART 接口接收单片机的相关指令，实现串行数据通信。同时在系统调试时也需要用到串口通信，用来检验程序运行的状态和正确性，所以控制芯片至少应具备两个串行通信接口。

基于以上的分析，以价格和功能为参考，可选用 STM32F103 系列单片机作为主控芯片，从而在不添加外围 AD 转换器和通信接口的情况下实现以上功能，达到成本最优化。这里选择 STM32F103C8T6 单片机，该单片机是一个封装后有 48 个引脚的高性能单片机，其中 PA0 ~ PA7 都可以复用为 ADC 采集的功能引脚，可以精确到 16 位；具备 I^2C 通信接口，在 PB10 和 PB11 引脚；拥有多个 USART 通信资源，分别在 PA2、PA3，PA9、PA10，PB10、PB11 引脚。并且其 ARM 还能提供额外的代码效率，在通常 8 和 16 位系统的存储空间上发挥了 ARM 内核的高性能。STM32F103C8T6 单片机最小系统实物图如图 10-2 所示。

2. 显示单元

系统选择 0.96in 的 OLED 显示屏显示当前耗电量和功率，它是由发光二极管制作而成。对比 LCD12864 显示屏，它不仅在体积、厚度、重量、能耗上优于 LCD，而且抗震效果好、可视角度广，画面基本不会失真、响应速度也比较快。该模块的驱动 IC 是 SSD1306，单片机主要是通过 I^2C 发送指令配置其内部的寄存器，设置显示内容和其起始地址、对比度、复用率和滚动模式。OLED 显示屏实物图如图 10-3 所示。

图 10-2 STM32F103C8T6 单片机最小系统实物图

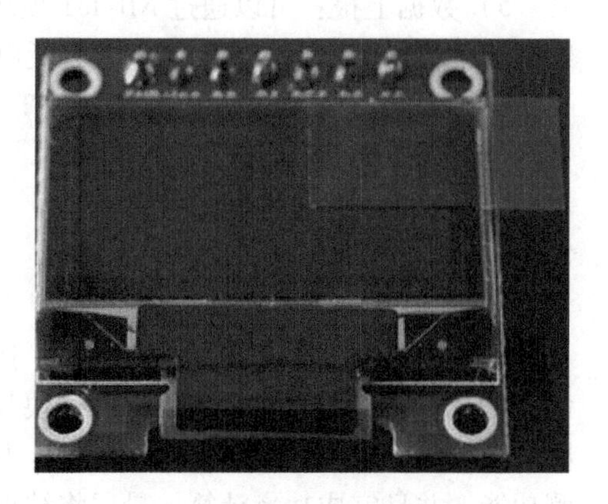

图 10-3 OLED 显示屏实物图

3. 传感器单元

(1) 电压检测模块

系统选用 Voltage Sensor（电压检测模块）用来监测用电电压，此模块基于电阻分压原理所设计，能使蓝色端子接口输入的电压缩小 5 倍，模拟输入电压为 5V，那么电压检测模块的输入电压则不能大于 5V×5=25V（如果用到 3.3V 系统，输入电压不能大于 3.3V×5=16.5V）。因为所用 AVR 芯片为 16 位 AD，所以此模块的模拟分辨率为 0.0763mV（5V/65535），故电压检测模块检测输入最小电压为 0.0763mV×5≈0.38mV。模块的最大负载电流为 3A，只要模块不断电输出负载通电工作以后，将一直检测设备的电压，其实物图如图 10-4 所示。

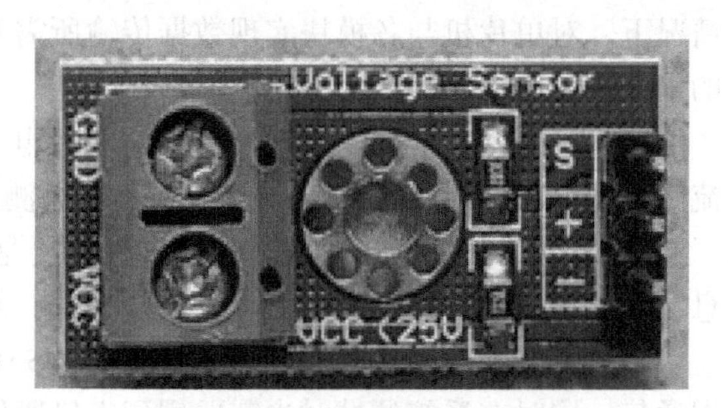

图 10-4 电压检测模块实物图

(2) 电流检测模块

本系统选择 ACS712 模块检测用电设备的电流，ACS712 是 Allegro 的新型线性电流传感器，采用精密低偏置线性霍尔传感器电路。它可以输出与检测到的 AC-DC 电流成比例的电压。该模块具有低噪声、快速响应、50kHz 带宽，最大输出误差为 4%，高输出灵敏度，使用方便，性价比高，绝缘电压高等特点。该模块完全基于霍尔感应原理，由一个精密低偏移线性霍尔传感器电路组成，在 IC 表面带有铜箔（见图 10-5）。当电流流过铜箔时，产生磁场，霍尔元件根据磁场感应出线性电压信号，并经过内部放大、滤波、斩波和校正电路输出电压信号，该电压信号直接反映流过铜箔的电流大小。ACS712 根据不同的后缀分为三种规格：±5A、±20A、±30A。输入和输出在该范围内具有良好的线性关系，系数灵敏度分别为 185mV/A、100mV/A 和 66mV/A，由于斩波电路，其输出将加载到 0.5×Vcc。ACS712 的 Vcc 电源一般建议采用 5V，输出与输入的关系为 Vout=0.5Vcc+Ip×Sensitivity，一般输出的电压信号介于 0.5~4.5V 之间。电流监测电路主要用于电机控制、负载检测和管理、开关电源和过电流故障保护等，特别是那些需要电绝缘但不使用光隔离器或其他昂贵的绝缘技术的应用，电流检测模块实物图如图 10-5 所示。

4. NB-IoT 通信模块

对于电信运营商而言，车联网、智慧医疗、智能家居等物联网应用将产生海量连接，远远超过人与人之间的通信需求。基于蜂窝的窄带物联网（Narrow Band Internet of Things，NB-IoT）成为万物互联网络的一个重要分支。NB-IoT 是物联网领域的一项新兴技术，支持 WAN 蜂窝数据连接中的低功耗设备，也称为低功耗广域网（LPWAN），LPWAN 技术是为了满足物联网需求应运而生的远距离无线通信技术。NB-IoT 构建于蜂窝网络，只消耗大约 180kHz 的带宽，可直接部署于 GSM 网络、UMTS 网络或 LTE 网络，以降低部署成本，实现平滑升级。它明显不同于移动通信，主要体现在以下几点：

图 10-5　电流检测模块实物图

1）覆盖广，相比传统 GSM，一个基站可以完成 10 倍面积的覆盖，并且在地下车库、地下室、地下通道里仍然可以通信。

2）可连接数量多，一个较高的的频率可以为数以万计个用户提供联结。

3）低功耗，采用 eDRX 省电技术，延长空闲模式下的睡眠周期，减少不必要的接收单元启动，使 AAA 电池可以工作 10 年而不需要充电。

4）简化的移动性。

5）半双工模式。

NB-IoT 聚焦于低功耗广覆盖（LPWA）物联网（IoT）市场，是一种可在全球范围内广泛应用的新兴技术。其具有覆盖广、连接多、速率低、成本低、功耗低、架构优等特点。NB-IoT 使用授权频段，可采取带内、保护带或独立载波三种部署方式，与现有网络共存。国内的华为公司在 NB-IoT 上比较有作为，Boudica120 是华为公司生产的业界首款 NB-IoT 芯片，它支持 3GPP 标准协议，支持 IP/UDP/COAP 协议；支持 eDRX 和 PSM 省电模式，以降低功耗并延长电池寿命；支持三种部署模式：带内部署，保护区部署和独立部署；通过 FOTA 特性，可以远程对软件升级。

5. 云平台

系统需要使用云服务器平台保存 NB-IoT 模块上传的用电数据，国内各电信运营商都有相关的云服务平台。IoT 云服务平台支持终端设备直接接入，也可以通过工业网关或者家庭网关接入；支持多网络接入、多协议接入、多 Agent 接入，解决设备接入复杂多样化和碎片化难题；提供基础的设备管理功能，实现设备的快速接入。对于面向传感器、仪表、控制器等轻量型嵌入式设备，在硬件上直接集成华为公司认证的通信模组（如 Boudica120），通过 COAP/LWM2M 协议直接快速接入 IoT 平台。物联网设备端 SDK 依靠安全且性能强大的数据通道，为物联网领域开发人员提供设备端快速接入云端，并和云端进行双向通信的能力，适合对省电要求高、实时性要求不高的场景，如智能抄表等。

我们选择了中国移动云，由于 Mobile Cloud 已经为 NB-IoT 开发了相关的软件管理平台，因此它为用户使用 NB-IoT 模块并将设备连接到 OneNET 平台提供了便捷的方式，实现了丰富 NB-IoT 应用的能力。该平台为用户提供了“终端平台应用程序”开发的一些方案，可以帮助企业对 NB-IoT 的功能进行升级：端口端可以通过移植 SDK 实现轻量级 COAP + LWM2M 协议的传输，以降低物联网终端的功耗；平台端可与中国移动 NB-IoT 网络无缝连接，以满足高并发和高速设备的需求；同时，在设备上执行资源订阅、存储、转发和命令传递等功能；应用程序端提供丰富的 API 接口，以帮助用户快速开发和打开基于平台的相关功能。OneNET 基础通信套件架构如图 10-6 所示。

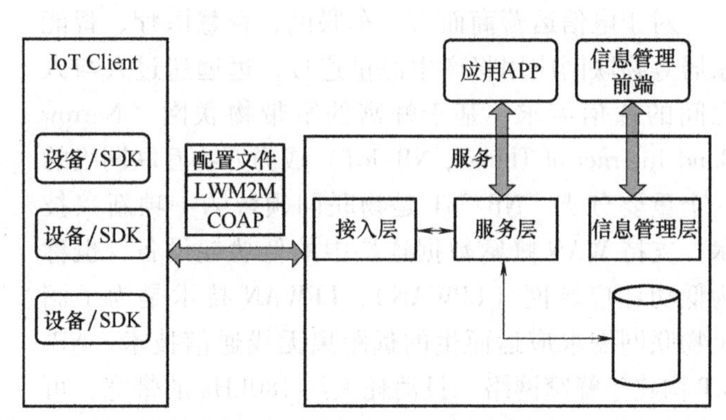

图 10-6 OneNET 基础通信套件架构

基于 NB-IoT 的 LWM2M 协议和 COAP 协议实现 UE 与 OneNET 平台的通信，其中实现数据传输协议中传输层协议为 COAP，应用层协议 LWM2M 协议实现。使用 NB-IoT 物联网设备快速入云的过程分为两个阶段如下：

第一阶段：NB-IoT 设备接入 OneNET 平台，该操作过程分为平台侧操作和设备侧操作。

1）平台侧操作：完成账户注册和登录之后，可以在 OneNET 平台上创建产品，产品相当于某一类设备的集合。在创建的产品中，可以进一步添加设备，一个产品下可以添加成百上千个设备，这些设备具有相同的功能。

2）设备侧操作：终端设备在接入 OneNET 平台之前，需要进行设备开发，即在设备侧完成由 OneNET 平台提供的基础通信套件 SDK 的移植工作。终端设备搭载已经实现接入 OneNET 平台的 NB-IoT 模组，用户需要调用模组厂商提供的 AT 指令完成对资源的操作，终端设备通过 NB-IoT 模组和 NB-IoT 基站以及核心网等网元连接，实现和 OneNET 平台进行交互。用户可以通过 OneNET 平台的“开发者中心”进入“NB-IoT 物联网套件”，对设备进行管理。

第二阶段：基于设备上传数据流的应用开发。

设备接入 OneNET 平台后，设备数据可以直接上报到 OneNET 平台。进一步，企业应用与 OneNET 平台之间通过 HTTPS/HTTP 请求/应答的方式实现数据交互。基本过程如下：

1）OneNET 平台为企业应用提供封装好的 API 接口。

2）企业应用平台通过调用这些 API 接口完成对 OneNET 平台的读写执行以及设备管理请求。

3）OneNET 平台将相应的指令请求发送到终端设备。

4）OneNET 平台接收到终端设备响应的数据及设备信息。

5）OneNET 平台将数据及设备信息推送到应用平台，完成应答。

10.4 系统硬件电路设计

1. STM32 最小系统电路

STM32F103C8T6 包含 3 个 12 位的 ADC、4 个通用 16 位定时器和 2 个 PWM 定时器，还包含标准、先进的通信接口：多达 2 个 I2C、3 个 SPI、2 个 I2S、1 个 SDIO、5 个串口（3 个 USART、2 个 UART）、1 个 USB 和 1 个 CAN，能够满足系统与 NB-IoT 模块、OLED 显示屏模块等硬件的连接通信，其电路原理图如图 10-7 所示。

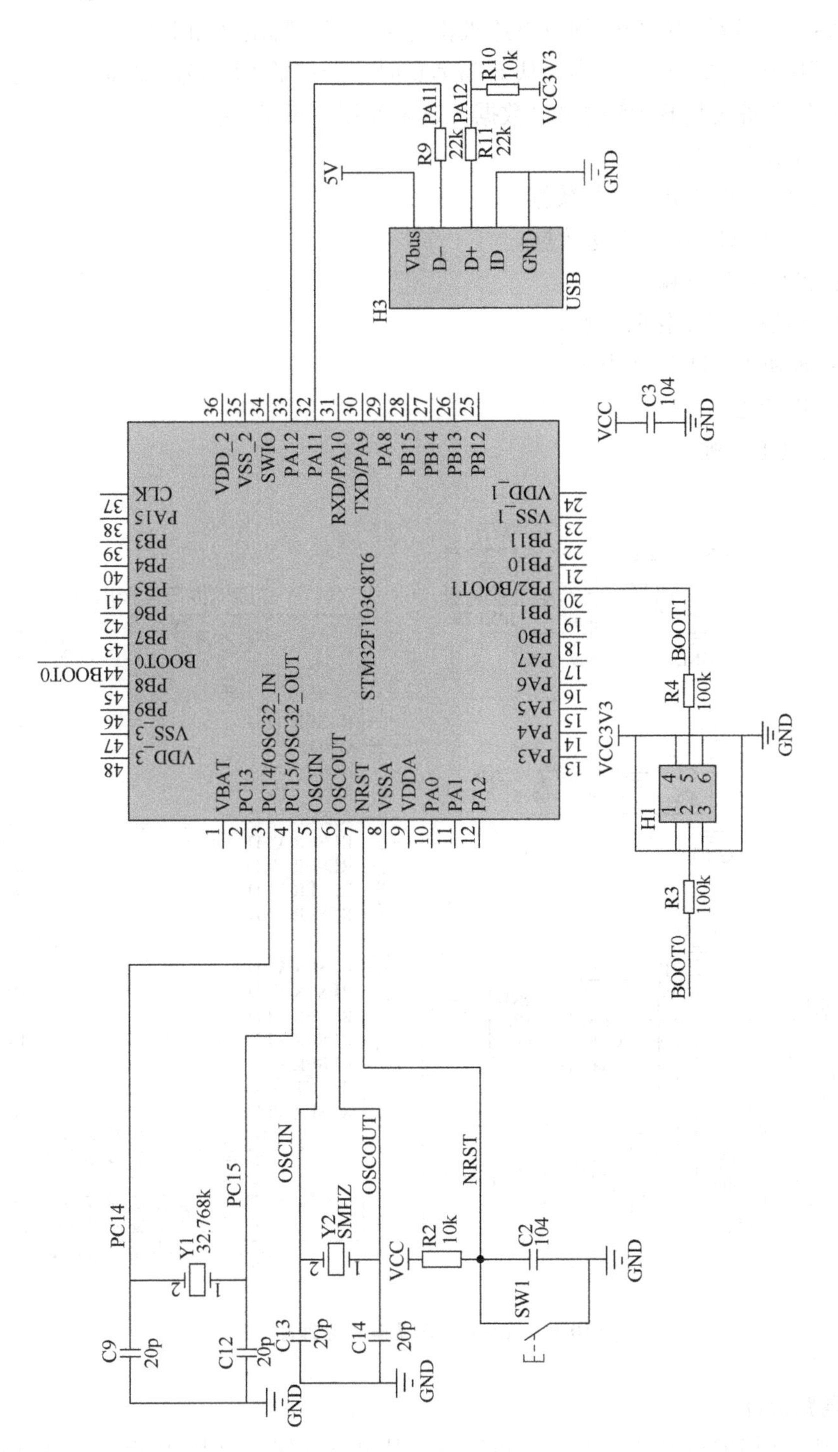

图 10-7 STM32F103C8T6 最小系统电路原理图

2. NB-IoT 电路

NB_IoT 模块的电路包括天线电路、去耦电路、SIM 卡电路等，具体电路如图 10-8 所示。该模块封装后，留下 10 个引脚与单片机相连接，其引脚定义如下：

1）RI：模块异步消息通知，当模块有新消息时，会拉低 RI 信号 120ms，可使用该信号唤醒 MCU，然后准备接收 BC95 的串口数据，若未使用，可悬空。

2）GND：电源接地线。

3）D_RX：模块调试串口接收数据。

4）D_TX：模块调试串口发送数据。

5）RST：模块复位引脚。

6）RXD：模块 UART 接收引脚。

7）TXD：模块 UART 发送引脚。

8）GND：电源地。

9）3.3V：电源正极。

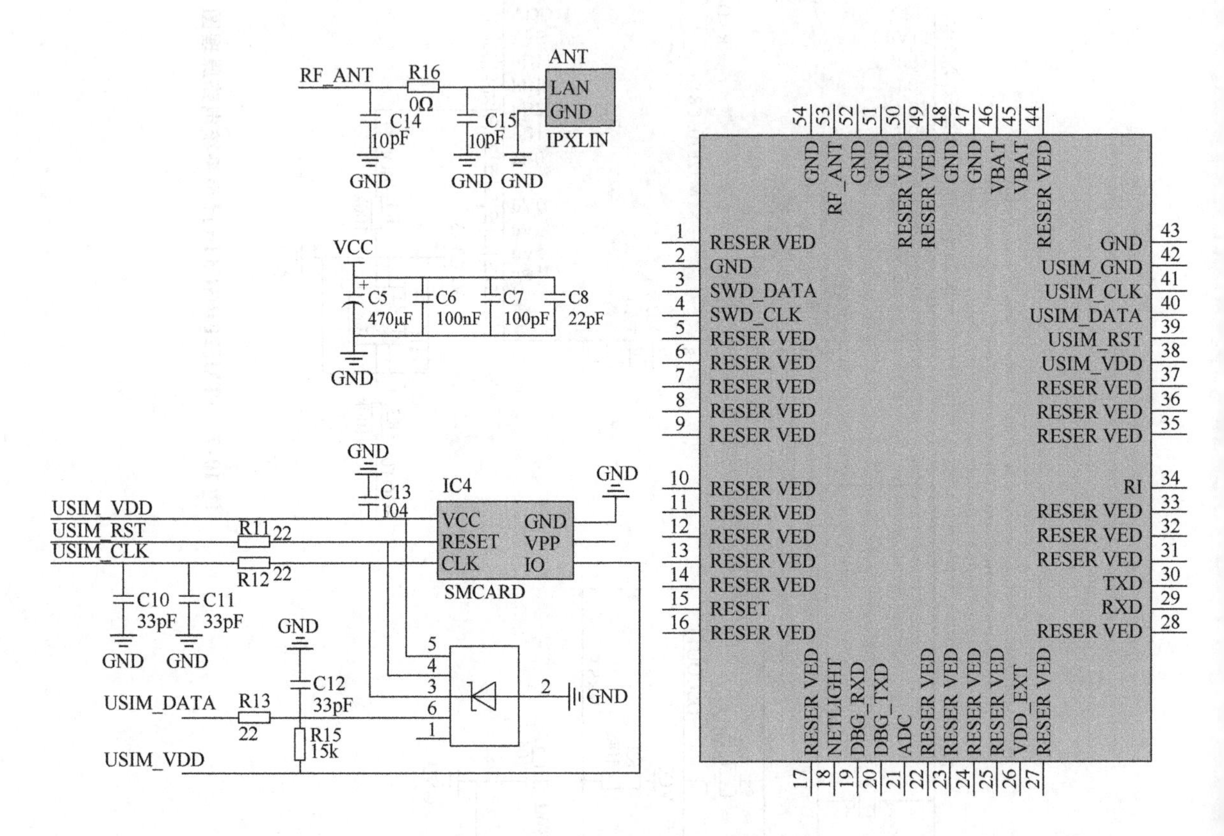

图 10-8 NB-IoT 模块电路原理图

3. 显示电路设计

OLED 模块采用 IIC 通信方式与单片机通信，其电路原理如图 10-9 所示，模块使用滤波电路和整流确保数据的稳定和准确，最终集成出 4 个 I/O 口与单片机连接，分别是 SDA、SCL、VCC_IN、GND。

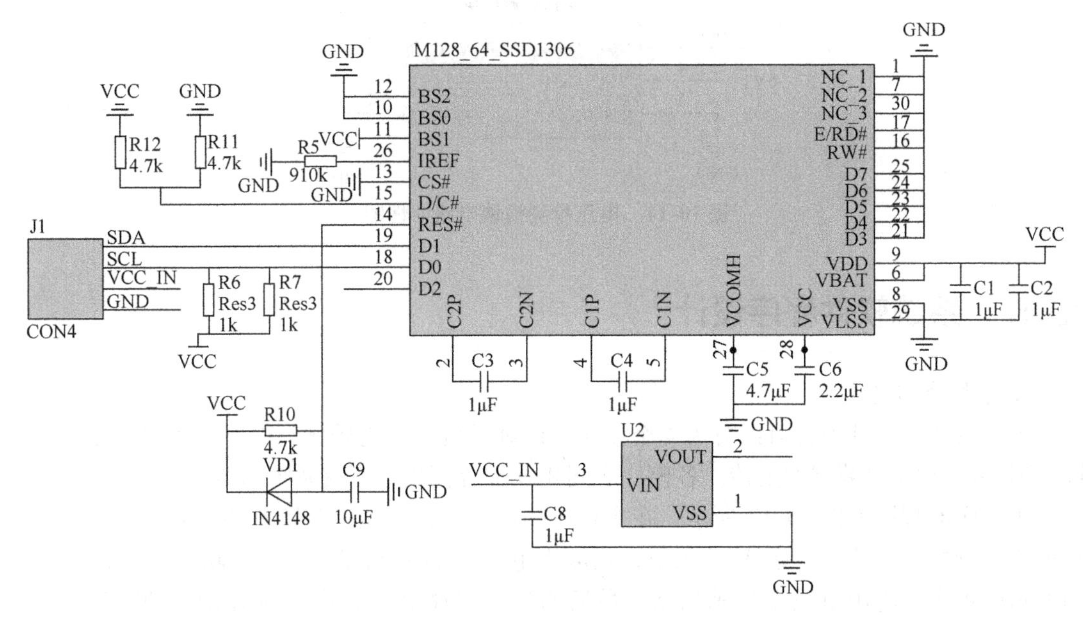

图 10-9　OLED 液晶显示屏电路原理

4. 电流采集电路设计

电流采集模块的控制芯片 ACS712 采用小型 SOIC8 封装，具有 8 个引脚，模块电路原理如图 10-10 所示，其中整流电路确保了电压的稳定，引脚定义为 1 和 2 是被测电流的输入或输出，3 和 4 为被测电流的输入或输出，5 为接地线，6 为外接电容端，7 为模拟电压输出，8 为电源电压。

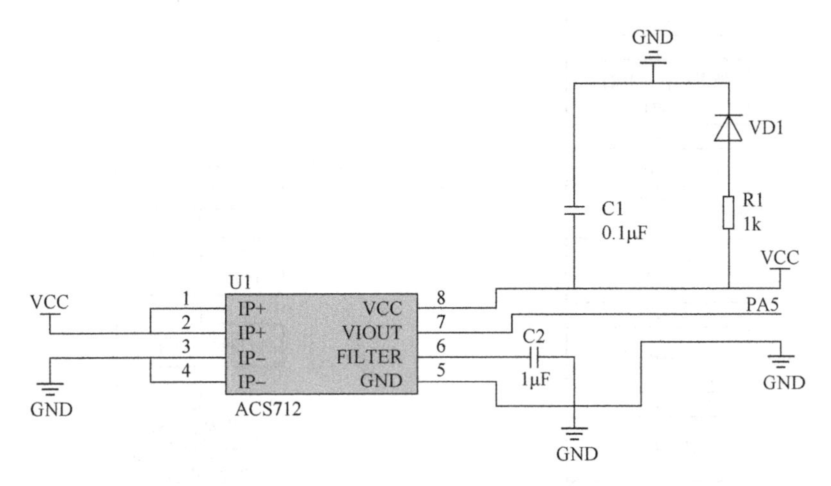

图 10-10　电流采集模块电路原理图

5. 电压采集电路设计

Voltage Sensor 模块是基于电阻分压原理设计的，输入电压不能超过 25V，其电路原理如图 10-11 所示，引脚定义：①检测电压输入端；②检测电压接地端；③检测电压输出端；④检测电路供电端；⑤检测电路接地端。其中 3 引脚接到单片机的 PA4 口。

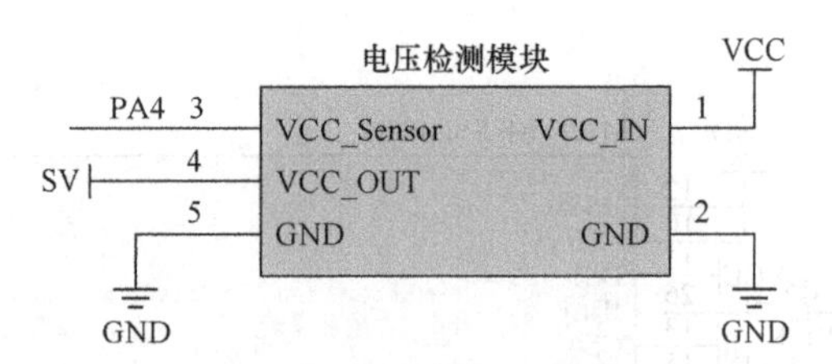

图 10-11 电压检测模块电路原理图

10.5 系统软件程序设计

1. 主程序设计

整个系统的软件设计可以分为 4 个模块，即硬件资源的初始化、电压电流的检测、显示屏、NB-IoT 对用电数据的上传。各模块之间相互配合衔接，完成系统功能。

主程序流程图如图 10-12 所示，在主程序的设计中，首先是对所有外设 I/O 端口的时钟和模式进行配置，然后开始 ADC 采集，获取用电设备的电流和电压，在功率计算以后，调用显示屏程序，将用电数据显示出来，最后通过串口通信的方式，调用 NB-IoT 程序模块，将数据上传至云平台，自此完成一次循环。

2. NB-IoT 子程序设计

NB-IoT 子程序主要是将数据上传到云平台，其模块的 RX、TX 引脚分别与单片机的 PA2、PA3 以串行通信的方式进行连接。在每次得到电压电流数据后，NB-IoT 模块就将数据上传到云平台，后台管理人员可以从服务器实时地获取用户用电数据。程序流程图如图 10-13 所示。

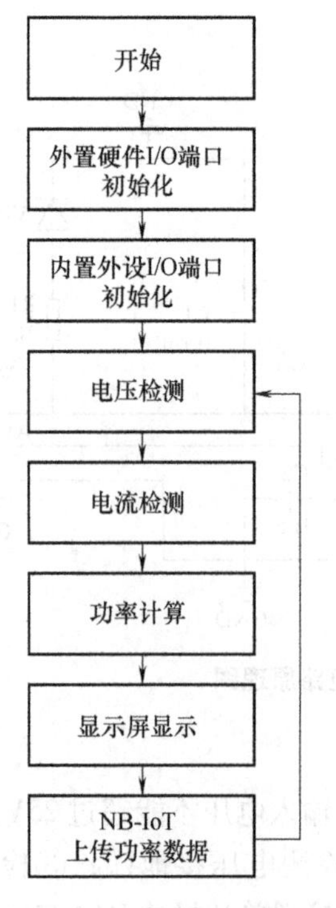

图 10-12 主程序流程图

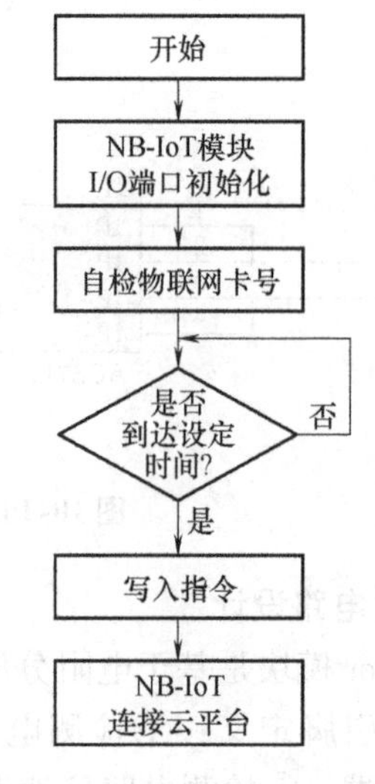

图 10-13 NB-IoT 子程序流程图

3. 显示子程序设计

显示子程序模块会被主程序调用，主要是显示当前用电信息，并且为上传到云平台的数据提供校准的数据基础，检验系统的准确性，LED 显示子程序流程如图 10-14 所示。

4. 电压、电流采集子程序设计

系统对于电流采集实际是对电流检测模块输出引脚的电压进行 ADC 采集，然后根据每 18mV/A 的对应关系，编写程序，计算出用电电流。对电压的采集也是对 Voltage Sensor 模块的输出引脚进行 ADC 采集，直接获得用电设备的电压，最后将计算结果送至显示屏显示，并用 NB-IoT 上传。其中 ADC 采集的程序流程如图 10-15 所示。

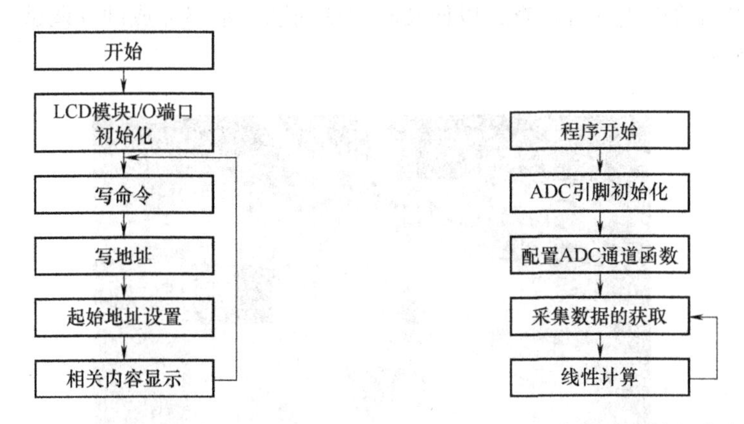

图 10-14　LCD 显示子程序流程图　　图 10-15　ADC 采集的程序流程图

在对 ADC 采集程序编写时，应事先对一些配置进行确定，ADC 采集步骤如下：

1）单片机检测端口电压的输入范围在 0 ~ 3.3V 之间。

2）选择 ADC 的输入通道，通道可以分为规则通道和注入通道，在本系统中选择的是 ADC 的通道 4 和通道 5，即规则通道。

3）转换顺序，在这里通过配置规则序列寄存器，先对通道 4 转换，然后对通道 5 转换。

4）触发源的选择，由 ADC 控制寄存器 2：ADC_CR2 的 EXTSEL［2：0］和 JEXTSEL［2：0］位来控制。

5）转换时间的设置，对 PCLK2 进行分频处理，将 ADC_CLK 设置为 12M。

6）采集数据的寄存器配置，规则组的数据放在 ADC_DR 寄存器，程序中也是从这儿得到采集的数据。

7）中断需求的选择，在转换结束以后，可以产生中断，中断可以分为三种：规则通道转换结束中断，注入转换通道转换结束中断，模拟看门狗中断。在这里选择的是规则通道转换结束中断。

8）数据转化为电压，未经处理的 ADC 采集的数据是一个 12 位的数据值，这时应进行移位处理，将二进制的数据转换成十进制，将电压限定在 0 ~ 3.3V 之间。

10.6　系统调试

系统的调试主要是对电压、电流检测模块测量的数据进行验证，将单片机读出的电压、电流数据记录下来，然后在同等条件下，用万用表分别对电压、电流进行检测，并对比分析。电压、电流检测数据对照表见表 10-1。

表 10-1 电压、电流检测数据对照表

参数	单片机测得	万用表测得	试验次数
电压/V	3.18、3.17、3.20、3.21、3.20	3.19、3.19、3.18、3.20、3.20	5
电流/A	0.20、0.19、0.20、0.18、0.16	0.19、0.19、0.18、0.19、0.18	5

通过对记录的数据对比，最后得出系统检测的数据较为稳定，可以作为用电的参考数据。再对模块之间的连线进行检查，以便及时发现问题，最终完成硬件调试，系统实物运行图如图 10-16 所示。

图 10-16 系统实物运行图

10.7 本章小结

本系统主要是利用窄带物联网 NB-IoT 技术，实现了一种能够稳定地远程抄表功能的设计；该设计以 STM32F103C8T6 单片机为核心控制器，通过 NB-IoT 上传给中国移动 OneNET 物联网平台；通过电压传感器测量电压和通过电流传感器测量电流计算用户所消耗的电量，并上传到 OneNET 物联网平台，可以远程实时地查看用户的用电情况。

1. NB-IoT 的关键技术与特点有哪些？
2. 使用 NB-IoT 物联网设备快速入云的过程分为哪两个阶段？并简述具体的操作步骤。
3. 远程抄表系统包括哪几个模块？并阐述各个模块具体方案的设计。

第 11 章 居家宠物多功能自动喂食器的设计

现如今，养宠物成为流行时尚，然而在饲养过程中，很多宠物主人都会遇到一个棘手问题，即当他们外出旅行或者离家上班时间较长的情况下，宠物无人看管喂食，由此可能导致自己心爱的宠物因无法按时、定量地饮食而生病等，以致宠物主人因牵挂宠物而不能专心工作或旅行，给宠物主人在饲养宠物带来欢乐的同时也带来极大的困扰。本章设计了一款多功能智能宠物喂食器，该系统设计采用 STM32 单片机作为核心控制器，步进电动机作为驱动力，使用 DS1302 时钟芯片提供当前的时间，通过按键设置闹钟提醒时间，一旦到设定时间，语音播放将吸引宠物过来吃食，压力传感器实时地监测食物剩余情况，并通过 GSM/GPRS 模块远程短信通知主人。

11.1 项目立项思路

随着国家经济的发展和人们生活水平的提高，伴随着养宠物的需求也随之而来，越来越多的人将饲养宠物作为一种精神寄托，视宠物为朋友、家人甚至孩子，人们对宠物的喜爱和关注，让宠物行业进入了一个高速发展时期。根据《2019 年中国宠物行业白皮书》消费报告来看，2019 年中国城镇宠物消费市场规模为 2024 亿元，相比上一年增长了 18.5%，设计的居家宠物多功能自动喂食器的优点主要体现在以下几方面。主人只要将食物放置在喂食器内，设定好喂食时间，既使主人长时间外出，也不用担心宠物无人照料的问题了，宠物自动喂食器可以控制喂食数量，防止宠物贪食引发的肥胖和疾病；密封的食物储存，可以减少宠物的食物长期暴露在空气中的时间。有了宠物自动喂食器，宠物主人不再担心外出和影响日常上班工作。

11.2 系统概述

本项目是基于 STM32 单片机的多功能宠物自动喂食器系统，该系统设计采用按键模块、DS1302 时钟模块、LCD 液晶显示模块、步进电动机驱动模块、语音播放模块、压力检测模块和 GSM/GPRS 无线通信模块，完成对宠物的自动喂食和监控的功能，方便宠物主人远程照顾宠物。主要内容如下：

1）对压力检测模块、语音播放模块、GSM/GPRS 无线通信模块等型号的选择，在满足设计基本要求和低成本的前提下，熟悉各个模块的软硬件参数，并研究其原理。

2）采用 Altium Designer 软件设计硬件电路，主要包括了单片机最小系统、按键设置模块、DS1302 时钟模块、LCD1602 液晶显示模块、JQ8900-16P 语音播放模块、HX711 压力传感器检测模块以及 A6 GSM/GPRS 无线通信模块和 ULN2003 步进电机驱动模块，完成硬件电路的焊接与调试。

3）采用 keil 软件，使用 C 语言完成单片机核心控制程序的编写，包括主程序、按键识别与处理子程序、DS1302 时间读取子程序、LCD 液晶显示子程序、语音播放子程序、压力传感器检测子程序、步进电动机驱动子程序和 GSM/GPRS 通信子程序设计等。

11.3 系统方案设计

多功能宠物自动喂食器主要包括按键设置模块、DS1302 时钟模块、LCD 液晶显示模块、步进电动机驱动模块、语音播放模块、压力传感器检测模块和 GSM/GPRS 无线通信模块，系统结构框图如图 11-1 所示。

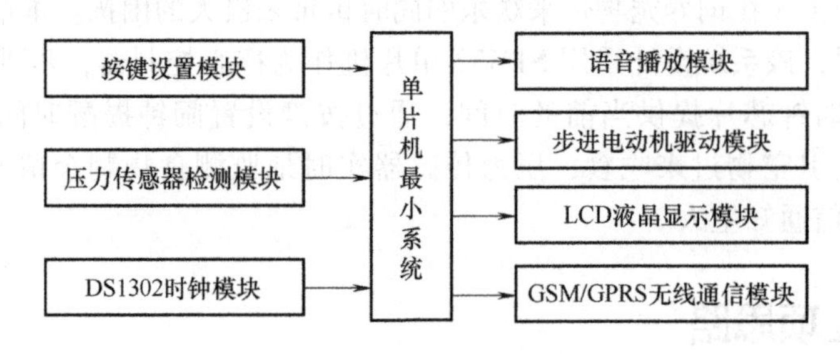

图 11-1 系统结构框图

1）按键设置模块：用于对时钟的初始时间和闹钟（即投喂）时间的设定。

2）DS1302 时钟模块：可以通过按键设置系统的初始时间和闹钟（即投喂）时间，并实时提供当前的时间。

3）LCD 液晶显示模块：正常工作时 LCD 只显示当前时间，当通过按键对时钟时间和闹铃时间设置时，LCD 依次显示需要设置闹铃的时间，设置完成后 LCD 界面将会显示当前的时间以及闹钟设置好的需要投放食物的时间。

4）步进电动机驱动模块：设置好的闹铃时间一到，驱动步进电动机转动一定角度进行投食，再反转回原角度。

5）语音播放模块：设置好的闹铃时间到时，开始播放真人语音，模拟主人投喂命令的声音，并每隔 1min 语音重复播报提醒，持续 10min。

6）压力传感器检测模块：检测宠物盆中食物的重量，确认宠物食物剩余情况，了解宠物是否正常进食。

7）GSM/GPRS 无线通信模块：通过移动网络实现远距离通信，并以短信的方式将宠物进食信息实时发送到设定的主人手机中。

1. 控制单元

在处理器控制单元性能方面，51 单片机作为一个 8 位处理器，从内部的硬件到软件有一套完整的按键操作系统，可以对片内某些特殊功能寄存器进行处理，还可以对位进行逻辑运算。但是 51 单片机的缺点也很明显，其运算速度过慢，当晶振频率为 12MHz 时，机器周期为 1μs，不能满足系统的高速运行需求。STM32F103ZET6 单片机是一款 ARM 级别的嵌入式处理器芯片，采用 Cortex-M3 处理器，为 MCU 的需要提供了低成本的平台，降低了系统的功耗；同时采用 32 位的 RISC 处理器，提供额外的代码效率；芯片内部还集成了循环冗余校验计算单元（CRC），使用一个固定的多项式发生器，可以用来验证数据传输和存储的一致性，提供一种检测闪存存储器错误的手段；内置嵌套的向量式中断控制器，可以处理多个可屏蔽中断通道和优先级；内部拥有 8MHz 的 RC 振荡器，通过预分频器可以使芯片的最高频率达到 72MHz，能够完成超速的运算。STM32F103ZET6 单片机核心电路板如图 11-2 所示。

图 11-2　STM32F103ZET6 单片机核心电路板

2. GSM 通信单元

为了实现远程通信，系统使用 GSM 模块进行数据传输，GSM 模型是 SIM868，它是由 SIMCOM 引入的模块。天线接口是 IPEX-MINI，尺寸小，易于连接各种天线。板载高效 DC-DC 电源模块支持 5～18V 宽电压供电，预留电源使能端口，方便控制电源，降低开发板功耗。串行端口经过电平匹配，可支持 3.3V/5V 微控制器或其他控制系统。该模块具有以下优势：

1）支持 GPS/BD/GLO/LBS 基站定位，全方位定位。

2）带 RTC 备用电池，支持热启动和冷启动，定位速度大大提升。

3）定位数据支持 GPS 独立串口采集和配置，更多选项，更方便。

4）定位数据还支持 GSM 串口，通过 AT 命令采集和配置，更快、更简单。

5）支持计算机调试，让用户更直观地观察短信内容。

6）增加了各种单片机程序。

7）丰富的接口，通用接口统一规划，集成耳机接口，采用引脚贴片方式节省空间。

8）电源有一个使能控制引脚，可以控制电源开关和实现远程无人控制。

9）主串口和 GPS 串口集成了电平匹配电路，兼容性非常稳定。

10）状态指示灯 2，模块状态一目了然，简单快捷。

11）天线 50R 阻抗匹配，在强烈疯狂的环境下 GSM 信号测得多达 31 个全网格。

GSM 通信单元实物如图 11-3 所示。

图 11-3 GSM 通信单元实物

对比于 LCD12864 显示屏，它不仅在体积、厚度、重量、能耗方面优于 LCD，而且抗震效果好、可视角度广，画面基本不会失真、响应速度也比较快。该模块的驱动 IC 是 SSD1306，单片机主要通过 I^2C 发送指令配置其内部的寄存器，设置显示内容和其起始地址、对比度、复用率和滚动模式。

3. 定时时钟单元

为了更准确地获取时间，系统采用 DS1302 时钟模块，它是一个涓流充电时钟芯片，包含一个实时时钟/日历和 31 字节静态 RAM，通过一个简单的串行接口与微控制器通信。实时时钟/日历电路提供有关秒、分钟、小时、天、周、月和年的信息。时钟操作可以通过 24 小时或 12 小时格式的 AM/PM 指示确定。DS1302 和微控制器可以通过简单的同步串行通信模式进行通信，只需要三个端口：RST 复位、I/O 数据线、SCLK 串行时钟。时钟/RAM 读/写数据以一个字节或最多 31 个字节的突发进行通信。DS1302 在工作时功耗极低，功耗为 1mW，同时保持数据和时钟信息。主要性能指标如下：

1）实时时钟具有计算时间的能力。

2）318bit 暂存数据储存 RAM。

3）串行 I/O 方式，引脚数量少。

4）读/写时钟或 RAM 数据时有两种传输模式。

5）8 引脚 DIP 封装。

6）单总线三线接口。

7）与 5VTTL 兼容。

8）双电源管理为主电源和备用电源。

DS1302 时钟单元实物如图 11-4 所示。

4. LCD 显示单元

LCD1602 液晶显示器是应用广泛的一种字符型液晶显示模块，由字符型液晶显示屏

（LCD）、控制驱动主电路 HD44780 及其扩展驱动电路 HD44100，以及少量电阻、电容元件和结构件等组成并装配在 PCB 上。不同厂家生产的 LCD1602 芯片可能有所不同，但使用方法都是一样的。为了降低成本，大多数制造商都是直接将裸片做到板子上。具体参数如下：

1）显示容量：16×2 个字符；

2）芯片工作电压：4.5~5.5V；

3）工作电流：2.0mA（5.0V）；

4）模块最佳的工作电压：5.0V；

5）字符尺寸：2.95mm×4.35mm（宽×高）。

LCD 显示单元实物如图 11-5 所示。

图 11-4　DS1302 时钟单元实物

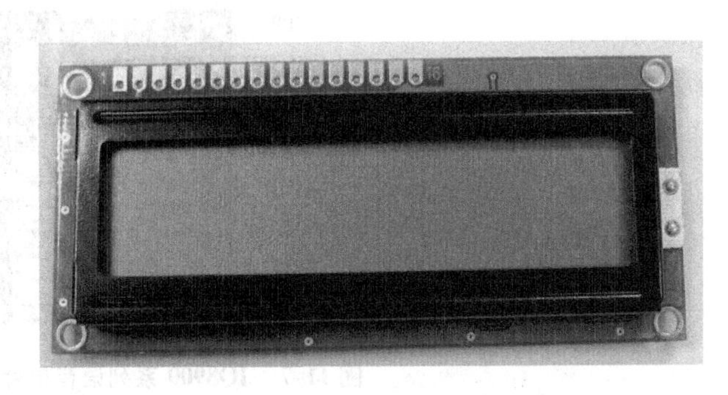

图 11-5　LCD 显示单元实物

5. 压力检测单元

HX711 是一款专为高精度称重传感器而设计的 24 位 A-D 转换器芯片，与同类型其他芯片相比，该芯片集成了包括稳压电源、片内时钟振荡器等其他同类型芯片所需要的外围电路，具有集成度高、响应速度快、抗干扰性强等优点。该芯片与后端 MCU 芯片的接口和编程非常简单，所有控制信号由引脚驱动，无需对芯片内部的寄存器编程。输入选择开关可任意选取通道 A 或通道 B，与其内部的低噪声可编程放大器相连。通道 A 的可编程增益为 128 或 64，对应的满额度差分输入信号幅值分别为 ±20mV 或 ±40mV。通道 B 则为固定的 64 增益，用于系统参数检测。芯片内提供的稳压电源可以直接向外部传感器和芯片内的 A-D 转换器提供电源，系统板上无需另外的模拟电源。芯片内的时钟振荡器不需要任何外接器件。压力检测单元实物如图 11-6 所示。

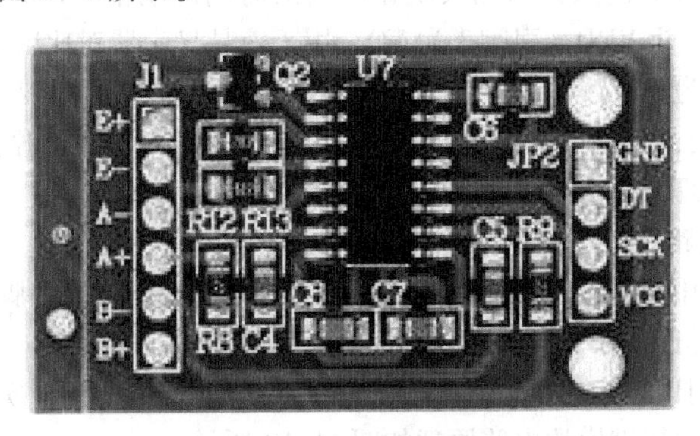

图 11-6　压力检测单元实物

6. 语音播放单元

JQ8900 是一款具有单片机内核的语音芯片，因此冠名为 JQ8900 系列语音单片机，其功能多、音质好、应用范围广、性能稳定是 JQ8900 系列语音单片机的特长，弥补了以往各类语音芯片应用领域狭小的缺陷，MP3 控制模式、按键控制模式、按键组合控制模式、并口控制模式、一线串口控制模式等多种控制方式，配套专用上位机，指令自动生成，可以让开发工程师省去很多调试时间，能快速上手，让应用人员能将产品投放在几乎可以想象得到的场所。作为一款以语音为基础的芯片，对音质的追求当然也是精益求精的，完全支持 6～22kHz 采样率的音频加载，芯片的独到之处便是将加载的音频音质几乎完整无损的展示。JQ8900 系列语音单片机单元实物如图 11-7 所示。

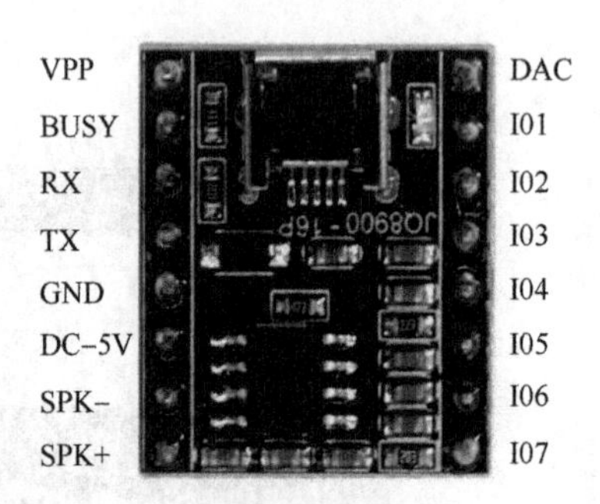

图 11-7 JQ8900 系列语音单片机单元实物

11.4 系统硬件电路设计

系统的硬件电路主要包括了单片机最小系统、按键设置模块、DS1302 时钟模块、LCD1602 液晶显示模块、语音播放模块、HX711 压力传感器检测模块、A6 GSM/GPRS 无线通信模块和 ULN2003 步进电动机驱动模块等。

1. STM32 最小系统电路

主控系统的单片机电路主要包括电源电路、晶振电路等，电路原理如图 11-8 所示。

2. LCD1602 显示电路

选择 LCD1602 作为液晶显示模块是因为它成本较低，控制简单并且是字符型液晶，显示字母和数字比较方便等优点，以此实现显示当前时间的功能。LCD1602 共有 16 个引脚，引脚 1 为 VSS，引脚 2 为 VDD，引脚 3 为 VO，用于液晶显示器对比度调整，引脚 4 为 RS 寄存器的选择，引脚 5 为 RW 读写信号线，引脚 6 为 EN 使能端，引脚 7 至引脚 14 是 D0 至 D7 为 8 位的双向数据线，引脚 15 和引脚 16 分别为显示器的背光源正极和背光源负极，LCD1602 显示电路原理如图 11-9 所示。

3. 独立式按键电路

按键模块设计采用 4 位独立式按键，KEY0 按键连接在 PA0 引脚，KEY1 按键连接在 PE4 引脚，KEY2 按键连接在 PE3 引脚，KEY3 按键连接在 PE2 引脚。KEY0 是初始时间设定键，KEY1 是闹钟时间设定键，KEY2 是增大键，KEY3 是减小键，实现原理过程在软件部分有详细描述。独立式按键模块电路原理如图 11-10 所示。

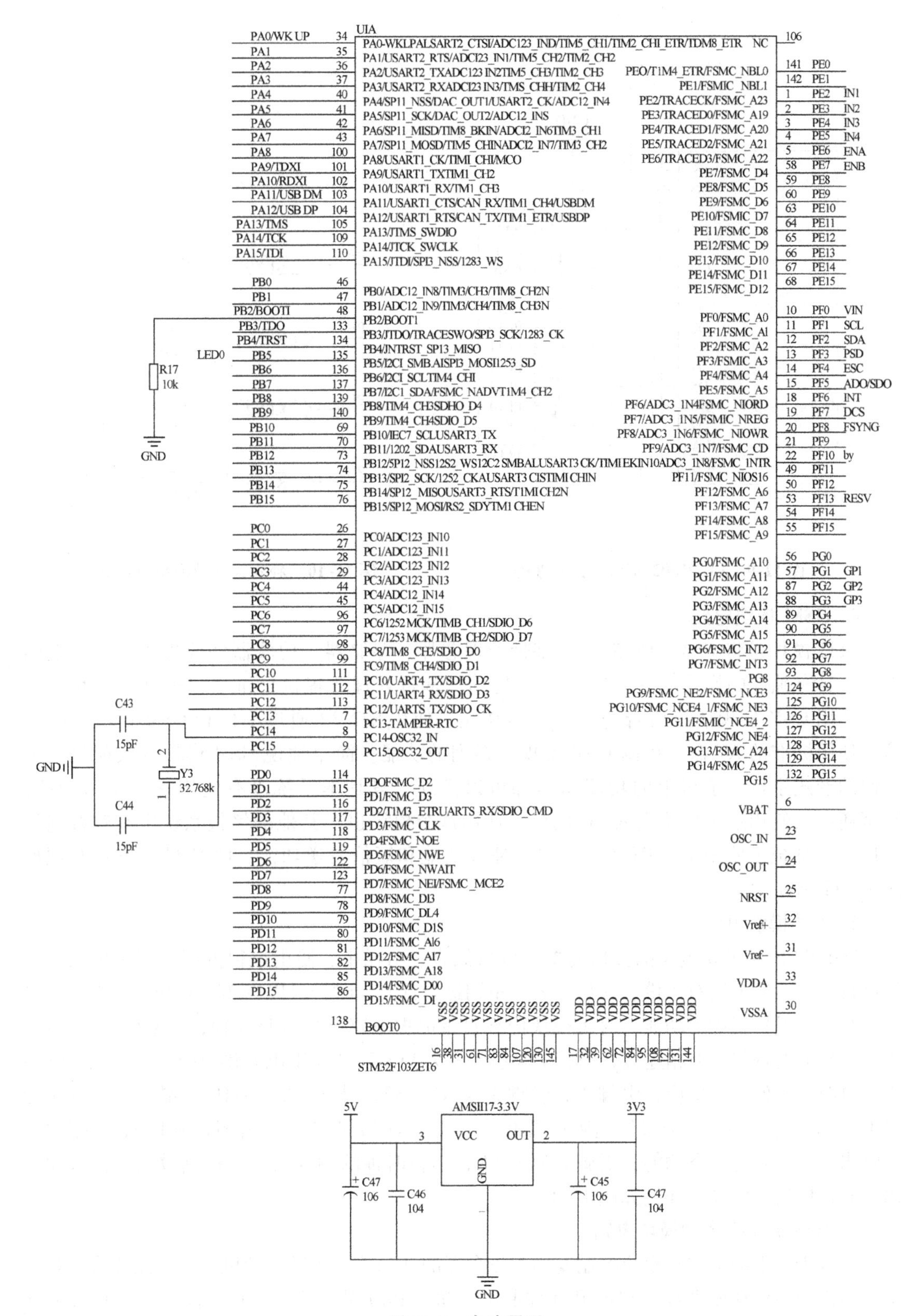
UIA
PA0/WK UP 34 PA0-WKLPALSART2_CTSI/ADC123_IND/TIM5_CH1/TIM2_CHI_ETR/TDM8_ETR
PA1 35 PA1/USART2_RTS/ADCI23_IN1/TIM5_CH2/TIM2_CH2
PA2 36 PA2/USART2_TXADC123 IN2TIM5_CH3/TIM2_CH3
PA3 37 PA3/USART2_RXADCI23 IN3/TMS_CHH/TIM2_CH4
PA4 40 PA4/SP11_NSS/DAC_OUT1/USART2_CK/ADC12_IN4
PA5 41 PA5/SP11_SCK/DAC_OUT2/ADC12_INS
PA6 42 PA6/SP11_MISD/TIM8_BKIN/ADCI2_IN6TIM3_CH1
PA7 43 PA7/SP11_MOSD/TIM5_CHINADCI2_IN7/TIM3_CH2
PA8 100 PA8/USART1_CK/TIMI_CHI/MCO
PA9/TDXI 101 PA9/USART1_TXTIM1_CH2
PA10/RDXI 102 PA10/USART1_RX/TM1_CH3
PA11/USB DM 103 PA11/USART1_CTS/CAN_RX/TIM1_CH4/USBDM
PA12/USB DP 104 PA12/USART1_RTS/CAN_TX/TIM1_ETR/USBDP
PA13/TMS 105 PA13/JTMS_SWDIO
PA14/TCK 109 PA14/JTCK_SWCLK
PA15/TDI 110 PA15/JTDI/SPI3_NSS/1283_WS
PB0 46 PB0/ADC12_IN8/TIM3/CH3/TIM8_CH2N
PB1 47 PB1/ADC12_IN9/TIM3/CH4/TIM8_CH3N
PB2/BOOTI 48 PB2/BOOT1
PB3/TDO 133 PB3/JTDO/TRACESWO/SPI3_SCK/1283_CK
PB4/TRST 134 PB4/JNTRST_SP13_MISO
LED0 PB5 135 PB5/I2CI_SMB.AISPI3_MOSI1253_SD
PB6 136 PB6/I2CI_SCLTIM4_CHI
PB7 137 PB7/I2C1_SDA/FSMC_NADVT1M4_CH2
PB8 139 PB8/TIM4_CH3SDHO_D4
PB9 140 PB9/TIM4_CH4SDIO_D5
PB10 69 PB10/IEC7_SCLUSART3_TX
PB11 70 PB11/1202_SDAUSART3_RX
PB12 73 PB12/5P12_NSS12S2_WS12C2 SMBALUSART3 CK/TIMI EKIN10ADC3_IN8/FSMC_INTR
PB13 74 PB13/SPI2_SCK/1252_CKAUSART3 CISTIMI CHIN
PB14 75 PB14/SP12_MISOUSART3_RTS/T1MI CH2N
PB15 76 PB15/SP12_MOSI/RS2_SDYTM1 CHEN
R17 10k
GND
PC0 26 PC0/ADC123_IN10
PC1 27 PC1/ADC123_IN11
PC2 28 FC2/ADC123_IN12
PC3 29 PC3/ADC123_IN13
PC4 44 PC4/ADC12_IN14
PC5 45 PC5/ADC12_IN15
PC6 96 PC6/1252 MCK/TIMB_CH1/SDIO_D6
PC7 97 PC7/1253 MCK/TIMB_CH2/SDIO_D7
PC8 98 PC8/TIM8_CH3/SDIO_D0
PC9 99 FC9/TIM8_CH4/SDIO_D1
PC10 111 PC10/UART4_TX/SDIO_D2
PC11 112 PC11/UART4_RX/SDIO_D3
PC12 113 PC12/UARTS_TX/SDIO_CK
PC13 7 PC13-TAMPER-RTC
PC14 8 PC14-OSC32_IN
PC15 9 PC15-OSC32_OUT
C43 15pF
C44 15pF
GND
Y3 32.768k
PD0 114 PDOFSMC_D2
PD1 115 PD1/FSMC_D3
PD2 116 PD2/TIM3_ETRUARTS_RX/SDIO_CMD
PD3 117 PD3/FSMC_CLK
PD4 118 PD4FSMC_NOE
PD5 119 PD5/FSMC_NWE
PD6 122 PD6/FSMC_NWAIT
PD7 123 PD7/FSMC_NEI/FSMC_MCE2
PD8 77 PD8/FSMC_DI3
PD9 78 PD9/FSMC_DL4
PD10 79 PD10/FSMC_D1S
PD11 80 PD11/FSMC_Al6
PD12 81 PD12/FSMC_AI7
PD13 82 PD13/FSMC_A18
PD14 85 PD14/FSMC_D00
PD15 86 PD15/FSMC_DI
138 BOOT0
NC 106
PEO/T1M4_ETR/FSMC_NBL0 141 PE0
PE1/FSMIC_NBL1 142 PE1
PE2/TRACECK/FSMC_A23 1 PE2 IN1
PE3/TRACED0/FSMC_A19 2 PE3 IN2
PE4/TRACED1/FSMC_A20 3 PE4 IN3
PE5/TRACED2/FSMC_A21 4 PE5 IN4
PE6/TRACED3/FSMC_A22 5 PE6 ENA
PE7/FSMC_D4 58 PE7 ENB
PE8/FSMC_D5 59 PE8
PE9/FSMC_D6 60 PE9
PE10/FSMIC_D7 63 PE10
PE11/FSMC_D8 64 PE11
PE12/FSMC_D9 65 PE12
PE13/FSMC_D10 66 PE13
PE14/FSMC_D11 67 PE14
PE15/FSMC_D12 68 PE15
PF0/FSMC_A0 10 PF0 VIN
PF1/FSMC_Al 11 PF1 SCL
PF2/FSMC_A2 12 PF2 SDA
PF3/FSMIC_A3 13 PF3 PSD
PF4/FSMC_A4 14 PF4 ESC
PE5/FSMC_A5 15 PF5 ADO/SDO
PF6/ADC3_1N4FSMC_NIORD 18 PF6 INT
PF7/ADC3_1N5/FSMIC_NREG 19 PF7 DCS
PF8/ADC3_1N6/FSMC_NIOWR 20 PF8 FSYNG
PF9/ADC3_1N7/FSMC_CD 21 PF9
22 PF10 by
PF11/FSMC_NIOS16 49 PF11
PF12/FSMC_A6 50 PF12
PF13/FSMC_A7 53 PF13 RESV
PF14/FSMC_A8 54 PF14
PF15/FSMC_A9 55 PF15
PG0/FSMC_A10 56 PG0
PG1/FSMC_A11 57 PG1 GP1
PG2/FSMC_A12 87 PG2 GP2
PG3/FSMC_A13 88 PG3 GP3
PG4/FSMC_A14 89 PG4
PG5/FSMC_A15 90 PG5
PG6/FSMC_INT2 91 PG6
PG7/FSMC_INT3 92 PG7
PG8 93 PG8
PG9/FSMC_NE2/FSMC_NCE3 124 PG9
PG10/FSMC_NCE4_1/FSMC_NE3 125 PG10
PG11/FSMIC_NCE4_2 126 PG11
PG12/FSMC_NE4 127 PG12
PG13/FSMC_A24 128 PG13
PG14/FSMC_A25 129 PG14
PG15 132 PG15
VBAT 6
OSC_IN 23
OSC_OUT 24
NRST 25
Vref+ 32
Vref− 31
VDDA 33
VSSA 30
VSS 16 38 31 61 71 83 94 107 120 130 145
VDD 17 32 39 62 72 84 95 108 121 131 144
STM32F103ZET6
5V
AMSII17-3.3V
3V3
VCC OUT GND
3 2
C47 106
C46 104
C45 106
C47 104
GND

图 11-8　电路原理

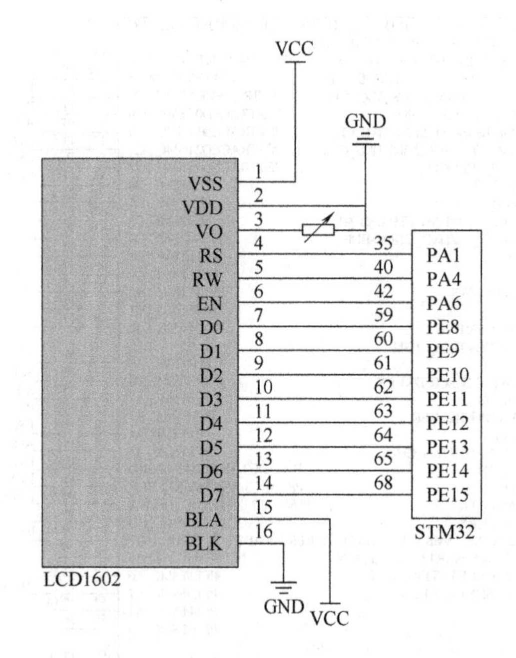

图 11-9　LCD1602 显示电路原理图

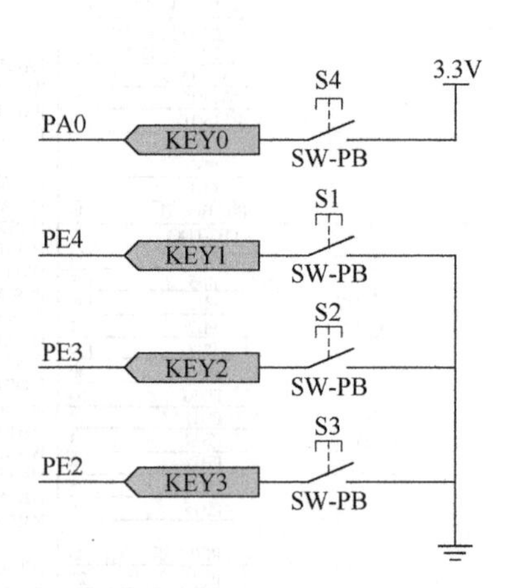

图 11-10　独立式按键模块电路原理

4. GSM 模块电路

GSM 模块是将 GSM 射频芯片、基带处理芯片、存储器、功放器件等集成在一块电路板上，具有独立的操作系统、GSM 射频处理、基带处理并提供标准接口的功能模块。本系统使用 GSM 实现播报语音与发送短信功能，使用 STM32 通过串口和 GSM 模块进行通信，使用标准的 AT 命令控制 GSM 实现一系列的功能。简单地说 GSM 模块其实就是一个简便的老式手机，手机上的功能基本都可以实现，只是本系统没有使用它的全部功能，甚至还可以使用这个模块进入 3G 网络。使用这个模块也在其他的警报系统中有较普遍的运用。本系统中使用了 GSM 模块的语音播放功能和短信发送功能，GSM 模块电路原理如图 11-11 所示。

5. 时钟模块电路

DS1302 时钟模块电路的接口简单、价格低廉、功耗小、使用也很方便，不仅可以对时间进行计时，还可以对年份、月份、天、星期进行计时，时钟可以以 24 小时或 12 小时的格式运行，有设置闹钟等功能。时钟模块内部自带晶振电路产生自身时钟，DS1302 芯片封装以后有 8 个引脚与外部相连接，引脚 1 和引脚 8 为 VCC2、VCC1 电源供电引脚，双电源管用于主电源和备份电源供应；引脚 2 和引脚 3 为 X1、X2，外接 32.768kHz 的晶振；引脚 5 为 RST，复位/片选引脚，通过给引脚置高电平开启所有的数据传送；引脚 6 为 I/O，数据输入和输出引脚，具有三态功能；引脚 7 为 SCLK，串行时钟的输入引脚，控制数据的输入和输出。时钟模块电路硬件连接如图 11-12 所示。

6. 步进电动机驱动模块电路

通过步进电动机驱动模块控制宠物粮投食器的开和关，步进电动机是一种能够将电脉冲信号转换为角位移或者线位移的开环控制电动机，其应用广泛，但它不像一般的直流电动机、交流电动机那样，可以在常规下使用，而是需要驱动器驱动，采用 ULN2003 步进电动

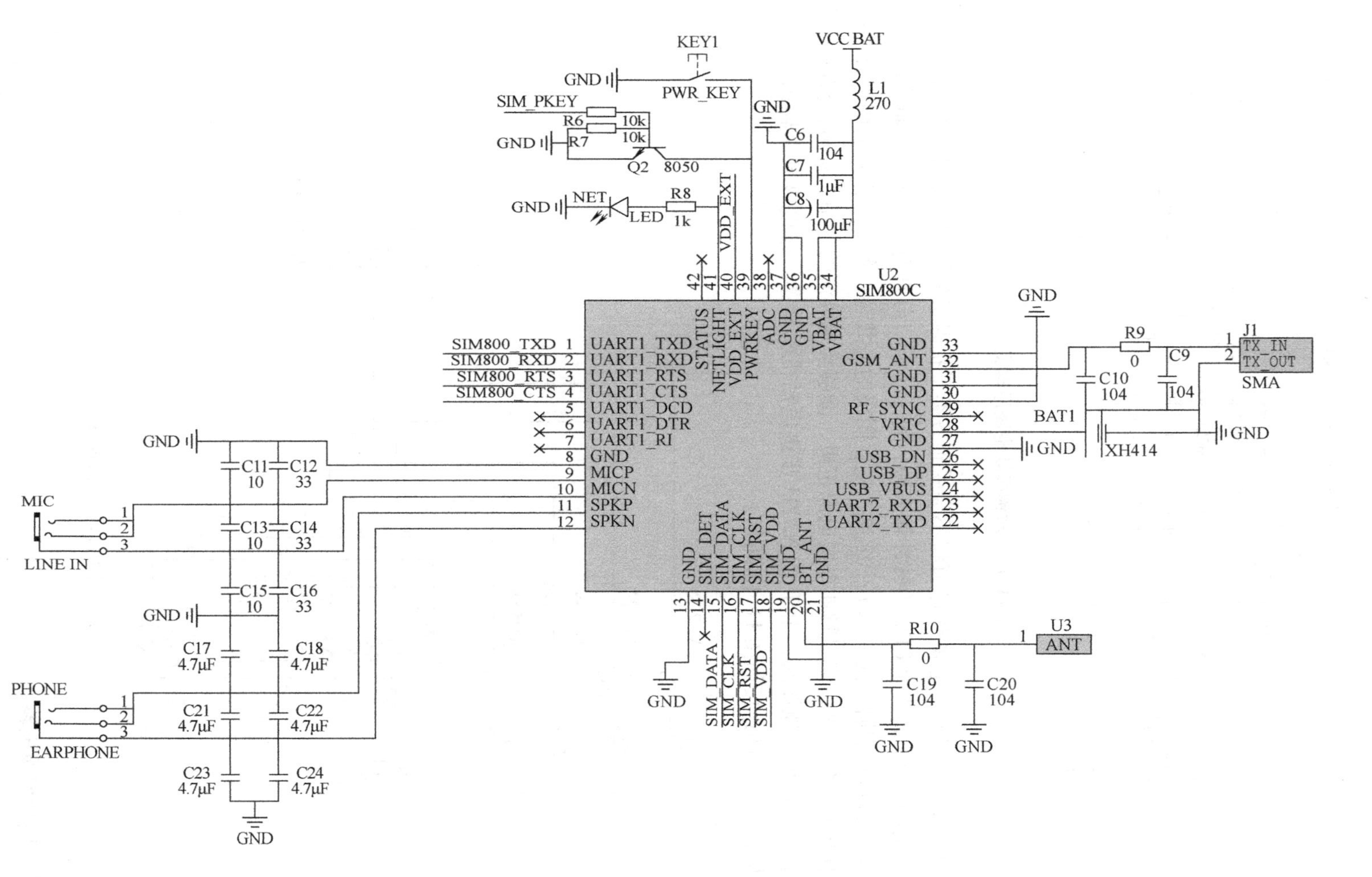

图 11-11　GSM 模块电路原理

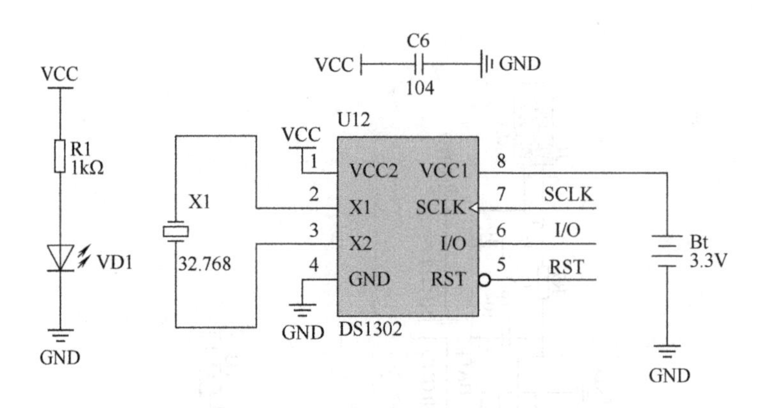

图 11-12　时钟模块电路原理图

机驱动器驱动步进电动机，它的步进值将不会受到各类干扰因素的影响，误差不累积，控制性能较好。引脚 1 ~ 引脚 7 为 CPU 的脉冲输入端，每一个端口分别对应一个信号输出端；引脚 8 为 GND，接地；引脚 9 为内部 7 个续流二极管阴极的公共端，各个二极管的阳极分别连接在各达林顿管的集电极，该引脚如果接电源正极，能够实现续流的作用，接地，实际上就是达林顿管的集电极与地接通，由于 ULN2003 步进电动机驱动器是集电极开路输出，所以接电源正极，具体硬件连接如图 11-13 所示。

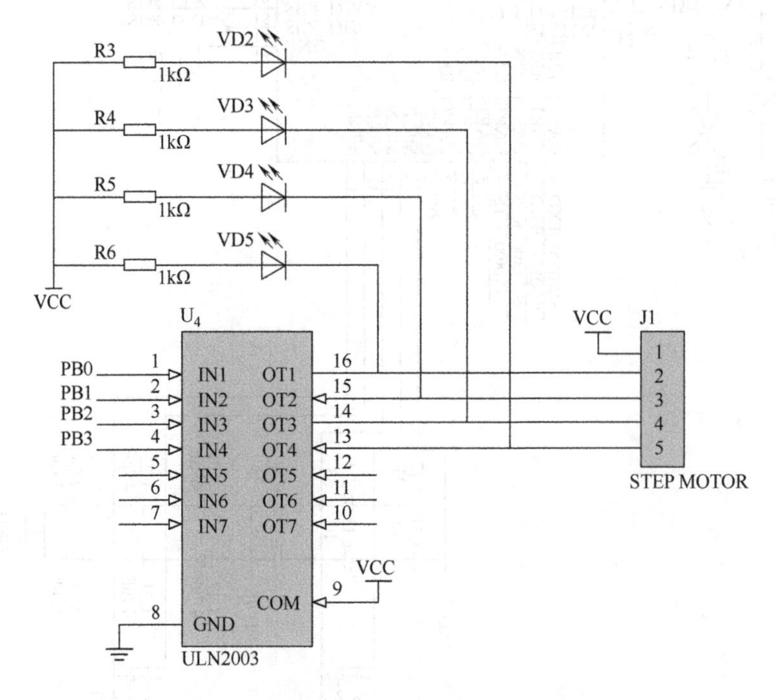

图 11-13　硬件连接

7. 语音播放模块电路

JQ8900-16P 可以采用多种模式控制、一线串口控制模式和两线串口模式。最为方便的是该模块支持 SPI FLASH 模拟成 U 盘，可以用 USB 接口连接计算机，能够像直接使用 U 盘一样轻松地改变 SPI FLASH 里的语音音频，免去了其他语音模块需另购烧写器和下载相关烧写软件的麻烦，十分便捷。引脚 1 为 VPP，一线串口；引脚 2 为 BUSY，如果连接 LED 可以作为播放指示灯，在有音频输出时为高电平，无音频输出时为低电平；引脚 3 为 RX，UART 串行数据输入；引脚 4 为 TX，UART 串行数据输出；引脚 5 为 GND，接地；引脚 6 为 DC-5V，模块电源输入，输入的电压不可以超过 5.2V；引脚 7 和引脚 8 为 SPK -、SPK +，控制扬声器音量大小，可接 2W/8R 以下无源扬声器；引脚 9 ~ 引脚 15 为 IO7 ~ IO1，触发输入口，对地触发；引脚 16 为 DAC，音频输出，可以外接功放。此处采用一线串口控制，所以只用到了引脚 1、引脚 5 和引脚 6，JQ8900-16P 语音播放电路硬件连接如图 11-14 所示。

8. 压力检测模块

按照成本低、占 I/O 口少和方便的原则选择 HX711 AD 压力传感器检测模块检测宠物粮剩余情况，此处原理图只画了组装好后的对外引脚图，分别是 GND 接地；DT 是 HX711 的时序控制引脚，可以连接单片机的普通数字 I/O 口；SCK 是 HX711 的数据输出引脚，可以连接单片机的普通数字 I/O 口；VCC 电源供电引脚，接 5V 给模块供电。压力检测模块电路硬件连接如图 11-15 所示。

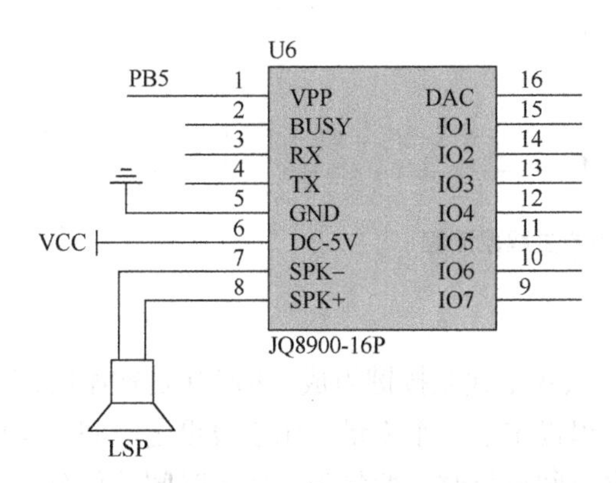

图 11-14　JQ8900-16P 语音播放电路硬件连接

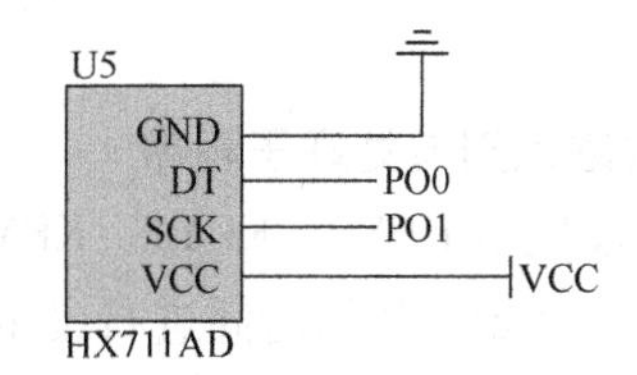

图 11-15　压力检测模块电路硬件连接

11.5　系统软件程序设计

系统的软件部分分为系统主程序设计、按键识别与处理子程序、DS1302 时间读写子程序、LCD 液晶显示子程序、语音播放子程序、压力传感器检测子程序、步进电动机驱动子程序和 GSM/GPRS 通信子程序等。

1. 系统主程序设计

系统每间隔一定时间，读取 DS1302 数据、压力检测模块数据和按键状态，在没有按键按下和没有设定闹钟的情况下，显示当前时间和当前食物重量；若 KEY0 初始时间设定键或者 KEY1 闹钟时间设定键按下，显示要设定的初始时间或闹钟时间，设定完毕，到闹钟时间投食并播放语音音频，半小时后发送短消息给宠物主人。系统的主程序流程如图 11-16 所示。

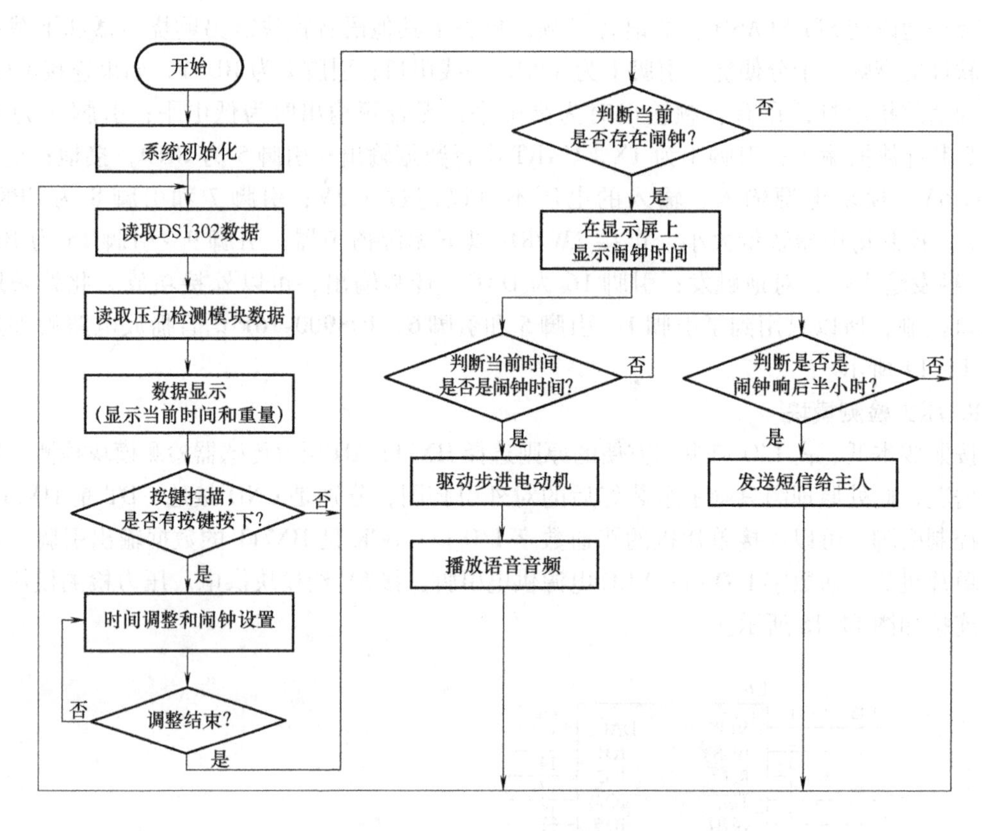

图 11-16 系统的主程序流程

2. 按键识别与处理子程序

按键模块由 KEY0、KEY1、KEY2、KEY3 共 4 个独立按键组成。KEY0 是初始时间设定键，按下即开始对初始时间进行设定修改，这里设定了一个变量，用于对设定时间单位的切换，每按下一次，变量值加一，变量为 1 代表时间单位时，变量为 2 代表时间单位分，变量 3 代表时间单位秒，将显示在液晶屏中，直到所有时间单位都重新设定，最后多按一次代表确认并清零变量值；KEY1 是闹钟时间设定键，和 KEY0 初始时间设定键功能一样；KEY2 是增大键，只有当 KEY0 或者 KEY1 按键按下并处在设定时间时（即变量值不为 0，有对应设定时间单位时），KEY2 键才有用，按一次可以对时间设定键选择的时间单位的值加 1；KEY3 是减小键，与 KEY2 的功能差不多，不过是对设定键选择的时间单位的值减 1。按键识别与处理子程序流程如图 11-17 所示。

3. DS1302 时间读写子程序

DS1302 时间读写程序流程首先应进行变量初始化，该部分时序包括复位 RST = 0（禁止数据传输）、时钟总线 SCLK = 0、关闭写保护功能、写入系统自带的初始时间和打开写保护功能等操作。读写子程序分成两个独立的子程序，写程序要先关闭写保护功能，才能进行相关写操作，复位引脚 RST 产生高电平（注意只有 SCLK 引脚为低电平的时候才能将 RST 引脚转变为高电平），然后写入目标地址，再对数据进行相关的读或者写操作，然后将 RST 引脚重新变为低电平。DS1302 时间读写子程序流程如图 11-18 所示。

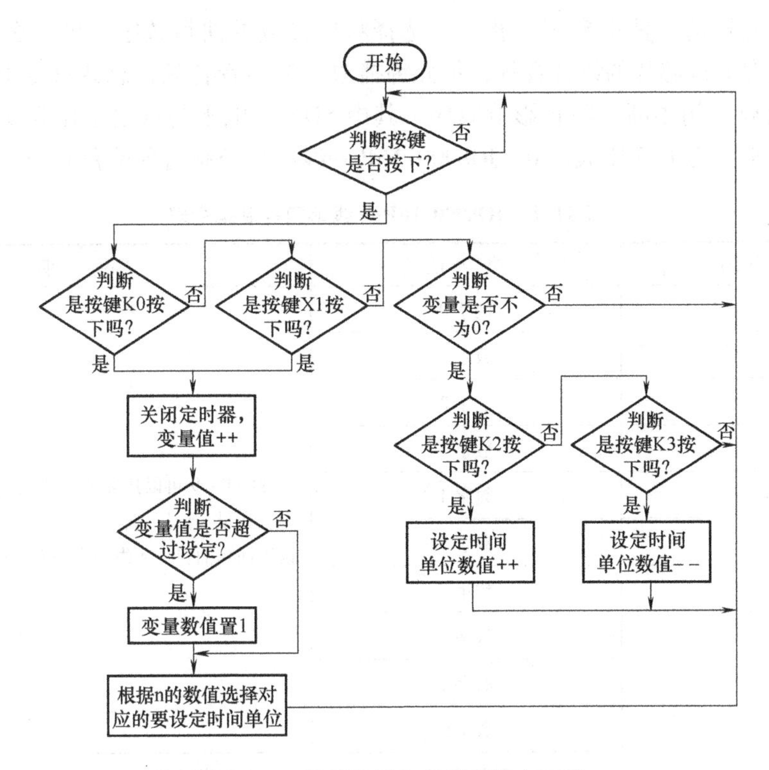

图 11-17　按键识别与处理子程序流程

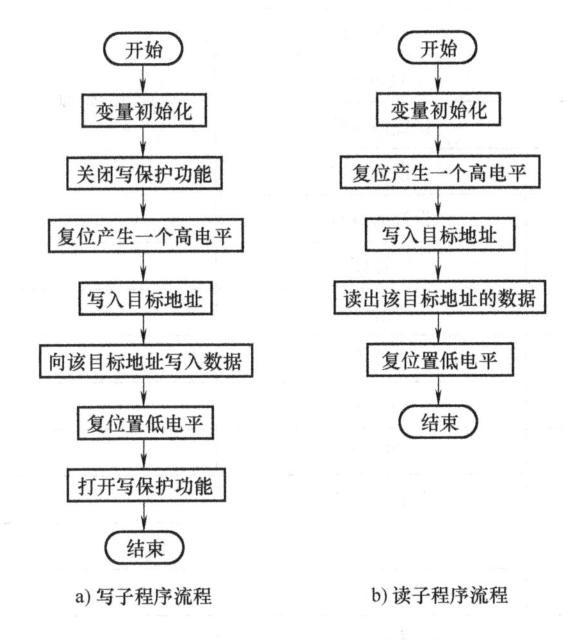

a) 写子程序流程　　b) 读子程序流程

图 11-18　DS1302 时间读写子程序流程

4. 语音播放子程序

本次设计采用了 JQ8900-16P 语音播放模块并使用一线串口控制模块播放语音音频。每次发送命令前先发送“清空数字”指令，选择将要播放的曲目数字，再发送“选取确认”指令播放事先存放进芯片的语音音频，每分钟播放一遍语音音频，总共重复10遍。每次发送指令数据前要关闭中断，防止影响时序，其中SDA高电平与低电平比为3∶1则表示1，高电平与低电平比为1∶3则表示0。JQ8900-16P一线串口控制指令见表11-1。

表11-1 JQ8900-16P一线串口控制指令表

指令（HEX）	功　能	说　明
00	数字0	数字0～9可以用需要数字的功能，比如选曲、设置音量、设置EQ、设置循环模式、设置通道、设置插播曲目，先发数字后发功能指令
01	数字1	
02	数字2	
03	数字3	
04	数字4	
05	数字5	
06	数字6	
07	数字7	
08	数字8	
09	数字9	
0A	清零数字	清除发送的数字
0B	选曲确认	配合数字实现
0C	设置音量	
0D	设置EQ	
0E	设置循环模式	
0F	设置通道	
10	设置插播曲目	
11	播放	
12	暂停	
13	停止	
14	上一曲	
15	下一曲	
16	上一目录	
17	下一目录	
18	选择SD卡	
19	选择U盘	
1A	选择FLASH	
1B	系统睡眠	

语音播放发送子程序流程如图11-19所示。

5. 压力传感器检测子程序

本次设计是由HX711 AD模块加上范围0~5kg的压力传感器组成。程序开始时，先获取HX711的初始数值，再将读到的数值减去初始值为净重，读出的数值均为AD值，需要经过计算，才能转换成千克单位，得到实际重量。压力传感器检测子程序流程如图11-20所示。

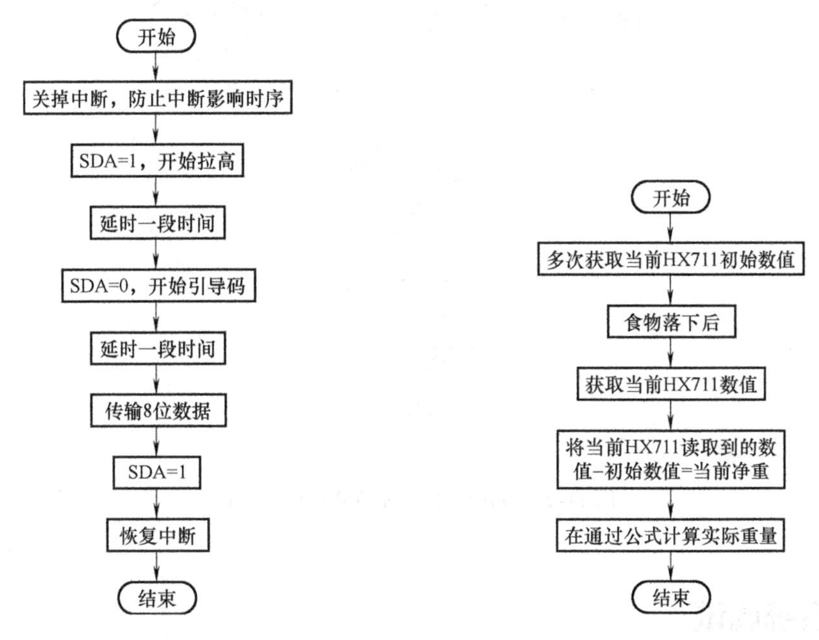

图11-19　语音播放发送子程序流程　　图11-20　压力传感器检测子程序流程

HX711 AD模块与单片机的通信只需要两个引脚，即数据输出DT和数据输入SCK，选择输入通道和增益。当数据的输出引脚DT为高电平时，意味着A-D数据转换器还没有准备好将数据输出，且此时数据输入的引脚SCK应为低电平。当DT的电平从高转变为低后，SCK应输入25~27个不等的时钟脉冲。本次的设计选择A通道，共25个SCK脉冲，增益为128，第一个到来的时钟脉冲将读出输出的24位数据的最高位，然后依次根据时钟脉冲读出数据，输出数据从最高位到低位。

6. GSM/GPRS通信子程序

通过使用单片机对A6 GSM/GPRS通信模块发送一些相关的AT命令达到发送短消息的功能。具体使用的指令有：①AT测试模块是否正常工作。②AT+CPIN？测试SIM卡是否准备好。③AT+CREG？测试网络注册及状态是否正常。④AT+CMGF用来选择要发送的短信的格式，等于1是文本格式，可以发送全英文的短信；等于0是PDU格式，可以发送中英文短信，更为复杂一些，这里为了方便采用文本格式。⑤AT+CSCS设置编码，AT+CSCS="GSM"则是英文编码，AT+CSCS="UCS2"则是中文编码，本次设计采用英文编码。⑥AT+CMGS用来发送短信内容，发送全英文的短信方式是在等于号后面加接收方手机号码，回车后加上要发送的短信内容，中文短信要将短信内容转换为PDU格式，先发送编码长度，回车后发送转换成PDU编码的短信内容。最后使用HEX发送数据1A，确认将短信发送出去。GSM/GPRS 通信子程序流程如图 11-21 所示。

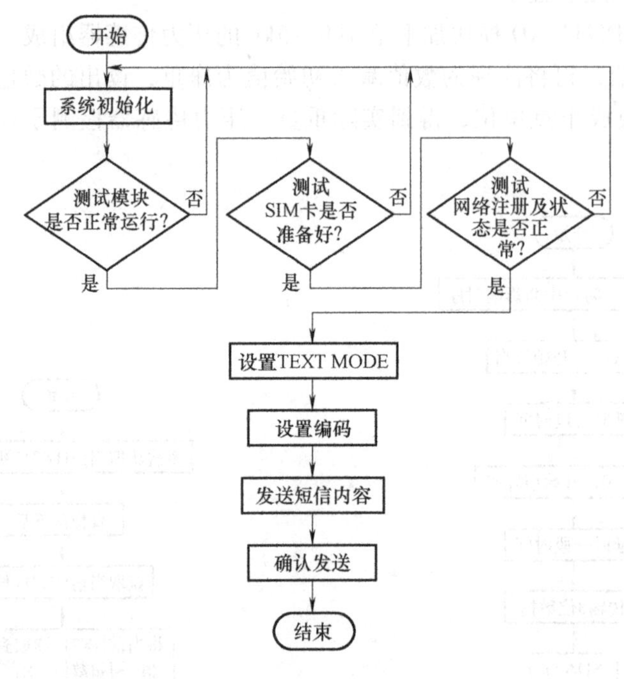

图 11-21 GSM/GPRS 通信子程序流程

11.6 系统调试

首先烧录后，液晶屏显示当前从 DS1302 读取的实时时间、闹钟时间和当前检测到的宠物粮重量，因为刚刚开始，未设定初始时间和闹钟时间，也未放置任何物品在压力传感器上，所以闹钟为 0，重量也为 0。最初液晶屏显示情况如图 11-22 所示。

然后对初始时间和闹钟时间进行设定，设定闹钟为上午 11:00，为了方便，初始时间设定的比闹钟时间早几分钟。由于没有实际的宠物粮，直接拿任意物品代替，重量约为 0. 11kg。设定好的液晶屏显示情况如图 11-23 所示。

图 11-22 最初液晶屏显示情况

图 11-23 设定好的液晶屏显示情况

最后，在上午 11:30 收到的短信情况，如图 11-24 所示。

图 11-24　收到短信情况

11.7　本章小结

本项目设计的是基于单片机的多功能宠物喂食器，对那些忙碌的上班族来说，能够帮助他们上班时专注工作，临时出差在外时，也不用担心宠物在家没人正常喂食，发生饿肚子的情况。现市面上功能齐全价格又低廉的宠物喂食器比较少见，因此是有市场需求的。

1. 多功能宠物喂食器系统包括哪几个模块？阐述各个模块的具体方案设计。
2. GSM/GPRS 通信模块的 AT 命令有哪些？
3. 如何改进系统吸引宠物过来进食，吃完食物后又能保持环境干净、卫生。

第 12 章

基于语音识别与蓝牙通信的智慧家居控制系统

本章将介绍既可以通过识别人类语音信号，将接收到的语音信号转化为相对应的命令控制一些常用的家电；同时也可以使用手机 APP 发送指令完成控制家电的智慧家居控制系统。该系统是由两个 STC89C51 单片机和一个 LD3320 语音识别模块，以及两个 HC-05 蓝牙模块（蓝牙主机和蓝牙从机）组成。使用方式一：当送话器有语音信号传入 LD3320 语音识别模块时，该模块进行语音处理并输出声音识别信号，主机将识别信号通过蓝牙通信模块传输给从机，从机接收到信号指令后便对相应继电器进行控制以实现控制家电的目的；使用方式二：使用手机蓝牙，与单片机从机上的蓝牙配对连接，当手机发送不同的指令时，从机便得到相应的控制指令实现控制。

12.1 项目立项思路

进入 21 世纪以来，随着通信技术的迅速发展，“智能家居”系统如雨后春笋般进入人们的生活，该系统以快捷、方便、安全等优势带给人们舒适的愉悦感，还完美地利用物联网的特性，营造出一个维护简单、性价比高、无线自动组网，可以双向通信且安装简易的居家环境。

12.1.1 设计方案的论证

在设计系统之前，应对几种设计方案进行比较、论证和可行性分析之后确定最终的方案。

1. 方案一

使用 NRF24L01 无线射频方式实现远程控制，此方案的系统框图如图 12-1 所示。

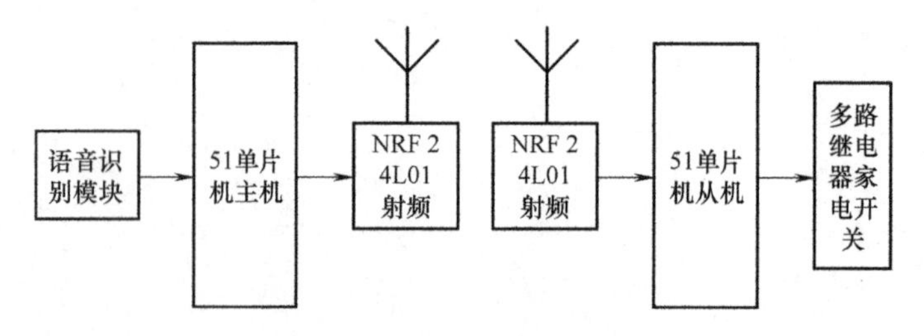

图 12-1　方案一的系统框图

此方案的设计优点是射频模块非常有利于布控和实施，应用便捷并且成本较低。但不足的是发射终端不灵活，通信方式单一，只能在 NRF24L01 射频模块之间进行通信，若要远程控制，需要每次找到发射终端，操作非常不便。从安全性能上考虑，NRF24L01 射频模块没有安保措施，很容易被附近处于同一频段的遥控设备劫持。

2. 方案二

采用 ZigBee 自组网设计进行信息交互，由于 CC2530 单片机开发板具有巴伦配置电路，使用非常方便，因此经初步比较系统方案后确定使用 CC2530 单片机开发板，方案二的系统框图如图 12-2 所示。

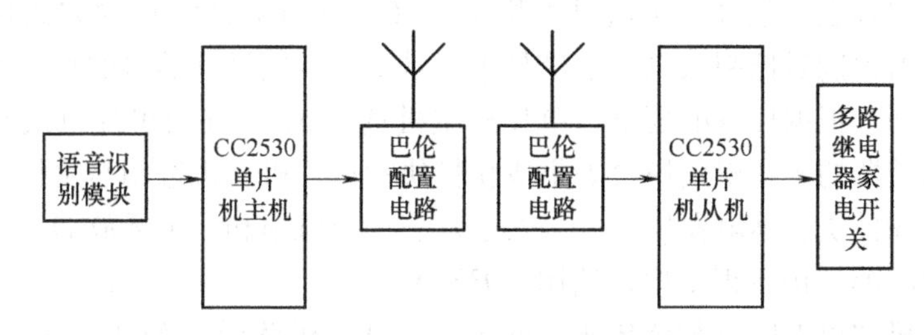

图 12-2　方案二的系统框图

此方案的主控芯片为集成射频模块的 CC2530 单片机，其自带的巴伦配置电路可以用于数据传输。ZigBee 具有功耗低，相同的电量比其他通信方式待机时间长，掉线率低，组网能力强，安全性能良好，工作频段灵活等优点；而它的缺点是成本比较高，通信距离较近，穿透性能不好等。

3. 方案三

采用蓝牙通信方式传输有效信息，方案三的系统框图如图 12-3 所示。

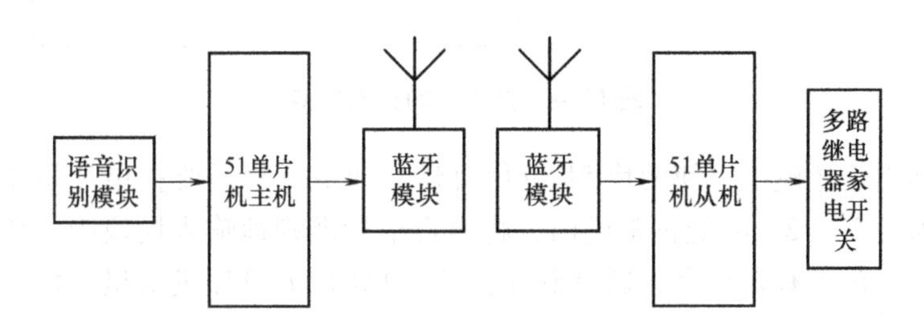

图 12-3　方案三的系统框图

采用蓝牙通信方式设计的系统具有灵活、方便的特点，不用携带终端控制器就可以实现控制家电的功能。蓝牙带来的好处有很多，功耗低且传输速度快，与设备之间建立连接所花的时间较短，鲁棒性高，安全性能好，缺点是设备连接数量较少。

12.1.2　设计方案的选择

如今，人们所追求的“智能化”生活是以简洁、便利为目的，方案一的成本相比较低，但在便利性、安全性方面，与“智能化”生活不符，决定了以此为基础的设计将不会受用户青睐，应该排除方案一。而方案二基于 ZigBee 的组网特性和方案三基于蓝牙的短距离且灵活特性都是现如今市场上比较认可的两种不同的方案，优缺点相对比较明显。相比来说，方案二的开发难度略高于方案三，51 单片机的便捷性远高于 CC2530 单片机。由于本章设计旨在提供“智能家居”通信思路，重点不在于自组网，因此鉴于上述三种方案的对比分析，本系统的设计应选用方案三作为智慧家居控制系统的设计方案。

12.2 基于语音识别和蓝牙通信的智慧家居系统概述及硬件设计

12.2.1 智慧家居控制系统概述

本项目设计内容主要包含：①通过手机 APP（蓝牙通信助手）的方式控制家电。②通过语音输入，机器识别后控制家电。不论是①还是②，本次设计的目的都是控制家电，不同的是通信方式不同。根据任务的要求，单片机主机选用 51 系列的单片机最小系统，还有蓝牙模块，带有送话器的语音识别模块等集成化模块；单片机从机选用与主机相同的单片机最小系统，还有蓝牙模块、继电器模块、一盏小灯、一个风扇和一个播放器。蓝牙模块选用较为方便合适的 HC-05，语音识别模块选用 LD3320。

方式一：手机端可上网下载蓝牙通信助手，打开手机蓝牙与 51 单片机，从机上的蓝牙模块建立连接进行通信，通过在手机端发送指令的形式驱动 51 单片机从机继电器的开与关，从而实现远程控制，如图 12-4 所示。

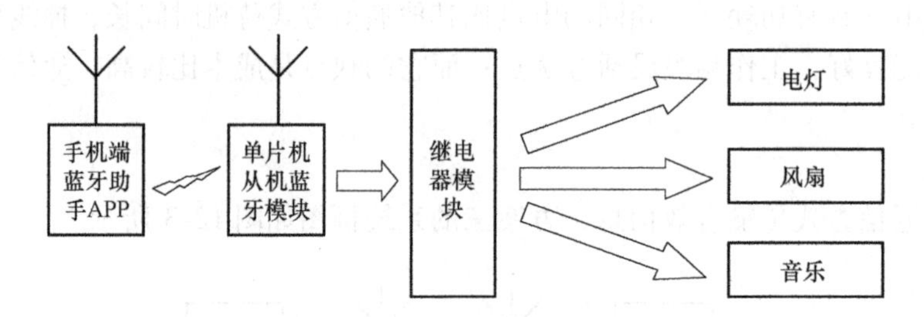

图 12-4 方式一的实现功能

方式二：利用蓝牙模块，使两块 51 单片机建立通信。只需要在单片机主机板距语音识别模块的送话器为 20～30cm 处正常说话，将声音信号准确地输入模块中，模块经过一系列的分析处理后将会输出有效指令，通过蓝牙模块传输给 51 单片机从机，使之将驱动继电器从而实现控制，如图 12-5 所示。

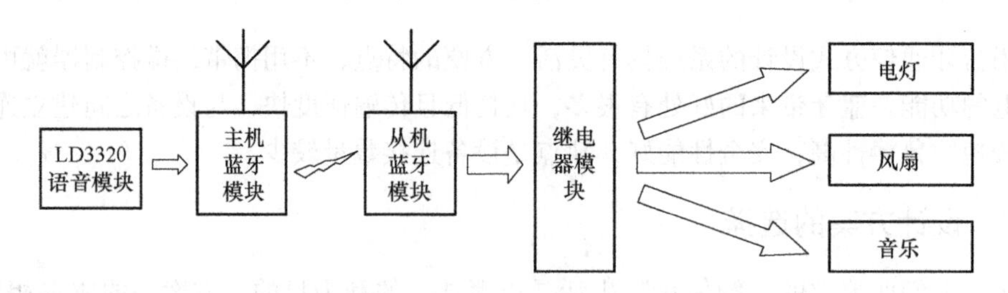

图 12-5 方式二的实现功能

12.2.2 智慧家居控制系统的硬件设计

1. 单片机最小系统的设计

单片机是整个系统的“大脑”，因此如何选取单片机对整个系统设计来说非常重要。一款合适的单片机一定即是足以支撑整个系统运作，同时又是低耗、耐用的。在成千上万种的单片机中，从 8 位到 64 位的单片机，价格浮动较大。从功能考虑，本次设计主要是实现分析处理语音信号，蓝牙通信方式以及驱动继电器，因此 51 系列单片机的自身功能足以支撑“智慧家居”系统。从功耗考虑，由于系统测试的是通信方式，需要有一定待机时长的要求，功耗较低的单片机适合本系统。综合考虑，51 系列单片机在功能和功耗方面都符合项目需求，最终采用实用性能较高的 STC89C51 单片机。

单片机最小系统电路是保证系统正常、稳定运行的核心电路。单片机最小系统电路主要由 STC89C51 单片机芯片、复位电路、晶振电路等构成，单片机最小系统电路图如图 12-6 所示。

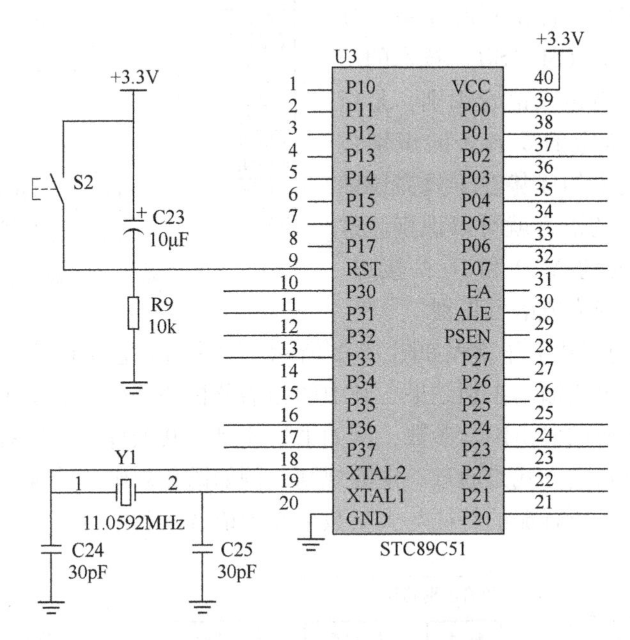

图 12-6　单片机最小系统电路图

系统主控电路是由单片机芯片、晶振电路以及复位电路组成，STC89C51 单片机中内置一个高增益反相放大器，用于构成振荡器。放大器的输入端和输出端分别为 XTAL1 和 XTAL2，可用来连接外部晶振。本设计选用 11.0592MHz 的晶振，目的是为了方便计算单片机的机器周期。晶振与两个电容并联，接在放大器的反馈回路中，从而构成了并联振荡电路。两个电容均为 30pF 的石英晶体电容，原因是电容的容量大小会对振荡频率造成影响，甚至会影响振荡器的稳定性、起振的难易程度。STC89C51 单片机有上电复位和按键复位两种复位模式，上电复位为高电平复位使能，如若在系统运行中，出现程序跑飞的情况，可以手动触摸按键复位对单片机进行复位。上电复位的工作原理为当单片机正常通电时，电容两端被短路，RST 引脚变为高电平，使电源对电容进行充电，RST 因此逐渐变为低电平，单片机就开始正常工作；按键复位的工作原理为当按键被按下后，电容开始迅速放电，使 RST 引脚变为高电平，实现复位的功能。当按键回弹后，电源通过电阻进行放电，RST 引脚将变为低电平，此时复位停止。

2. 语音识别模块的设计

语音识别技术的引入，是本系统设计的创新点，语音识别技术是“智能家居”智能化过程中不可缺少的新技术，它包含了对输入音频信号的处理，搭建模型，频谱分析以及模数转换等复杂过程。语音识别技术是将人类日常说话的内容转化为计算机可辨识的数据方式输入给计算机进行分析处理，通过比对语音数据库中的大量语音数据，分析得到统计概率最优的语音特征。

系统语音识别处理选择基于 LD3320 语音芯片的语音识别模块，模块示意图如图 12-7 所示。LD3320 语音识别芯片是一款基于非特定人语音识别（SI-ASR）技术的语音识别芯片，所谓非特定人语音识别，是指不需要指定某一个特定的发音人的识别技术，这种语音识别技术的优势在于只需说话的人说的是某种指定的语言就可以识别。这款芯片集成了高精度的 A-D 和 D-A 接口，通过数字信号处理技术完成语音识别。

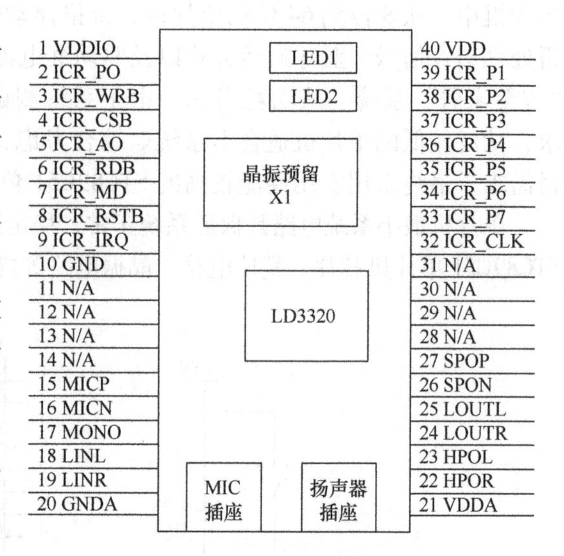

图 12-7 模块示意图

LD3320 语言识别芯片工作流程如图 12-8 所示。整个过程包括语音流的频谱分析，提取特征，比对关键词，最终输出识别结果。其中的频谱分析和特征提取是用于分析并提取语音中能够用来反映其本质的多组声学参数，例如平均能量、共振峰等。比对关键词是整个语音识别系统的核心，比对的方式是通过一定的规则，例如语法规则、构词规则等，利用语音识别处理算法计算出输入语音流的特征与大量数据库中语音的相似度。

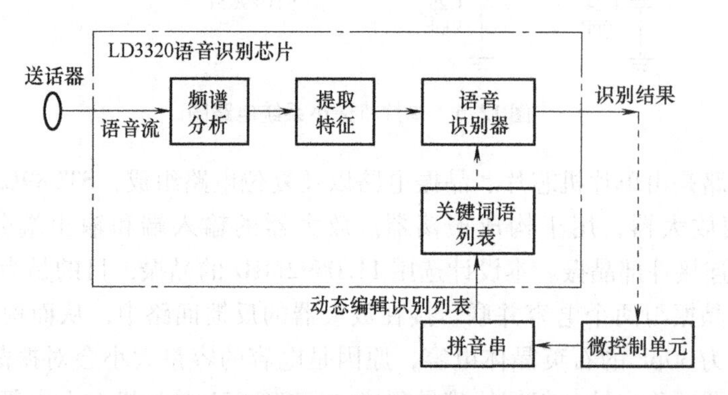

图 12-8 LD3320 语言识别芯片工作流程图

LD3320 芯片语音识别的原理：先将相关的关键词语列表，可以是多条词语，事先存入芯片内部。接着将语音流通过送话器，利用送话器采集语音流信号并将此信号送入 LD3320 芯片内部进行分析处理。当芯片接收到传递过来的信号时会自动进行频谱分析并提取特征，根据芯片内部的特定算法将提取的特征与事先编辑好的关键词语列表进行一一比对，将对比后相似程度最高的结果以串口的形式发送给单片机。在实现编辑好的关键词语列表中可以是“打开电灯”“关闭电灯”“打开电风扇”“关闭电风扇”等。我们只需要配置相关的寄存器，芯片就会将内容传递给识别引擎。

单片机与语音识别模块硬件设计如图 12-9 所示。

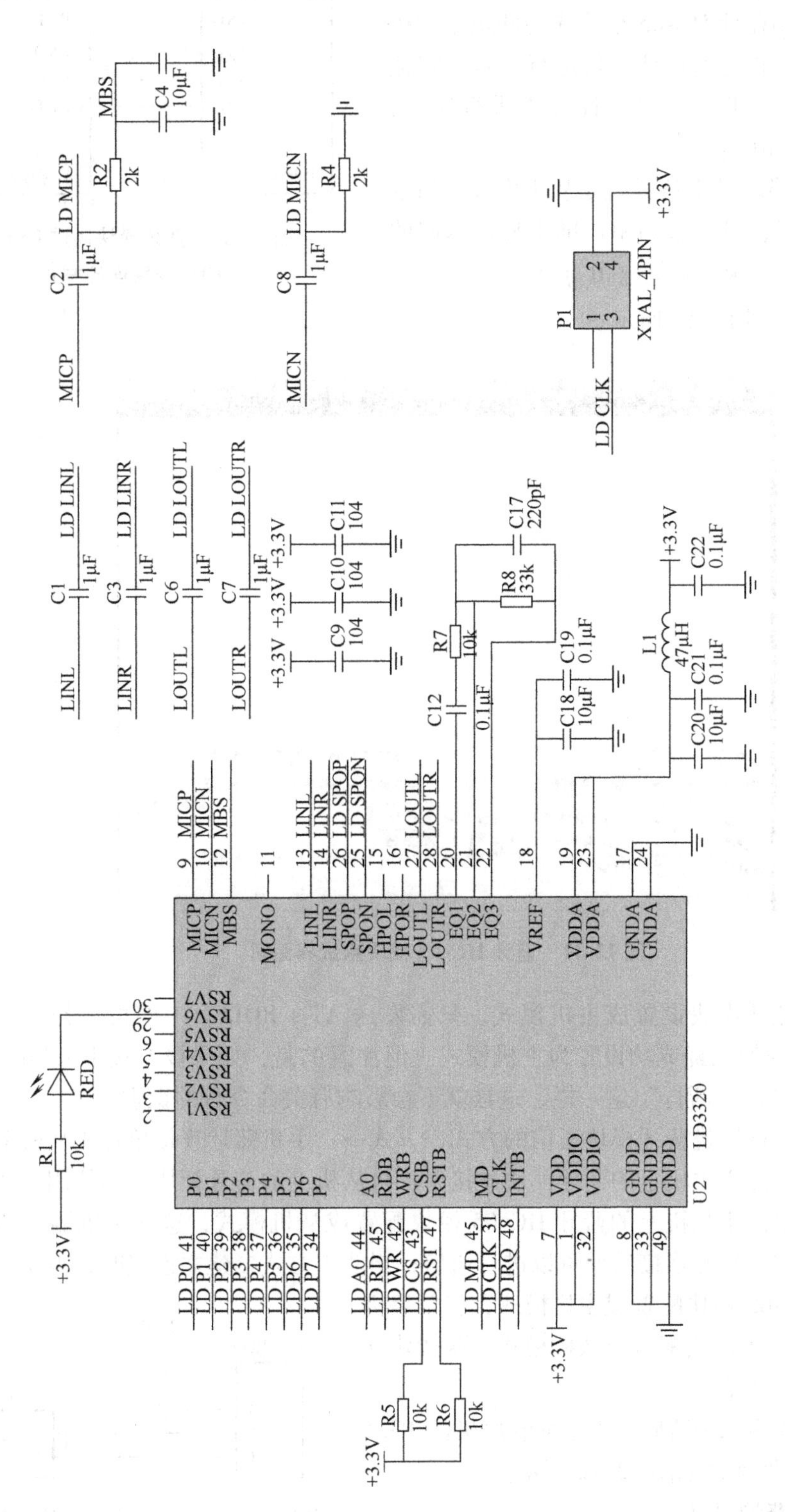

图 12-9　单片机与语音识别模块硬件设计图

3. 蓝牙通信模块的设计

蓝牙通信采用蓝牙 HC-05 模块作为两块单片机之间的通信模块。首先对蓝牙模块进行配置：将蓝牙模块通过 USB 转 TTL 模块与计算机进行连接，连接方式如图 12-10 所示。

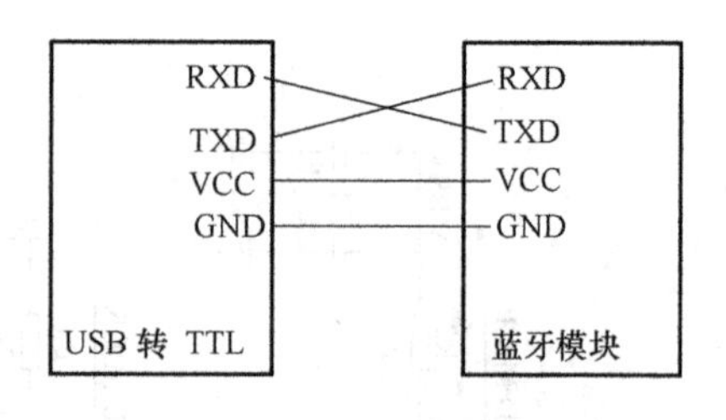

图 12-10 蓝牙模块通过 USB 转 TTL 模块连接方式

蓝牙 HC-05 模块的默认模式是从机模式，当发送 AT + ROLE? 时，可以看到串口助手界面返回的值是 + ROLE:0 表示当前模式为从机模式，与默认模式并无异样，如图 12-11 所示。

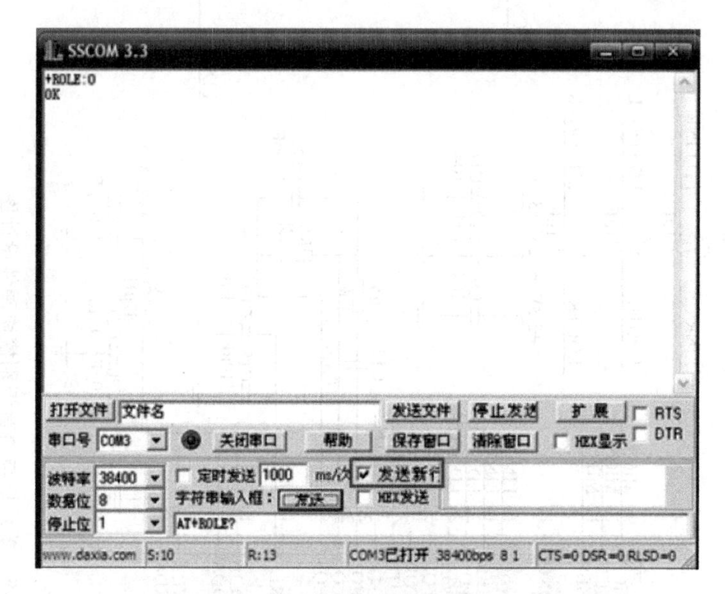

图 12-11 蓝牙 HC-05 模块测试界面图

如果想要将蓝牙模块设置成主机模式，只需发送 AT + ROLE = 1 即可，若返回的值为 OK，则表示蓝牙模块已经成功设置为主机模式。但注意的是，如果没有按下 <Enter> 键的习惯，建议勾选“发送新行”这一栏，这样就不会影响有关命令行的识别。

系统设计有两种通过蓝牙模块通信的方式，方式一：手机蓝牙连接单片机从机上的蓝牙模块；方式二：单片机主机上的蓝牙模块连接单片机从机上的蓝牙模块。当使用方式一建立连接时，只需将单片机从机上的蓝牙 HC-05 模块配置成从机模式，这样手机端的蓝牙将会被认作为主机模式，相互连接后便可以进行通信；当使用方式二建立连接时，需要将单片机主机上的蓝牙 HC-05 模块配置成主机模式，将单片机从机上的蓝牙 HC-05 模块配置成从机模式，两者建立连接后便能够成功通信。

蓝牙模块的 1 和 2 引脚分别接到单片机的 P3.1 与 P3.0 引脚，硬件连接如图 12-12 所示。

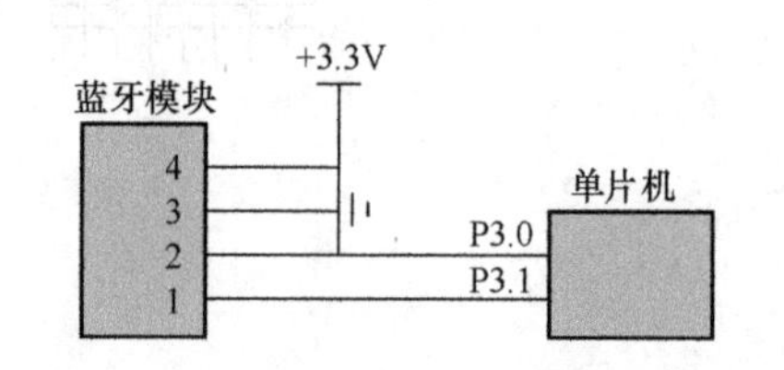

图 12-12 单片机与蓝牙模块硬件连接

4. 全系统电路的设计

1）单片机主机硬件电路设计图如图 12-13 所示。

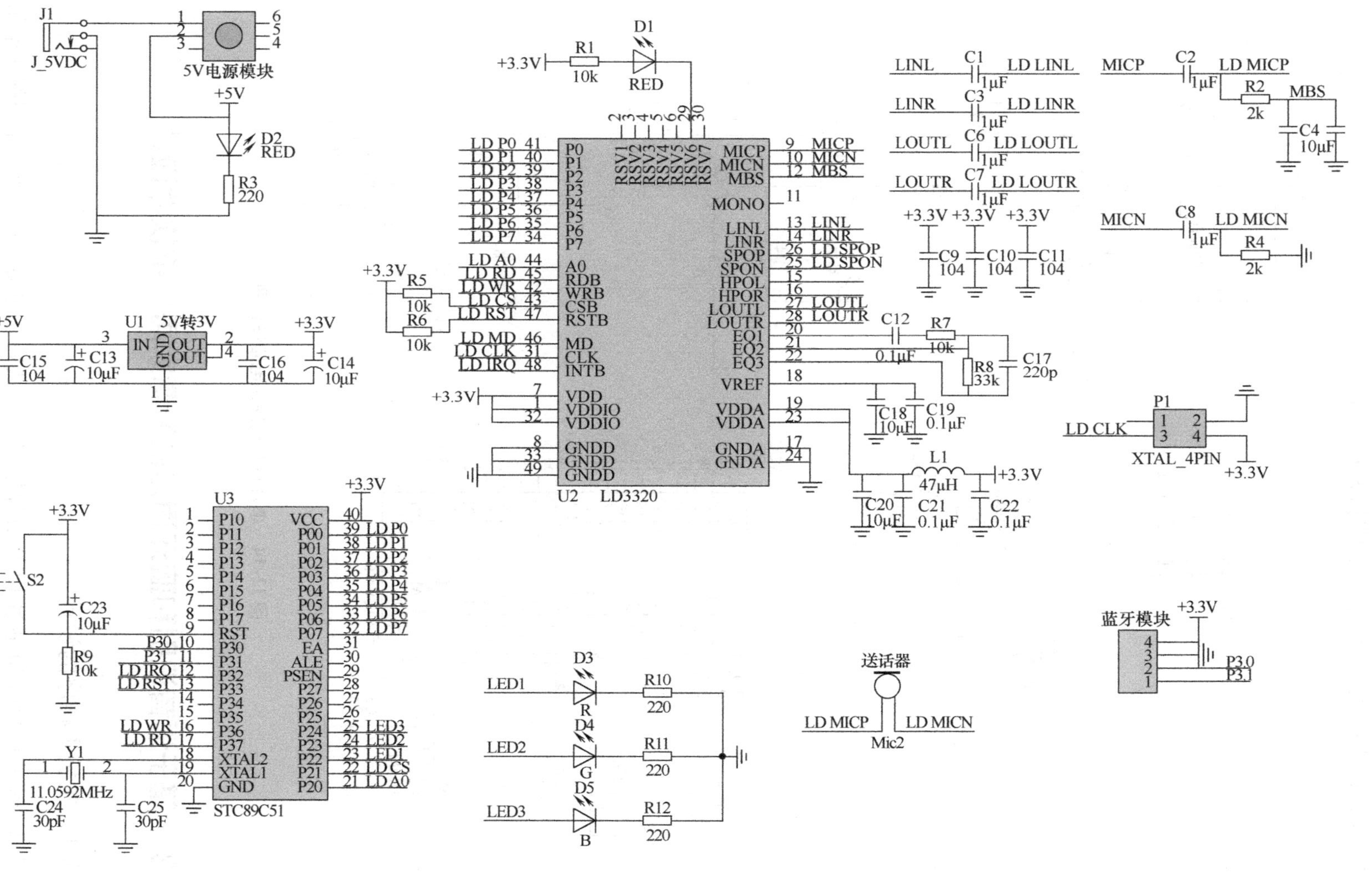

图 12-13　单片机主机硬件电路设计图

2）单片机从机硬件电路设计图如图 12-14 所示。

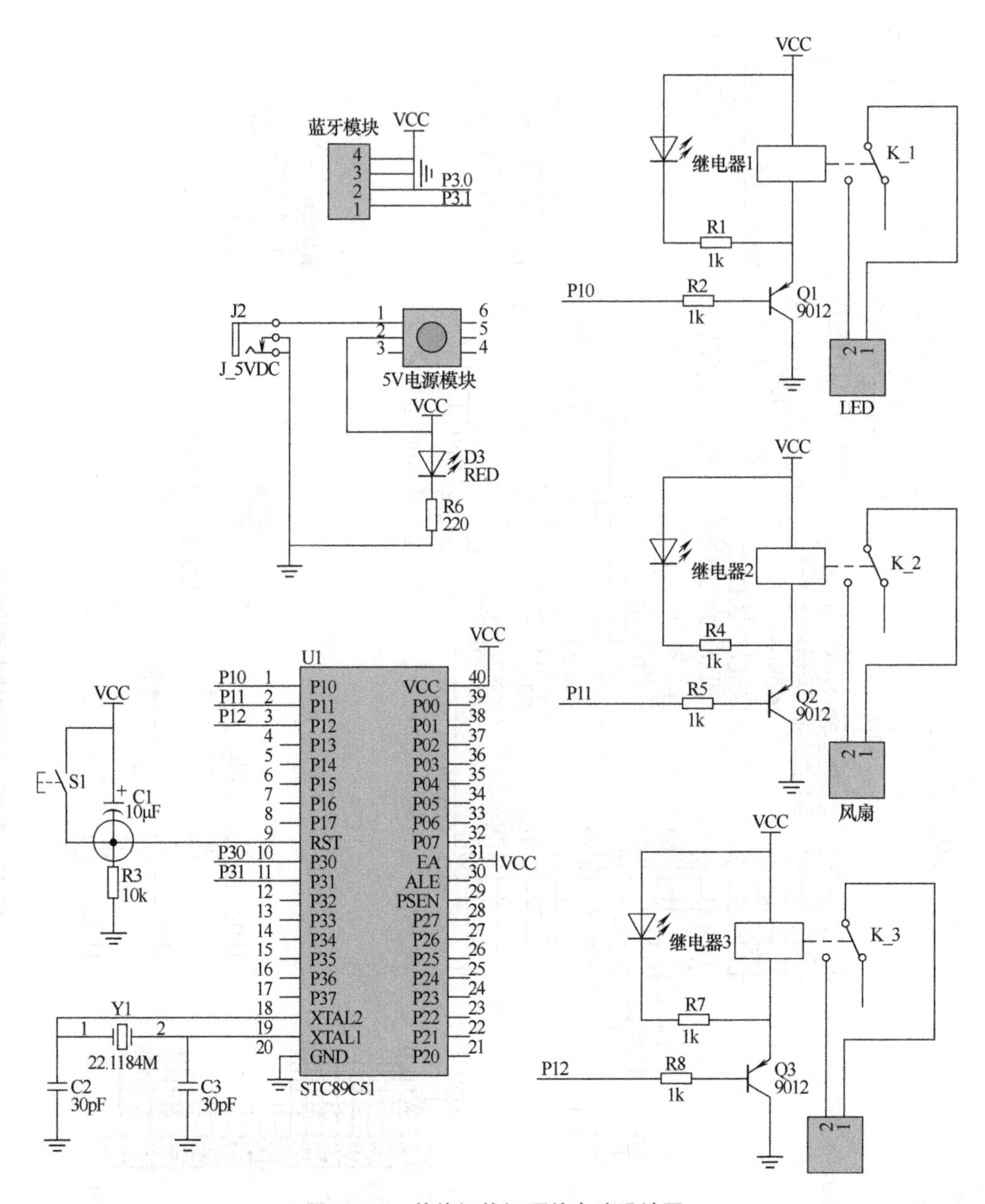

图 12-14 单片机从机硬件电路设计图

12.3 基于语音识别和蓝牙通信的智慧家居系统软件设计

12.3.1 主机主程序的设计

语音识别芯片 LD3320 通过 P3.0 引脚与 51 单片机建立连接，并完成一系列的初始化工作，其中包括：①初始化所有串口，初始化语音芯片以及初始化相关寄存器；②将所要用到的关键词语列表写入 LD3320 芯片中，做好前期准备工作。

等待送话器采集输入的语音信号，一旦采集到相关信号将其送入 LD3320 芯片，LD3320 芯片通过信号处理，搭建模型，频谱分析以及模数转换等处理，再通过语音识别算法，与前期写入芯片中的关键词语进行比对，将相似度最高的词语输出给单片机。

读者需要懂得如何对语音识别模块 LD3320 寄存器进行配置，使之完成设定标志位，读写状态，读写数据等功能。当单片机接收到比对结果后，通过蓝牙模块，传输给单片机从机，从而完成信息传递，智慧家居系统主机主程序设计流程图如图 12-15 所示。

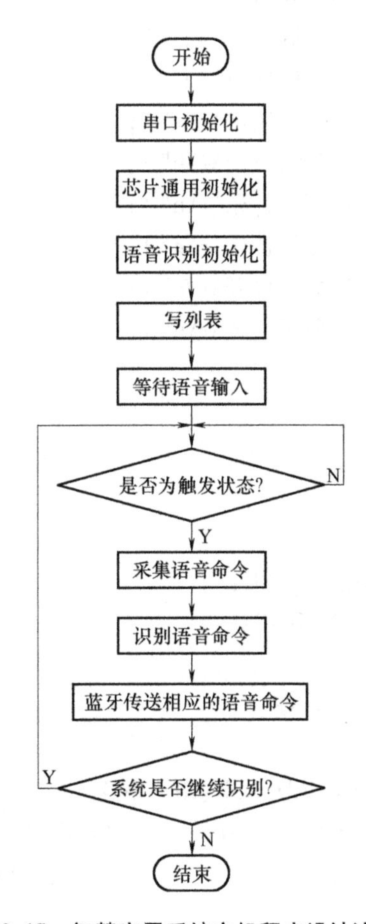

图 12-15　智慧家居系统主机程序设计流程图

系统设计是通过并行的方式直接进行读写操作，通过两条语句可实现对 LD3320 芯片的操作，这种方式代码简练，执行速度最快。因为 STC 单片机自身带有硬件的并口方式，有单独的 WR 和 RD 端口，可以在读写并行总线时，自动产生 WR 和 RD 信号。

主机主程序样例代码如下：

```
void  main(void)
{
    uint8 idata nAsrRes;
    uint8 i =0;
```

```
MCU_init();
Led_test();
LD_Reset(); //语音芯片复位
UartIni(); /*串口初始化*/
nAsrStatus = LD_ASR_NONE;          //初始状态:没有在做 ASR
#ifdef TEST
PrintCom("一级口令:小白\r\n");
PrintCom("二级口令:1、开灯\r\n");
PrintCom("二级口令:2、关灯\r\n");
PrintCom("二级口令:3、打开风扇\r\n");
PrintCom("二级口令:4、关闭风扇\r\n");
PrintCom("二级口令:5、打开音乐\r\n");
PrintCom("二级口令:6、关闭音乐\r\n");
PrintCom("二级口令:7、全部打开\r\n");
PrintCom("二级口令:8、全部关闭\r\n");
#endif
while(1)
{
    switch(nAsrStatus)
    {
        case LD_ASR_RUNING:
        case LD_ASR_ERROR:
            break;
        case LD_ASR_NONE:
        {
            nAsrStatus = LD_ASR_RUNING;
            if (RunASR() == 0)       /*启动一次 ASR 识别流程:ASR 初始
                                      化,ASR 添加关键词语,启动 ASR
                                      运算*/
            {
                nAsrStatus = LD_ASR_ERROR;
            }
            break;
        }
        case LD_ASR_FOUNDOK:         /*一次 ASR 识别流程结束,去取 ASR
                                      识别结果*/
        {
            nAsrRes = LD_GetResult(); /*获取结果*/
```

```
                User_handle(nAsrRes);//执行函数
                nAsrStatus = LD_ASR_NONE;
                break;
            }
            case LD_ASR_FOUNDZERO:
            default:
            {
                nAsrStatus = LD_ASR_NONE;
                break;
            }
        }
    }
}
```

系统执行并行的方式进行读写操作原理如下：

例如，向寄存器 0x01 写 0x55，并行写时序图如图 12-16 所示。

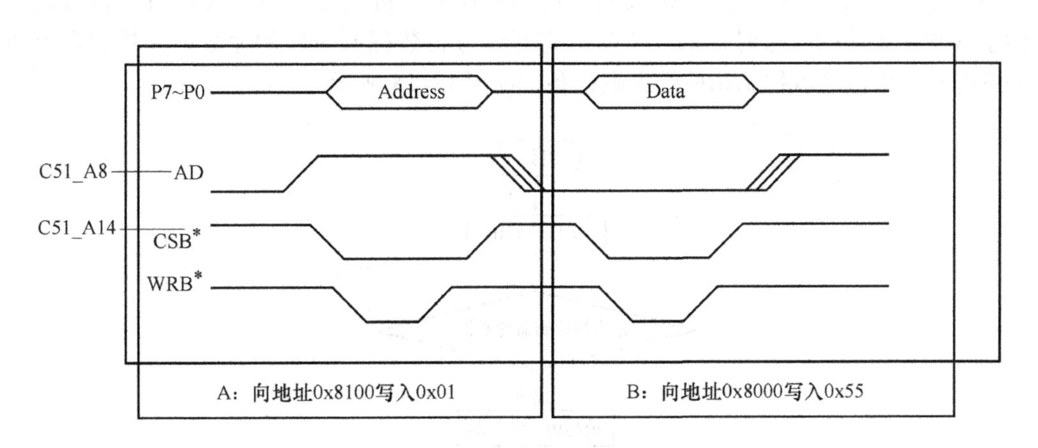

图 12-16　并行写时序图

由图 12-16 可知，LD3320 芯片引脚 A8 为高电平，A14 为低电平，此时 A15 ~ A0 为 1000 0001 0000 0000（地址 A15 = 1 为了避免和低端地址空间冲突），所以要想在寄存器组 0x8100 中找到控制寄存器 0x01 的地址，需要单片机发送 0x01 给引脚 P0 ~ P7，当芯片 CSB = 0 同时需要将 A0 软件置 1（操作地址位时 A0 置 1），芯片的 WR 会自动送出一个低有效，从而完成地址配对。接着是写入数据的过程，同样看时序图，A8 为低电平，A14 为低电平，此时 A15 ~ A0 为 1000 0000 0000 0000 即为 0x8000，单片机发送要传的数据 0x55 发送给引脚 P0 ~ P7，当芯片 CSB = 0 同时需要将 A0 软件置 0（操作数据位时 A0 置 0），芯片的 WR 会自动送出一个低有效，从而完成数据的写入。

并行读：并行读时序图如图 12-17 所示，操作方式与并行写相似，在此不再赘述，应注意的是控制读寄存器的地址为 0x06。

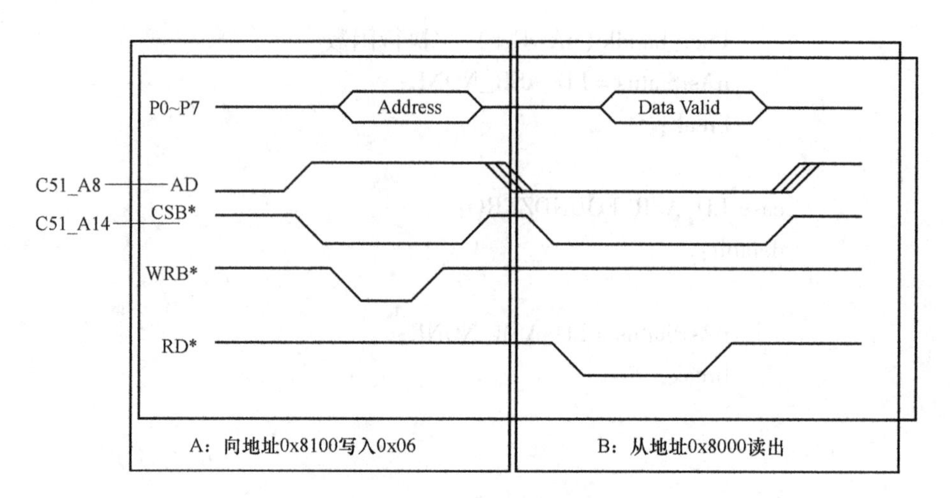

图 12-17　并行读时序图

12.3.2　从机主程序的设计

当单片机从机上的蓝牙模块接收到来自与单片机主机上蓝牙模块（或者手机端蓝牙通信助手 APP）传输的数据时，单片机从机将开始分析数据所对应的命令，并控制命令所对应的继电器，由继电器控制相应的家电设备，如图 12-18 所示。

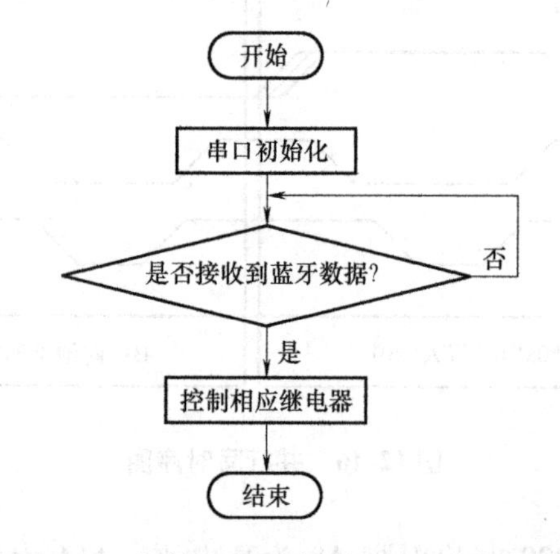

图 12-18　智慧家居系统从机程序设计流程图

在启动系统之前，首先应对串口进行初始化：

```
void UART_init ( )
{
        EA = 1;                    //允许总中断
        ES = 1;                    //允许 UART 串口的中断
        TMOD = 0x20;               //定时器 T/C1 工作方式 2
        SCON = 0x50;               //串口工作方式 1,允许串口接收(SCON = 0x40 时禁
                                     止串口接收)
```

```
        TH1 = 0xF4;        //定时器初值高 8 位设置
                           //11.0592MHz 晶振,波特率为 4800
        TL1 = 0xF4;        //定时器初值低 8 位设置
                           //11.0592MHz 晶振,波特率为 4800
        PCON = 0x80;       //波特率倍频
        TR1 = 1;           //定时器启动
}
```

对串行通信采用中断编程方式实现数据的 UART 通信，如果从机单片机接收到来自主机或者 APP 的数据信息后，将接收的数据送入变量 UART_data，通过对 UART_data 判别，分析系统是否是“打开电灯”“关闭电灯”“打开风扇”“关闭风扇”“打开音乐”“关闭音乐”“全部关”或者“全部开”等设备智能化动作。

```
void UART_R ( ) interrupt 4   using 1
{
if(RI == 1)                    // 判断是否有数据到来
{
   RI = 0;                     //令接收中断标志位为 0(软件清零)
   UART_data = SBUF;           //将接收到的数据送入变量 UART_data
  }
}
/ ***** UART 串口接收数据处理函数 ******* /
void ctrl( )
{
        if( UART_data == 0x31)
        {
        CH0 = 0; //使 P1.0 端口输出低电平——打开电灯识别成功
        }
        if( UART_data == 0x32)
        {
        CH0 = 1;//使 P1.0 端口输出高电平——关闭电灯识别成功
        }
        if( UART_data == 0x33)
        {
        CH1 = 0;//使 P1.1 端口输出低电平——打开风扇识别成功
        }
        if( UART_data == 0x34)
        {
        CH1 = 1;//使 P1.1 端口输出高电平——关闭风扇识别成功
```

```
        }
        if(UART_data = =0x35)
        {
        CH2 =0；           //使 P1.2 端口输出低电平——打开音乐识别成功
        }
        if(UART_data = =0x36)
        {
        CH2 =1；           //使 P1.2 端口输出高电平——关闭音乐识别成功
        }
        if(UART_data = =0x37)
        {
        CH0 = CH1 = CH2 =0；//使 P1 端口输出低电平——全部打开识别成功
        }
        if(UART_data = =0x38)
        {
        CH0 = CH1 = CH2 =1；//使 P1 端口输出高电平——全部关闭识别成功
        }
}
```

12.3.3 语音处理程序的设计

1. LD3320 语音处理芯片并行读和并行写操作

在 12.3.1 节介绍了如何配置语音识别模块 LD3320 的相关寄存器是设计语音处理程序的关键。寄存器一般都具备读写功能，通过读和写实现数据接收，设置开关和标志状态。寄存器的地址空间为 8 位，可接收 00000000b（00H）到 11111111b（FFH）的值。

寄存器的读写操作选择标准并行方式读写，标准并行方式是通过配置第 46 脚（MD）来完成，当 46 脚为低电平时，写和读的时序图如图 12-19、图 12-20 所示。

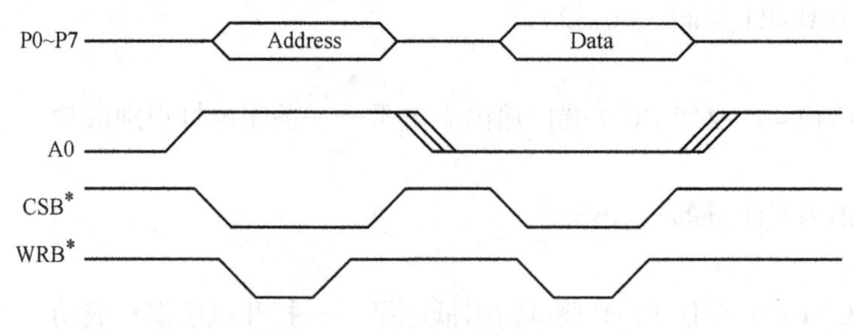

图 12-19　并行方式写时序图

观察时序图 12-19 和图 12-20，A0 在地址段时候是高电平，而在数据段时是低电平，由此可以看出 A0 的作用是用来区分传输的是地址段（A0 为高电平）还是数据段（A0 为低电平）。同样，在写时序和读时序中，CSB*引脚和 WRB*引脚必须为低电平才有效。而在写数

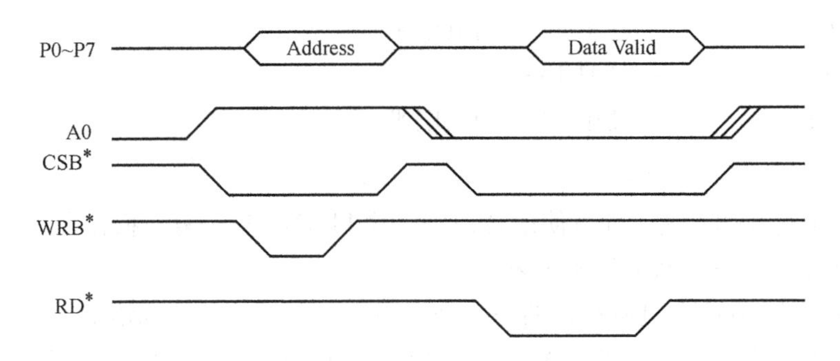

图 12-20　并行方式读时序

据时，WRB*必须为低电平有效，读数据时 RDB*引脚必须为低电平有效。

并行读和写的样例代码如下：

```
#define LD_INDEX_PORT      ( * ( (volatile unsigned char xdata * ) (0x8100) ) )
#define LD_DATA_PORT      ( * ( (volatile unsigned char xdata * ) (0x8000) ) )
// MCU 的 A8 连接到 LD 芯片的 AD
// MCU 的 A14 连接到 LD 芯片的 CSB
// MCU 的 RD、WR 连接 LD 芯片的 RD、WR (xdata 读写时自动产生低信号)
// 0x8100 的二进制是 10000001 00000000      CSB =0  AD =1
// 0x8000 的二进制是 10000000 00000000      CSB =0  AD =0
void LD_WriteReg( unsigned char address, unsigned char dataout )
{
    LD_INDEX_PORT = address;
    LD_DATA_PORT = dataout;
}

unsigned char LD_ReadReg( unsigned char address )
{
    LD_INDEX_PORT = address;
    return (unsigned char)LD_DATA_PORT;
}
```

2. LD3320 芯片复位程序处理

语音识别芯片有关复位的操作都是通过配置第 47 脚（RSTB）来实现，具体的操作是将第 47 脚（RSTB）变为低电平，表示传递一次复位指令。可以按照以下方式通过代码进行复位：

```
void LD_reset()
{
RSTB =1;                    //使第 47 脚为高电平
delay(1);                   //延时 1ms
```

```
    RSTB = 0;            //使第 47 脚为低电平
    delay(1);            //延时 1ms
    RSTB = 1;            //使第 47 脚为高电平
}
```

只要通过上述操作方式，即可使语音识别芯片 LD3320 进行复位操作。

3. 语音识别设计——写入识别列表

语音识别芯片 LD3320 具有独特的写入列表规则，每一个关键词语对应一个特定的编号且此芯片最多可支持 50 条编号的识别，每一个关键词语必须为标准普通话的汉语拼音小写，在一个词语中，每两个字的汉语拼音之间需要用一个空格符号隔开。例如，可录入 1 guan deng；2 guan bi feng shan；3 kai deng；4 da kai feng shan。写入识别列表的流程图如图 12-21 所示。

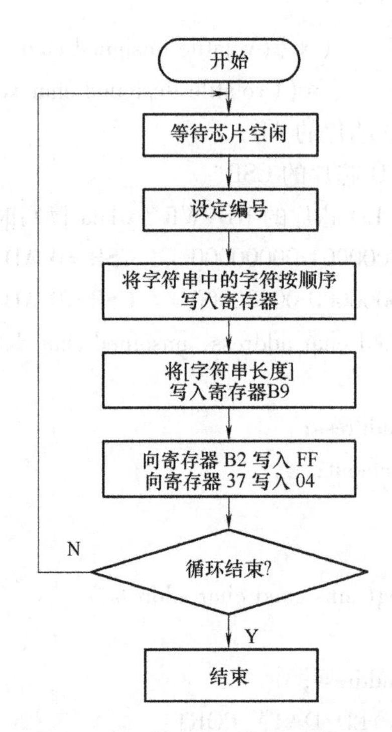

图 12-21　写入识别列表的流程图

向 LD3320 模块添加关键词，写入识别列表关键代码如下：

```
uint8 LD_AsrAddFixed()
{
    uint8 k, flag;
    uint8 nAsrAddLength;
    #define DATE_A 9          /* 数组二维数值 */
    #define DATE_B 20          /* 数组一维数值 */
```

```
uint8 code sRecog[DATE_A][DATE_B] = {
                                        "xiao bai", \

                                        "kai deng", \
                                        "guan deng", \
                                        "da kai feng shan", \
                                        "guan bi feng shan", \
                                        "da kai yin yue", \
                                        "guan bi yin yue", \
                                        "quan bu da kai", \
                                        "quan bu guan bi"
                                        };
uint8 code pCode[DATE_A] = {
                                        CODE_CMD, \
                                        CODE_1, \
                                        CODE_2, \
                                        CODE_3, \
                                        CODE_4, \
                                        CODE_5, \
                                        CODE_6, \
                                        CODE_7, \
                                        CODE_8
                                        };

flag = 1;
for (k = 0; k < DATE_A; k ++)
{
    if(LD_Check_ASRBusyFlag_b2() == 0)
    {
        flag = 0;
        break;
    }
    LD_WriteReg(0xc1, pCode[k] );
    LD_WriteReg(0xc3, 0 );
    LD_WriteReg(0x08, 0x04);
    delay(1);
    LD_WriteReg(0x08, 0x00);
    delay(1);
    for (nAsrAddLength = 0; nAsrAddLength < DATE_B; nAsrAddLength ++)
    {
```

```
            if (sRecog[k][nAsrAddLength] ==0)
                break;
            LD_WriteReg(0x5, sRecog[k][nAsrAddLength]);
        }
        LD_WriteReg(0xb9, nAsrAddLength);
        LD_WriteReg(0xb2, 0xff);
        LD_WriteReg(0x37, 0x04);
    }
    return flag;
}
```

4. 语音识别设计——识别模式

语音识别模块具有两种不同的识别模式：触发识别模式和循环识别模式。两种模式的运用方式有所不同，各有各的优缺点。

1）触发识别模式：触发识别模式在平时的应用非常广泛，这种模式的特点在于系统的主控芯片只有在接收到外界触发时会使 LD3320 语音识别芯片进行工作。触发的方式可以有很多种，如按键触发、特定语音触发都属于有效触发。当触发生效时，单片机会调用语音识别模块在一个固定的时间段进行相应的语音识别。

2）循环识别模式：在这种模式下，单片机将反复驱动语音识别模块进行循环采集声音信号。如果在一个周期内，语音识别模块并没有采集到有效的声音信号时，单片机会驱动模块再次启动，周而复始地循环，直到采集到信号后才会进行下一步的处理。

由于循环识别模式处于待机状态时依然大量耗电，造成不必要的浪费，因而选择触发识别模式作为本次设计的识别模式。在系统设计时，当语音识别模块采集到特定语音“小白”时，实现触发条件，系统将在一段时间内等待下一条语音信号的输入。输入的语音信号为二次命令，作为有效信号。

当送话器收集到具体的声音信号时，语音识别模块开始识别，在识别出正确结果后语音识别模块便会产生一个响应信号并且中断程序。这个响应信号的产生，取决于语音识别模块内部寄存器 BA 寄存器比对关键词语后得出的分析结果。因此，通俗地讲 BA 寄存器就是用来存储候选答案的一个“容器”，BA 寄存器得出它所认为的最相似的识别结果后，语音识别模块将会将这个最相似结果存放在 C5 寄存器中，后续的操作只需要对 C5 寄存器进行分析取值即可。例如，发音为“关灯”并被语音模块成功识别时，那么 BA 寄存器的数值将会变为 1，意为只有一个候选答案，而此时 C5 寄存器里的值是对应的编码 1，编码 1 的内容为最相似的内容。语音识别响应流程图如图 12-22 所示。

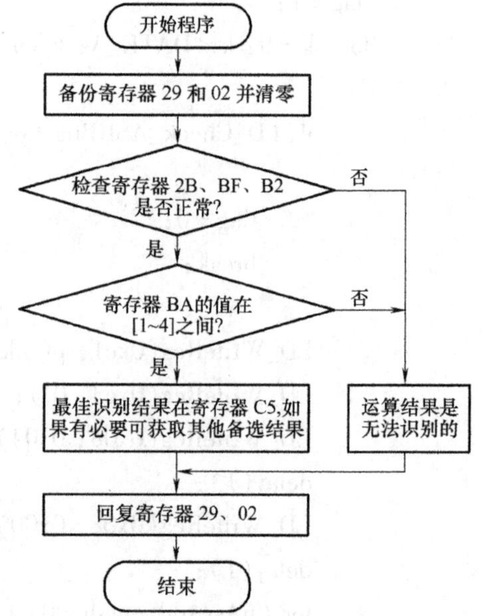

图 12-22　语音识别响应流程图

语音识别 ASR 识别流程关键代码如下：

```
uint8 RunASR(void)
{
    uint8 i=0;
    uint8 asrflag=0;
    for (i=0; i<5; i++)
// 防止由于硬件原因导致 LD3320 芯片工作不正常,所以一共尝试 5 次启动 ASR 识别流程
    {
        LD_AsrStart();
        delay(50);
        if (LD_AsrAddFixed()==0)
        {
            LD_Reset();          // LD3320 芯片内部出现不正常,立即重启 LD3320 芯片
            delay(50);           // 并从初始化开始重新 ASR 识别流程
            continue;
        }
        delay(10);
        if (LD_AsrRun()==0)
        {
            LD_Reset();          // LD3320 芯片内部出现不正常,立即重启 LD3320 芯片
            delay(50);           // 并从初始化开始重新 ASR 识别流程
            continue;
        }
        asrflag=1;
        break;
// ASR 流程启动成功,退出当前 for 循环。开始等待 LD3320 送出的中断信号
    }
    return asrflag;
}
```

12.3.4 蓝牙通信的设计

首先应进行单片机的串行口初始化以及将串行口的工作方式设定为工作方式 1；将定时器的工作方式 TMOD 设为 0×20，即定时器工作方式 2；速率设定为 4800bit。定时器 T1 的模式设定为 8 位自动重装初值模式，用于产生波特率，设置 TH1 和 TH2 的初值为 FDH，开放中断允许，设定 EA 为 1。蓝牙通信关键代码如下：

```
    /*初始化串口*/
    void UartIni(void)
    {
        SCON=0x50;                        //串行通信工作方式1
        TMOD=0x20;                        //定时器工作方式2
        TH1=TL1=0xf4;                     //波特率设定为4800
        TR1=1;                            //定时器运行
        ES=1;                             //允许串行口中断
        EA=1;                             //允许中断
    }
/*产生中断前的准备*/
void UARTSendByte(uint8_t DAT)
    {
      ES=0;                               //禁止串行口中断
      TI=0;                               //初始化中断标志位
      SBUF=DAT;                           //将数据存入SBUF变量
      while(TI==0);                       //当TI为0时发送数据
      TI=0;                               //TI软件清零,发送完毕
      ES=1;                               //允许串行口中断
    }
/*发送数据函数*/
      void PrintCom(uint8_t *DAT)
      {
        while(*DAT)                       //判断DAT是否为1
        {
          UARTSendByte(*DAT++);//发送数据
        }

      }
/*接收数据函数*/
      void UART_R ( ) interrupt 4  using 1
      {
        if(RI==1)                         // 判断是否有数据到来
      {
          RI=0;                           //令接收中断标志位为0(软件清零)
          UART_data=SBUF;                 //将接收到的数据送入变量UART_data
      }
      }
```

12.4　系统调试

12.4.1　系统程序编译

系统设计所编写的源程序是在 51 系列单片机集成环境 Keil uVision4 中进行编译、调试的。通过单片机开发环境 Keil C51 建立主机工程 main. c 文件，使之在 Keil 环境下进行编译，主机程序编译成功如图 12-23 所示。同时，在创建工程路径单片机主机文件夹下生成一个扩展名为 hex 文件，供烧写软件烧写到单片机主机中；建立从机工程 pccom. c 文件，并将代码进行编译，从机程序编译成功如图 12-24 所示，同样地在创建工程路径单片机从机文件夹下生成一个扩展名为 hex 文件，供烧写软件烧写到单片机从机中。

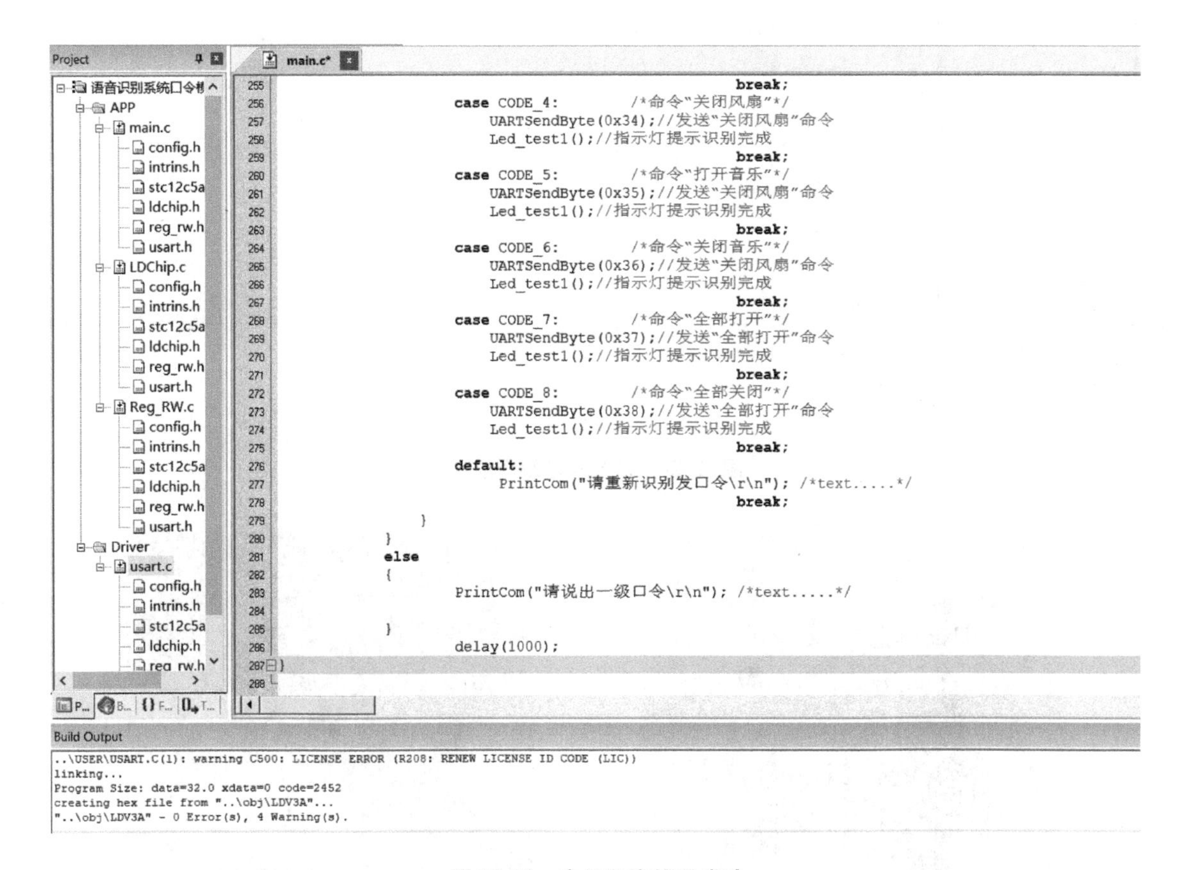

图 12-23　主机程序编译成功

12.4.2　系统测试流程

在 12. 4. 1 节中，对系统软件程序进行编译，将 Keil 编译完成后所产生的两个扩展名为 hex 文件分别烧写到单片机主机和单片机从机中，进行系统联调。调试在主机语音信号输入后从机能否执行相应的功能和调试手机 APP（蓝牙通信助手）发送指令后从机能否正常工作，图 12-25 为主机实物图，图 12-26 为从机实物图。

```
Project
语音识别从机系统
  Source Group 1
    pccom.c
      reg52.h

pccom.c
108           }
109
110           if(UART_data==0x37)
111           {
112            CH0=CH1=CH2=0;//使P1端口输出低电平------全部打开识别成功
113           }
114           if(UART_data==0x38)
115           {
116            CH0=CH1=CH2=1;//使P1端口输出高电平------全部关闭识别成功
117           }
118
119
120  }
121
122  void main(void)
123  {
124       CH0=CH1=CH2=1;//使P1端口输出高电平
125       UART_init();    //   UART串口初始化
126
127       while(1)
128            {
129             ctrl();     //   UART串口发送数据处理函数
130            }
131  }
132

Build Output
PCCOM.C(1): warning C500: LICENSE ERROR (R208: RENEW LICENSE ID CODE (LIC))
linking...
Program Size: data=10.0 xdata=0 code=128
creating hex file from "pccom"...
"pccom" - 0 Error(s), 1 Warning(s).
```

图 12-24 从机程序编译成功

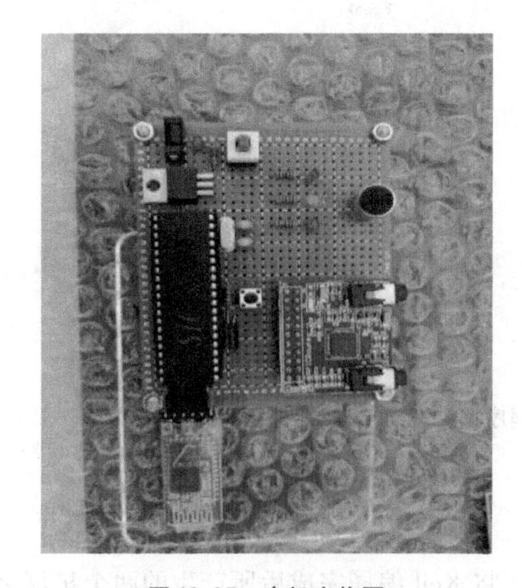

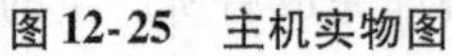

图 12-25 主机实物图

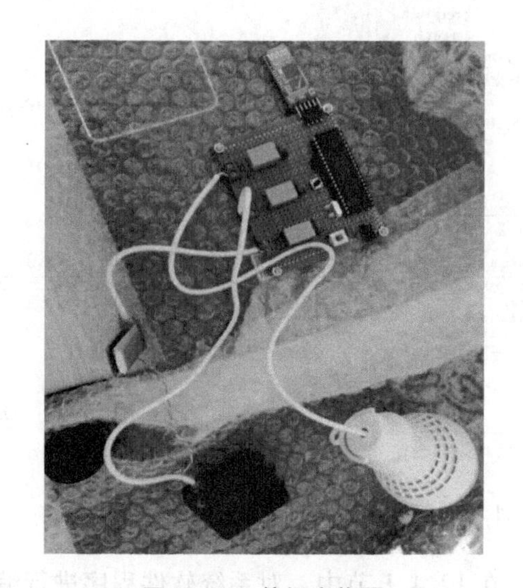

图 12-26 从机实物图

1）当一级口令输入“小白”时，主机被唤醒并处于待输入状态。当二级口令输入“开灯”“打开风扇”“播放音乐”时，从机上的小灯、风扇、播放器开启；输入“关灯”“关闭风扇”“关闭音乐”时，从机上的小灯、风扇、播放器则关闭，调试成功。实物图 12-27a 为小灯测试前，图 12-27b 为小灯调试成功图。

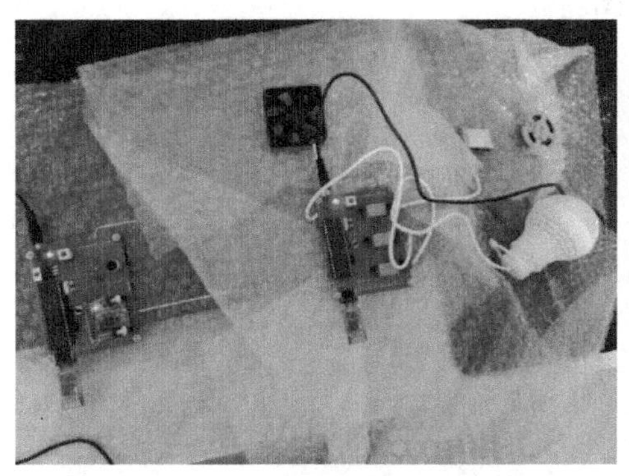

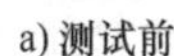
a) 测试前

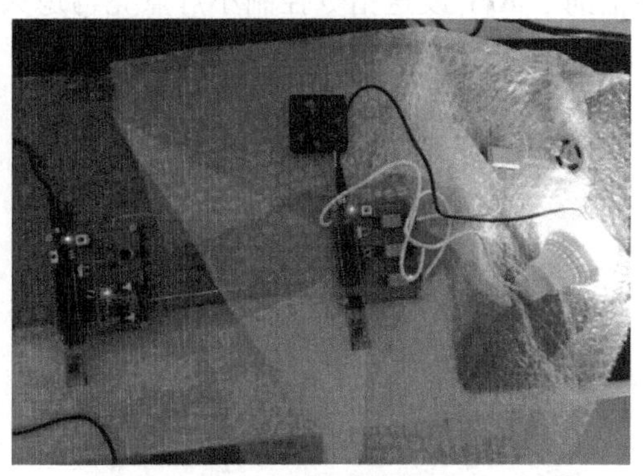

b) 测试成功

图 12-27　小灯调试对比效果图

2）手机蓝牙通信助手先与从机通过蓝牙建立连接，如图 12-28 所示。

打开蓝牙通信助手，界面显示为“蓝牙未连接”状态。单击界面下方的“连接设备”按钮可进入蓝牙搜索界面，如图 12-29 所示。

图 12-28　建立蓝牙连接

图 12-29　蓝牙搜索界面

选择连接从机上的蓝牙模块 HC-05，手机自动与从机建立连接，如图 12-30 所示。

上述为蓝牙通信助手连接从机的过程图，接下来便可以向从机发送指令如图 12-31 所示。

在输入指令“0×31 0×34”后，单击界面右下角的“Send”按钮即可向从机发送该条指令（该指令意为“开灯”）。也可以发送“0×32 0×34”关闭小灯。图 12-32 为手机端蓝牙通信助手 APP 发送指令控制小灯点亮与熄灭图。

图 12-30 手机自动与从机建立连接

图 12-31 向从机发送指令

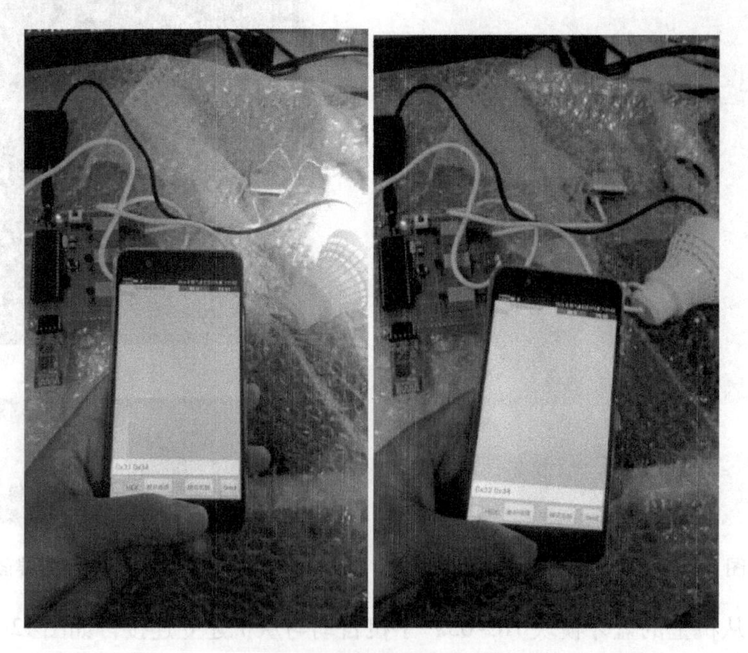

图 12-32 蓝牙通信助手控制小灯点亮与熄灭测试图

12.5　本章小结

本章介绍了如何设计、制作一个方便、安全的智慧家居系统，使人们实现了用手机、语音控制家电、家居的美好生活方式。不仅如此，该系统制作成本低、能耗低，操作简单、方便，不用花费很多的钱就可以实现便捷、安全、美好的生活方式。

1. LD3320 语音识别芯片的工作流程是什么？
2. 如何对 LD3320 语音识别芯片的寄存器进行配置，使之完成并行读与并行写的功能。
3. 语音识别芯片 LD3320 最多可支持多少条编号的识别，写入识别列表流程是什么？
4. 请阐述单片机如何通过 RXD 与 TXD 实现蓝牙通信数据的发送和接收？

第四篇　走进智能家居生产企业

本篇主要通过了解智能家居企业发展的生态，调研智能家居企业产品生产全过程，以智能家居控制主机 KC868-H32 为生产案例向读者真实地展现智能家居主机企业生产的全过程，让读者更加真实地了解企业、了解产品生产过程中的每一个细节，构建产学研完整的学习生态链。通过本篇的学习，帮助读者进一步巩固和掌握实践环节知识技能。

第 13 章

智能家居生产企业生态与产品生产过程

本章通过走进智能家居生产企业，以智能家居控制主机“KC868-H32 智能控制盒”为生产对象，通过深入调研生产企业的工作场景，了解智能家居控制主机 KC868-H32 是如何从零配件变成一台成品的生成过程。

13.1 杭州晶控企业智能家居产品的发展历程

13.1.1 业务概要介绍

杭州晶控电子有限公司（简称杭州晶控）是一家专注于研发生产智能家居控制系统及网络继电器产品的创新型企业，作为业界老牌的智能家居生产厂家为传统企业和系统经销商提供了完整的智能硬件远程控制开关解决方案。以多年研发创新的积累，诚信务实的宗旨，获得了众多智能化解决方案项目的认可。

1. 自主研发 技术革新

作为真正的源头生产商，杭州晶控深耕智能化控制领域近 10 年，拥有多项核心专利和成熟的研发案例，研发队伍已汇聚众多软、硬件工程师、结构工程师、UI 设计师、解决方案工程师，由于拥有多项核心专利技术，杭州晶控能够根据客户需要，提供硬件级、软件级的修改订制产品服务，以系统化的智能家居解决方案满足多元化应用领域的需求。

2. 规模生产 性能稳定

本着精益求精的品质追求，杭州晶控建立了全面的、规模化和程序化的质量管理体系。所有产品在质检上层层把关，均符合 CE、CQC 等质量认证标准；软、硬件均反复经过测试、老化、检控等多项流程；现代化流水线作业全面地保证了生产能力和质量控制以及产品性能的一致性和稳定性。企业产品展示厅如图 13-1 所示。

图 13-1 企业产品展示厅

13.1.2　杭州晶控智能家居的研发历程

2006 年，随着智能手机市场的普及，杭州晶控研发团队开始投入智能家居系统研发的新一轮挑战中，KC868-B 型智能控制盒产品就是智能家居控制主机早期的雏形。

随着技术的不断成熟，在杭州晶控团队的共同努力下，2010 年真正意义上的智能家居控制主机 KC868 问世，通过它可以远程控制家中的家电，实现整套家庭设备的互联。由此，杭州晶控正式转战智能家居领域，迎来了市场发展的新格局。

目前，智能家居市场处于百家争鸣，概念尚未普及的阶段，这即是机会又是挑战。行业内虽然技术上还没形成统一标准，但是却有着唯一不变的市场标准，那就是产品的功能必须以客户需求为依托，并随着需求变化不断更新，只有真正地站在客户的角度，简化产品操作，提升用户体验，同时注重服务品质，才能在业界取得长足的发展。

晶控 KC868 系列主机已形成了 KC868-B、KC868-D、KC868-D8、KC868-E、KC868-F、KC868-G、KC868-S、KC868-H32、KC868-H16、KC868-H8、KC868-H4、KC868-H2、KC868-COL 一系列丰富的产品线，并赢得了国家技术专利、国家注册商标、欧盟 CE 认证证书及国家版权登记中心著作权登记等数项荣誉。而作为核心产品，智能家居控制系统 KC868 系列主机，采用了 ZigBee、RF 射频、有线以太网、Wi-Fi、RS485 总线技术，功能涵盖智能照明控制、智能家电控制、家庭能源管理、家庭安防监控和家庭环境调节等多项内容，切实帮助用户解决了诸多生活难题。企业发展历程如图 13-2 所示。

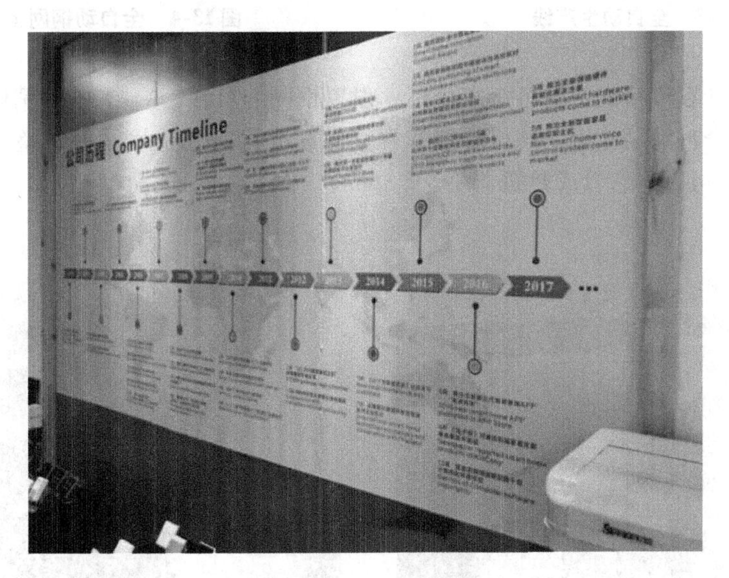

图 13-2　企业发展历程

13.2　智能家居产品是怎么做出来的

通过本节将为读者揭秘智能家居产品中 PCB 的生产全过程，请一起走进智能家居电子产品生产车间，了解智能家居产品电路板是如何生产和控制质量的。以“KC868-H32 智能控制盒”为生产对象，看看是如何从零配件变成一台成品的产品，全自动生产线如图 13-3 所示。

我们先来看一下生产线，电路板的生产，在贴片阶段主要由全自动钢网上锡膏机器、全自动贴片机、回流焊设备组成一条生产线。

图 13-4 是全自动钢网上锡膏机器。在制作电路板时，生产前，一般会做一张钢网放在全自动钢网上锡膏机器设备上，可以让机器给电路板焊盘进行自动上锡，就像在焊接时，要使用松香一样。

图 13-3 全自动生产线

图 13-4 全自动钢网上锡膏机器

图 13-5 是计算机精准定位各个点坐标，设置钢网的尺寸，*X*、*Y* 轴的精确坐标。

图 13-6 是全自动贴片机，该机器以非常快的速度将每个贴片元件整整齐齐地摆放到电路板的焊盘上，可以将它看成是机器手。

图 13-5 计算机控制平台

图 13-6 全自动贴片机

图 13-7 是回流焊设备，在贴片机摆放完贴片元件后，将电路板送入回流焊设备进行贴片元件的焊接，可以将它理解为面包烤箱。

图 13-8 是准备加工生产“KC868-H32”智能家居控制主板。

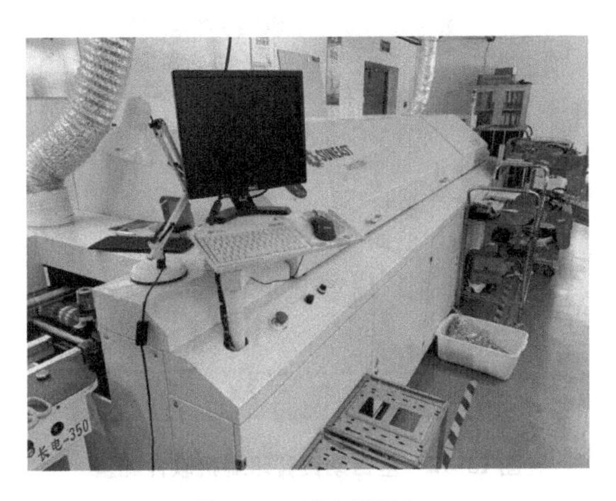

图 13-7　回流焊设备

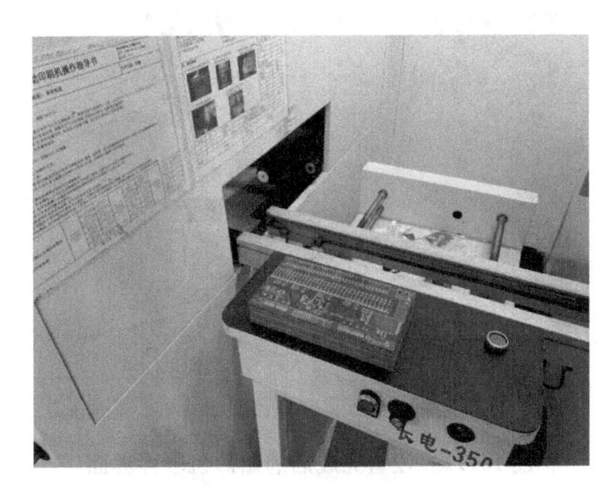

图 13-8　主板准备区

图 13-9 是 PCB 空板，原本的 PCB 上面什么都没有，一般在设计前会在 PCB 上加好丝印层信息，用来标识这块板的产品名称、型号和版本号，如：“KC868- H32 Relay Controller REV：2. 1 Made By Kincony”，分别表示生产商、产品名称和版本号，以便日后进行 PCB 的设计更新和维护。

图 13-10 是根据 PCB 的 BOM 清单中的元件名称、位号进行贴片机的编程设置。什么是 BOM 清单？可以理解成类似 Protel、AD 此类硬件 PCB 设计软件导出来的元件清单，它清楚地记录了每个元件的名称、位号、封装、数量信息。这些信息录入贴片机软件系统中，贴片机才能知道哪个元件摆在什么位置，在飞速状态下进行摆放时不会出现摆放错误的情况。

图 13-9　PCB 空板

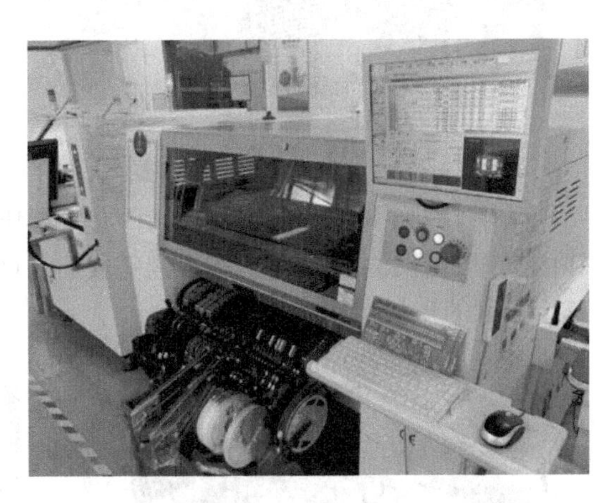

图 13-10　自动贴片机

图 13-11 是设置完成后的贴片机软件界面，罗列了 BOM 清单，实时摄像头，可以对 PCB 进行局部、精准的放大查看。

图 13-12 是对全自动锡膏印刷机进行软件配置，它主要用于对钢网的定位参数进行精准的设置，如 PCB 的尺寸、机构运动参数的设置。

图 13-11　设置完成后的贴片机软件界面

图 13-12　全自动锡膏印刷机软件配置

图 13-13 是 PCB 送料器，将 PCB 空板全部装入送料器内，可以清楚地看到送料器如一格格小抽屉，每一块 PCB 空板都将插入这个缝隙中。

图 13-14 是自动上锡机，当机器进行自动上锡时，计算机实时监控过程，可以浏览实时的生产数据，各种数据在屏幕上一一显示。

图 13-13　PCB 送料器

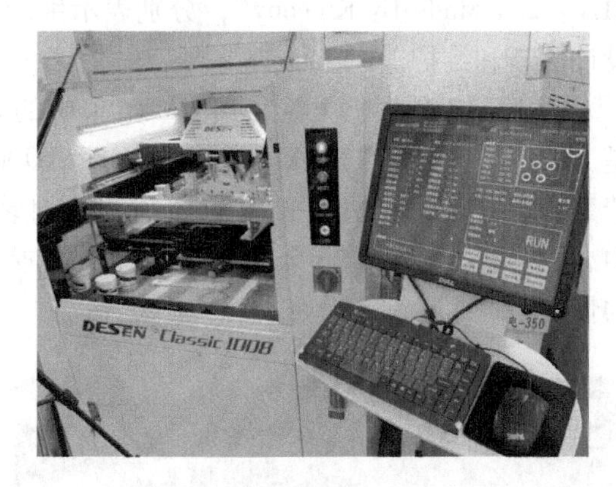

图 13-14　自动上锡机

从图 13-15 可以看到 PCB 自动转送到钢网机上，钢网在 PCB 的上方，然后进行自动上锡的操作如图 13-16 所示。在上锡完成后，PCB 将自动被送入到高速贴片机进行自动贴片，这个过程的现场操作非常壮观。

图 13-15　钢网机

图 13-16　PCB 上锡

图 13-17 是贴片完成后的 PCB，从贴片机传送出来的 PCB 上面已经有了各种贴片元件。第一片 PCB 完成焊接后，需要人工进行检测确认，是否有设定错误的情况出现。将 PCB 上电子元件和 BOM 清单中的每个元件进行人工比对，在人工比对没有任何问题后，再进行所有 PCB 的批量生产操作。

PCB 在贴片机完成贴片后，进入下一个“回流焊”环节，回流焊的功能是将贴片元件的引脚和 PCB 焊盘进行加热，待温度降低后，锡膏焊盘就变成固体。因为在贴片机末端送出来的 PCB 只粘上了焊盘的锡膏，而未真正凝固，“回流焊”起到了让焊锡膏固化的作用。图 13-18 是从“回流焊”机器出来的 PCB。自动推进器将 PCB 自动推出抽屉进行整齐摆放。

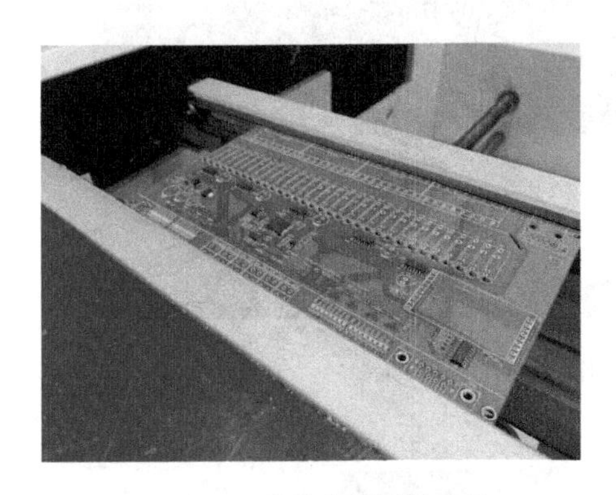

图 13-17　贴片完成后的 PCB

图 13-18　回流焊后的 PCB

图 13-19 对贴片元件的 PCB 半成品板进行 AOI 光学检测，AOI（Automated Optical Inspection）全称是自动光学检测，是基于光学原理对焊接生产中遇到的常见缺陷进行检测的设备。AOI 是新兴的一种新型测试技术，其发展迅速，很多厂家都推出了 AOI 测试设备。当自动检测时，机器通过摄像头自动地扫描 PCB，采集图像，将测试的焊点与数据库中合格的参数进行比较，经过图像处理，检查 PCB 上是否有缺陷，并通过显示器或自动标志将缺陷显示并标示出来，供维修人员修整。编写 AOI 测试程序，光学扫描 PCB 上的每一个焊盘，如检测出问题，计算机会精确定位到具体某个元器件，检测结果供操作人员进行修复。如果通过全面光学检测后，计算机屏幕显示“DONE”字样，即为合格。

在贴片的焊接流程结束后，将进行插件的焊接工作，由于插件物料体积大，而且有时候形状不规则，所以需要进行人工插放器材（见图 13-20），然后再进行“波峰焊”焊接操作。需要人工进行插件器材的摆放，如：电解电容、接插件、继电器等大体积器材。

图 13-19　AOI 光学检测

图 13-20　人工插放器材

插件器材摆完后，PCB 会送入回流焊设备进行焊接，将自动喷洒助焊剂进行焊接的操作，如图 13-21 所示。什么叫“波峰焊”：它是让插件板的焊接面直接与高温液态锡接触达到焊接的目的，其高温液态锡保持一个斜面，并由特殊装置使液态锡形成一道道类似波浪的现象，所以叫“波峰焊”，从照片中可以清晰地看到波峰状的锡水。

在“波峰焊”后的 PCB 板，基本已经是成形的电路板。这时需要进行部分焊盘的人工检查和修复工作（见图 13-22），最后进行软件的测试，至此所有的焊接流程已经全部完成。测试后的电路板将进行外壳的组装，一套完整的产品如图 13-23 所示。

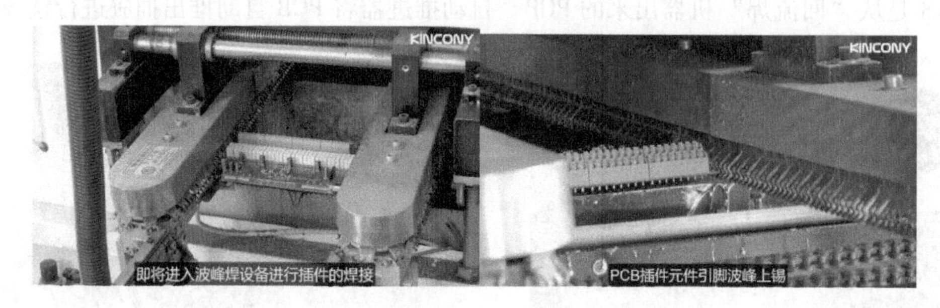

图 13-21　波峰焊

图 13-22　人工修复现场

图 13-23　组装后的成品

13.3　本章小结

本章通过走进智能家居生产企业杭州晶控电子有限公司，了解了企业智能家居产品发展史以及智能家居产品研发历程，相信读者通过对本章的学习，对智慧家居电路板的生产过程有所了解。企业通过以实际产品为例，直观地展现了“KC868-H32 智能控制盒”的生产过程，让读者了解和真实地看到厂家在售产品的生产流程及质量控制过程，熟悉了企业产品生产的全流程，将工程案例无缝对接生产企业，提升了工程实践能力。

1. PCB 在贴片机完成贴片后，还要进入“回流焊”环节，为什么要对贴片机完成贴片的 PCB 进行回流焊？回流焊的功能是什么？

2. AOI（Automated Optical Inspection）自动光学检测的定义是什么？为什么对贴片元件的 PCB 半成品板进行 AOI 光学检测？

3. 什么叫“波峰焊”？“波峰焊”焊接操作的意义是什么？

参考文献

[1] 安康，徐玮. 51 单片机初级入门实战教程 [M]. 北京：机械工业出版社，2014.
[2] 周洪，胡文山，张立明，等. 智能家居控制系统 [M]. 北京：中国电力出版社，2005.
[3] 安康，徐玮. 单片机与物联网技术应用实战教程 [M]. 北京：机械工业出版社，2018.
[4] 来清民. 传感器与单片机接口及实例 [M]. 北京：北京航空航天大学出版社，2008.
[5] 杭州晶控电子有限公司. 教你搭建自己的智能家居系统 [M]. 2 版. 北京：机械工业出版社，2019.
[6] 刘修文，徐玮. 小丁学智能家居 [M]. 北京：中国电力出版社，2014.
[7] 杭州晶控电子有限公司. 智能家居 DIY [M]. 北京：中国电力出版社，2015.
[8] 林芳. NB-IoT 物联网覆盖增强技术及在远程抄表系统中的应用 [J]. 电子世界，2017 (14)：12-124.
[9] 林凡东. 智能家居控制技术及应用 [M]. 北京：机械工业出版社，2017.
[10] 王龙山，马俊. 基于物联网的家居综合监测系统 [J]. 电子技术应用，2013，39 (2)：78-81.
[11] 曹明勤，张涛，王建. 基于 ZigBee 的农业物联网监测系统的设计与实现 [J]. 电子技术应用，2013，39 (12)：86-89.
[12] 崔逊学，赵湛，王成. 无线传感器网络的领域应用与设计技术 [M]. 北京：国防工业出版社，2009.
[13] GILL K，YANG S H，YAO F，et al. A zigbee-based home automation system [J]. IEEE Transactions on Consumer Electronics，2009，55 (2)：422-430.
[14] 王凤. 基于 CC2530 的 ZigBee 无线传感器网络的设计与实现 [D]. 西安：西安电子科技大学，2012.
[15] 马俊. 语音识别技术研究 [D]. 哈尔滨：哈尔滨工程大学，2004.
[16] 向军，谢赞福. 基于嵌入式 Internet/Intranet 的智能家居系统模型及实现 [J]. 计算机工程与设计，2005，26 (9)：167-169.
[17] 邵鹏飞，王喆，张宝儒. 面向移动互联网的智能家居系统研究 [J]. 计算机测量与控制，2012，20 (2)：474-476，479.
[18] 余小平，奚大顺. 电子系统设计 [M]. 北京：北京航空航天大学出版社，2007.
[19] 刘健，刘良成. 电路分析 [M]. 3 版. 北京：电子工业出版社，2016.
[20] 周超峰. 基于 51 单片机的多功能宠物自动喂食器 [J]. 现代商贸工业，2016 (5)：191-192.
[21] 杨琳，李媛，雷炬. 智能宠物定时喂食器的设计 [J]. 计算机与数字工程，2019，47 (8)：2056-2060.
[22] 陈智锐. 智能化的家养宠物喂食器设计研究 [D]. 广州：广州大学，2018.
[23] 范杰. 基于 GSM 模块的短信平台设计与实现 [J]. 信息技术与信息化，2019 (5)：116-117.
[24] 任亚军，赵明，朱文革，等. 基于 GPRS 的水表远程抄表系统设计 [J]. 仪器仪表用户，2015 (2)：7-9.
[25] 王元剑，姚玲，赵玉荣. 基于安卓手机远程电器控制设计与实现 [J]. 白城师范学院学报，2020，34 (2)：41-46.
[26] 徐宏宇，程武，张博. 基于 ARM 和 Android 的智能家居控制系统设计 [J]. 微型机与应用，2017，36 (3)：29-32.
[27] 孟锦涛. 基于手机 APP 的智能家居系统设计 [D]. 合肥：安徽理工大学，2019.
[28] 周时伟，谢维波. 基于 Android 的智能家居终端设计与实现 [J]. 微型机与应用，2012，31 (14)：10-13.
[29] 张磊. 智能家居控制系统的设计与实现 [D]. 哈尔滨：哈尔滨工业大学，2015.

[30] 李月恒，段志强，杨栋伟．基于 Android 和云服务的智能家居系统设计［J］．微型机与应用，2016，35（14）：70-82．
[31] 王琪，王冬捷．基于 TCP/IP 协议栈的串口-网口转换器设计［J］．工业控制计算机，2015，28（11）：8-9．
[32] 李站．物联网异步通信的研究与仿真［D］．成都：成都理工大学，2014．
[33] 余云飞，朱得元，章平．基于 Arduino 和 ESP8266 的多终端智能家居控制平台的设计与实现［J］．安庆师范大学学报（自然科学版），2019，25（3）：36-40．
[34] 董萍．基于 Android 的智能家居控制系统的设计与实现［J］．河北北方学院学报（自然科学版），2017，33（7）：19-23．
[35] 刘幺和，宋庭新．语音识别与控制应用技术［M］．北京：科学出版社，2008．
[36] 柳若边．深度学习：语音识别技术实战［M］．北京：清华大学出版社，2019．
[37] 马延周．新一代人工智能与语音识别［M］．北京：清华大学出版社，2019．
[38] 喻宗泉．蓝牙技术基础［M］．北京：机械工业出版社，2017．

[30] [illegible] Arduino [illegible] [J]. [illegible], 2016, (4): [illegible].
[31] [illegible] [J]. [illegible], 2018, 28 (17): 8-9.
[32] [illegible] [M]. [illegible], 2014.
[33] [illegible] Arduino [illegible] [J]. [illegible] (自然科学版), 2019, 35 (3): [illegible].
[34] [illegible] Arduino [illegible] [J]. [illegible] (自然科学版), 2019, [illegible].
[35] [illegible] [M]. [illegible], 2018.
[36] [illegible] [M]. [illegible], 2019.
[37] [illegible] [M]. [illegible], 2018.
[38] [illegible] [M]. [illegible], 2017.